D1725999

Fenster zur Evolution

Berühmte Fossilfundstellen der Welt

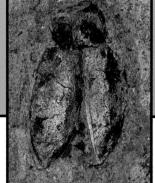

Paul A. Selden BSc PhD
Department of Palaeontology
The Natural History Museum, London

John R. Nudds BSc PhD
School of Earth, Atmospheric and Environmental Sciences
The University of Manchester

Aus dem Englischen übersetzt von Jens Seeling, Frankfurt/Main

ELSEVIER
SPEKTRUM
AKADEMISCHER
VERLAG

Spektrum
AKADEMISCHER VERLAG

Zuschriften und Kritik an:
Elsevier GmbH, Spektrum Akademischer Verlag, Dr. Christoph Iven, Slevogtstraße 3-5, 69126 Heidelberg

Paul A. Selden BSc PhD
Department of Palaeontology, The Natural History Museum, London

John Nudds BSc PhD
School of Earth, Atmospheric and Environmental Sciences, The University of Manchester, Manchester

Titel der Originalausgabe:
Evolution of Fossil Ecosystems
Copyright © 2004 Manson Publishing Ltd

Aus dem Englischen übersetzt von Dr. Jens Seeling, Frankfurt/Main

Wichtiger Hinweis für den Benutzer
Der Verlag, die Autoren und der Übersetzer haben alle Sorgfalt walten lassen, um vollständige und akkurate Informationen in diesem Buch zu publizieren. Der Verlag übernimmt weder Garantie noch die juristische Verantwortung oder irgendeine Haftung für die Nutzung dieser Informationen, für deren Wirtschaftlichkeit oder fehlerfreie Funktion für einen bestimmten Zweck. Der Verlag übernimmt keine Gewähr dafür, dass die beschriebenen Verfahren, Programme usw. frei von Schutzrechten Dritter sind. Der Verlag hat sich bemüht, sämtliche Rechteinhaber von Abbildungen zu ermitteln. Sollte dem Verlag gegenüber dennoch der Nachweis der Rechtsinhaberschaft geführt werden, wird das branchenübliche Honorar gezahlt.

Bibliografische Information der Deutschen Nationalbibliothek
Die Deutsche Nationalbibliothek verzeichnet diese Publikation in der Deutschen Nationalbibliografie; detaillierte bibliografische Daten sind im Internet über http://dnb.d-nb.de abrufbar.

Planung und Lektorat: Dr. Christoph Iven
Redaktion: Andreas Held, Dr. Christoph Iven
Umschlaggestaltung: SpieszDesign, Neu-Ulm
Titelfotografie: Rolf Hauff, Urwelt-Museum Hauff
Layout/Gestaltung: Cathy Martin, Presspack Computing Ltd
Satz: Dr. Jens Seeling, Frankfurt/Main
Druck und Bindung: Grafos SA, Barcelona, Spanien

Printed in Spain

ISBN-13: 978-3-8274-1771-8
ISBN-10: 3-8274-1771-6

Aktuelle Informationen finden Sie im Internet unter www.elsevier.de und www.elsevier.com

INHALT

Danksagungen
Fotografien und Abbildungen

American Museum of Natural History Library: 158, 161.

Christoph Bartels, Deutsches Bergbau-Museum, Bochum: 49, 50, 63, 65, 66, 70.

Fred Broadhurst, University of Manchester: 97, 98, 100, 101, 102, 103, 104, 105, 106, 107, 108, 109, 110, 111, 112, 113, 114, 115, 116.

Simon Conway Morris, University of Cambridge: 25, 27, 28, 36, 38.

Richard Fortey, Natural History Museum, London: 44.

Sarah Gabbott, University of Leicester: 43, 45, 46, 47.

Jean-Claude Gall, Université Louis Pasteur de Strasbourg: 121, 122, 123, 124, 125, 127, 128, 129, 130, 131, 132.

David Green, University of Manchester: 30, 60, 185, 186, 192, 203, 206, 209.

Richard Hartley, University of Manchester: 1, 4, 5, 12, 18, 19, 22, 39, 41, 48, 53, 77, 78, 83, 84, 85, 86, 87, 88, 91, 92, 93, 94, 95, 96, 99, 117, 118, 120, 133, 136, 153, 155, 174, 179, 193, 194, 219, 232, 233, 249, 252.

Rolf Hauff, Urwelt-Museum Hauff: 137, 139, 140, 142, 144, 145, 147, 150, 151, 152.

David Martill, University of Portsmouth: 201, 213, 214, 215, 216, 218.

Barbara Mohr, Museum für Naturkunde, Humboldt-Universität, Berlin: 208.

Natural History Museum of Los Angeles County: 254, 257, 259, 266.

John Nudds, University of Manchester: 2, 3, 6, 8, 11, 15, 20, 21, 51, 52, 55, 57, 58, 59, 61, 68, 134, 135, 154, 156, 157, 165, 168, 169, 171, 175, 176, 195, 196, 197, 198, 199, 200, 202, 204, 205, 250, 251, 253, 262, 264.

Burkhard Pohl, Wyoming Dinosaur Center: 167.

Glenn Rockers, PaleoSearch, Kansas: 188.

Graham Rosewarne, Avening, Gloucestershire: 23, 24, 26, 29, 31, 32, 33, 35, 37, 54, 56, 62, 64, 67, 69, 138, 141, 143, 146, 148, 149, 160, 163, 166, 170, 173, 180, 182, 183, 184, 187, 191, 210, 212, 217, 255, 256, 258, 260, 261, 263, 265.

Sauriermuseum Aathal, Schweiz: 159, 162, 172.

Paul Selden, The Natural History Museum, London: 7, 9, 10, 13, 14, 16, 17, 40, 42, 71, 72, 73, 74, 75, 76, 79, 80, 81, 82, 89, 90, 119, 126, 207, 230, 231.

Forschungsinstitut und Naturmuseum Senckenberg, Abteilung für Messelforschung: 220, 221, 222, 223, 224, 225, 226, 227, 228, 229.

Geoff Thompson, University of Manchester: 177, 178, 181, 189, 190, 211.

The University of Wyoming Geological Museum: 164.

Wolfgang Weitschat, Universität Hamburg: 234, 235, 236, 237, 238, 239, 240, 241, 242, 243, 244, 245, 246, 247, 248

H.B.Whittington, University of Cambridge: 34.

Zugang zu Fundstellen und sonstige Unterstützung

Artur Andrade, Brent Breithaupt, Paulo Brito, Des Collins, John Dalingwater, Mike Flynn, Jim Gehling, Zhouping Guo, Rolf Hauff, Andre Herzog, Ken Higgs, Mary Howie, Neal Larson, Bob Loveridge, Terry Manning, David Martill, Cathy McNassor, Urs Möckli, Robert Morris, Sam Morris, Robert Nudds, Jenny Palling, Burkhard Pohl, Helen Read, Glenn Rockers, Chris Shaw, Bill Shear, Roger Smith, Wouter Südkamp, Hannes Theron, Rene Vandervelde, Jane Washington-Evans.

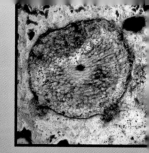

VORWORT

Fundstellen außergewöhnlich gut erhaltener Fossilien (Fossillagerstätten) geben uns wichtige Einblicke in die Geschichte des Lebens auf der Erde. Tatsächlich wurden bestimmte Fossillagerstätten, wie der Burgess Shale in British Columbia (Kanada) oder der Solnhofener Plattenkalk in Bayern, durch populärwissenschaftliche Veröffentlichungen außergewöhnlich berühmt. Solche Lokalitäten sind Fenster in die Geschichte des Lebens auf der Erde und bieten ein relativ vollständiges Bild von der Entwicklung der Ökosysteme im Verlauf der Erdgeschichte.

Die Autoren beschäftigen sich intensiv mit der Erforschung von Fossillagerstätten. Sie halten Vorlesungen hierüber und haben am Aufbau einer neuen Fossilausstellung am Museum der Universität Manchester mitgewirkt, die sich diesem Thema widmet. Dieses Buch schließt eine Lücke in der aktuellen paläontologischen Literatur. In knappen Darstellungen liefert es eine Übersicht über die wichtigsten Fossillagerstätten und richten sich an eine breite Leserschaft aus Studenten und interessierten Laien.

Nach einer allgemeinen Einführung über Fossillagerstätten und deren Verbreitung in der geologischen Zeit behandelt jedes Kapitel ein einzelnes Fossilvorkommen. Alle Kapitel folgen dabei dem gleichen Schema: Nach einer kurzen Einleitung, in der die Lagerstätte in einen evolutionären Zusammenhang gestellt wird, folgt die Erforschungsgeschichte der Lokalität; Informationen zu Sedimentologie, Stratigraphie und Umweltbedingungen; die Beschreibung der Organismen; die Diskussion der Paläoökologie; ein Vergleich mit anderen Lagerstätten, die ähnliche Alter und/oder Umweltbedingungen aufweisen, und Hinweise auf weiterführende Literatur. Ein Anhang gibt Informationen zu Museen, in denen Fossilien der Lagerstätten ausgestellt werden, und Tipps zum Besuch der Fundstellen.

Widmung

Wir widmen dieses Buch Professor Charles H. Holland und Professor Harry B. Whittington.

Abkürzungen

Die Aufbewahrungsorte der Exemplare werden in den Bildunterschriften wie folgt abgekürzt:

AMNH	American Museum of Natural History, New York, USA
BKM	Museum Bad Kreuznach, Deutschland
BM	Museum Bundenbach, Deutschland
BSPGM	Bayerische Staatssammlung für Paläontologie und Historische Geologie, München, Deutschland
CFM	Field Museum, Chicago, USA
DBMB	Deutsches Bergbau-Museum, Bochum, Deutschland
GCPM	George C. Page Museum, Los Angeles, USA
GGUS	Sammlung Grauvogel-Gall, Université Louis Pasteur, Straßburg, Frankreich
GMC	Geologisk Museum, Kopenhagen, Dänemark
GPMH	Geologische-Paläontologisches Museum, Universität Hamburg, Deutschland
GSSA	Geological Survey of South Africa, Südafrika
HMB	Museum für Naturkunde, Humboldt-Universität, Berlin, Deutschland
MM	Manchester University Museum, Großbritannien
MU	Manchester University Earth Sciences Department, Großbritannien
NHM	Natural History Museum, London, Großbritannien
PS	Privatsammlung
SCM	Santana do Cariri Museum, Brasilien
SI	Smithsonian Institute, Washington DC, USA
SM	Hunsrück-Museum, Simmern, Deutschland
SMA	Sauriermuseum Aathal, Schweiz
SMFM	Naturmuseum Senckenberg, Frankfurt am Main, Deutschland
SMNS	Staatliches Museum für Naturkunde, Stuttgart, Deutschland
UMH	Urwelt-Museum Hauff, Holzmaden, Deutschland
UWGM	University of Wyoming Geological Museum, Laramie, Wyoming, USA
WAM	Western Australian Museum, Perth, West-Australien
WDC	Wyoming Dinosaur Center, Thermopolis, Wyoming, USA

EINLEITUNG

Die Fossilabfolge ist alles in allem außerordentlich lückenhaft, denn von all den Pflanzen und Tieren, die jemals gelebt haben, bleiben nur wenige als Fossilien erhalten. Wenn Paläontologen versuchen, vergangene Ökosysteme zu rekonstruieren, ist das fast so, als wollte man ein Puzzle zusammenzufügen, bei dem sowohl das Bild auf der Schachtel als auch eine große Anzahl von Teilen fehlen. Unter normalen Bedingungen werden etwa 15 % der Organismen als Fossilien überliefert. Meist sind dies Tiere und Pflanzen, die entweder harte, mineralisierte Schalen, Skelette oder Häute haben oder die im Meer leben. Das Erhaltungspotenzial eines Organismus hängt daher von zwei Faktoren ab: Erstens von seinem Körperbau, d. h., ob er Hartteile hat, und zweitens von seinem Lebensraum, d. h., ob er in einer Umgebung lebt, in der Sedimentation stattfindet.

Gelegentlich jedoch überrascht uns die Fossilüberlieferung. Denn sehr selten ermöglichen besondere Umstände die außergewöhnliche Erhaltung von Weichteilen oder die Fossilisation in Lebensräumen, aus denen normalerweise keine Fossilien überliefert werden. Solche Gesteinsschichten sind Fenster in die Geschichte des Lebens auf der Erde. Man nennt sie Fossillagerstätten (Seilacher *et al.*, 1985), ein Begriff der aus dem Bergbau entlehnt ist und eine außergewöhnlich reiche Fundstelle bezeichnet.

Es gibt zwei Haupttypen von Fossillagerstätten. Konzentratlagerstätten sind, wie der Name andeutet, Ablagerungen, in denen riesige Mengen von Fossilien vorkommen, wie in Schillkalken (Schalenanhäufungen), Knochenbreccien, Höhlenablagerungen und natürlichen Tierfallen. Demgegenüber ist in Konservatlagerstätten eher Qualität als Quantität erhalten geblieben, weshalb der Begriff für die seltenen Fälle vorbehalten ist, in denen unter besonderen Bedingungen selbst das weiche Gewebe von Tieren und Pflanzen überliefert wurde – und dies oft mit unglaublichen Details. Die meisten Lagerstätten, die in diesem Buch beschrieben werden, sind Beispiele für Konservatlagerstätten.

Es gibt verschiedene Arten von Konservatlagerstätten. Dazu gehören Erhaltungsfallen, bei denen Organismen in Bernstein eingeschlossen, im Permafrost tiefgefroren, in Ölsümpfen stecken geblieben oder durch Austrocknen mumifiziert sind. Einen größeren Maßstab

besitzen Verschüttungsereignisse, bei denen eine schnelle, vollständige Bedeckung mit Sediment für die rasche Einbettung von zumeist bodenbewohnenden Gemeinschaften sorgt. Auch stagnierende Bedingungen spielen oft eine Rolle. Hier verhindern anoxische (sauerstoffarme oder -freie) Verhältnisse infolge von stehenden oder hypersalinen (stark salzhaltigen) Bodenwässern den Abbau durch Bakterien. Dies betrifft hauptsächlich pelagische, d. h., im offenen Ozean lebende Lebensgemeinschaften. Meist aber führt eine Kombination von Verschüttung und Stagnation zur Weichteilerhaltung.

Der Vorgang, der zur Erhaltung einer Pflanze oder eines Tieres als Fossil führt, wird als Taphonomie bezeichnet und besteht aus zwei Hauptprozessen. Der Erste, die Biostratonomie, umfasst die Vorgänge vom Tod bis zur Einbettung im Sediment (oder zum Einschluss in Bernstein, in Höhlenablagerungen usw.). Die Zeit, die für diesen Prozess benötigt wird, kann zwischen einigen Minuten – wenn z. B. ein Insekt in Harz oder ein Säugetier in Asphalt stecken bleibt – und vielen Jahren variieren – z. B. wenn Schalen oder Knochen angereichert werden. Idealerweise sollte für die außergewöhnliche Erhaltung von weichem Gewebe die Zeit zwischen dem Tod und dem Abschluss von Sauerstoff und zersetzenden Organismen sehr kurz sein. Nach der Einbettung beginnt der zweite Prozess, die Diagenese. Sie umfasst alle Vorgänge, durch die weiches Sediment in hartes Gestein umgewandelt wird. Während der Diagenese kann es zu einer weiteren Zersetzung der organischen Substanz kommen. Durch den Einfluss von Hitze können beispielsweise organische Moleküle in Öl und Gas umgewandelt werden oder die Epidermis von Pflanzen oder Tieren kann durch groben Sand zerquetscht werden.

Die Weichteilerhaltung ist aus drei Gründen von Bedeutung. Erstens erlaubt die Untersuchung der Weichteilmorphologie neben der Morphologie von Schalen und Skeletten einen besseren Vergleich mit lebenden Formen und liefert zusätzliche Informationen zur Stammesgeschichte. Zweitens können Tiere und Pflanzen erhalten bleiben, die ausschließlich aus weichem Gewebe bestehen und daher normalerweise nicht fossilisierbar wären. Man schätzt beispielsweise, dass 85 % der Gattungen des Burgess Shale keine Hartteile besaßen, sodass all diese Formen in anderen kambrischen Ablagerungen, die unter normalen Bedingungen gebildet wurden, fehlen. Drittens ist in solchen Lagerstätten ein nahezu vollständiges Ökosystem erhalten geblieben. Die vergleichende Betrachtung solcher Horizonte in ihrer zeitlichen Abfolge gibt uns daher einen Einblick in die Entwicklung von Ökosystemen im Verlauf der geologischen Zeit.

Die Lagerstätten, die in diesem Buch beschrieben werden, sind nach ihrem Auftreten in der Erdgeschichte, von der präkambrischen Ediacara-Fauna bis zu den pleistozänen Ablagerungen von Rancho La Brea, geordnet (Tabelle 1). So kann man die Entwicklung der Ökosysteme auf der Erde durch eine Reihe von Momentaufnahmen des Lebens zu bestimmten Zeitpunkten verfolgen (siehe Bottjer et al., 2002). Auch wenn sie kein vollständiges Bild von der sich entwickelnden Biosphäre geben können, so sind Lagerstätten doch wichtig, da sie weit mehr Informationen über die Lebensgemeinschaften liefern als normalerweise. Paläontologen können somit die ökologischen Wechselwirkungen zwischen den Organismen in diesen besonderen Lebensräumen detailliert untersuchen. Die spätpräkambrische Ediacara-Fauna zeigt zum Beispiel eine andere Organisationsstufe der Organismen und ihrer Lebensweise, als alle Faunen des darauf folgenden Phanerozoikums. Diese Tiere existierten, bevor sich Hartteile entwickelten und sich Räuber ausbreiteten. Bis zum Mittlkambrium hatten sich nahezu alle Tierstämme entwickelt und man kann die ökologischen Zusammenhänge am Meeresboden, komplett mit Räubern, Filtrierern und Sedimentfressern, rekonstruieren. Eine ähnlich vielfältige Fauna ist im devonischen Hunsrückschiefer überliefert. Ediacara, Burgess Shale und Hunsrückschiefer, in allen ist hauptsächlich das Benthos – also die Bewohner des Meeresbodens – erhalten. Im Burgess Shale kann man dieses noch in die Infauna – die Tiere, die im Sediment leben – und die Epifauna – jene Tiere, die auf der Sedimentoberfläche leben – untergliedern. Nur ein kleiner Teil der Lebewesen des Burgess Shale und des Hunsrückschiefers gehören dem Nekton – das sind die schwimmenden Tiere – an. Dagegen dominiert das Nekton den ordovizischen Soom Shale, da es hier nur wenige Phasen gab, in denen benthisches Leben auf dem Meeresboden möglich war. Um das Bild der Lebensweisen im Meer zu vervollständigen, muss das Plankton erwähnt werden. Zu ihm gehören alle Lebewesen, die frei in der Wassersäule schweben.

Ein großer evolutionärer Fortschritt, der sich im mittleren Paläozoikum ereignete, war die Eroberung des Landes durch Pflanzen und Tiere. Der devonische Rhynie Chert, enthält eine der frühesten bekannten und immer noch die am besten untersuchte Lebensgemeinschaft, in der einige der ersten Landtiere und -pflanzen überliefert sind. Bis zum späten Karbon war das Land der tropischen Regionen weitflächig von Wäldern und mit ihnen von Insekten und ihren Jägern besiedelt. Die Lebensgemeinschaft von Mazon Creek überliefert ein Waldökosystem zusammen mit nicht-marinen Wasserorganismen eines Deltabereichs, wie es in dieser Zeit der großen Kohlebildungen weit verbreitet war. Das Ende des Perm sah den Verlust von etwa 80 % aller Arten beim größten Massenaussterben aller Zeiten. Betrachtet man aber die Lebensgemeinschaft des triassischen Voltziensandsteins, so findet man große Ähnlichkeiten mit der von Mazon Creek. Drei Lagerstätten stammen aus der jurassischen Periode, zwei davon marin und eine terrestrisch. Der Posidonienschiefer von Holzmaden gibt einen Einblick in das pelagische Leben des Jura, in dem große marine Wirbeltiere wie Plesiosaurier, Ichthyosaurier und Krokodile zusammen mit ihrer Beute, Cephalopoden und Fischen, erhalten sind. Im Gegensatz dazu überliefert der Solnhofener Plattenkalk marines Plankton, Nekton und Benthos (z. B. Ammoniten, Schwertschwänze, andere Krebstiere) zusammen mit seltenen fliegenden Tieren (z. B. Archaeopteryx – der erste Vogel), die alle von Stürmen in einer Lagune zusammengeschwemmt wurden. Die Morrison-Formation in den westlichen USA ist die bekannteste Lagerstätte für Dinosaurier, die das Leben auf den Festländern des Jura beherrschten.

Während der Kreidezeit war eine Region, die heute in Nordost-Brasilien liegt, Zeuge der Bildung zweier Fossillagerstätten: der Santana-Formation und der Crato-Formation. Die erste ist bekannt für ihre Fische und Flugsaurier, die in Konkretionen erhalten sind, die zweite für ihre Insekten und Pflanzen in einem Plattenkalk. Am Ende der Kreide starben die Dinosaurier zusammen mit Ammoniten, marinen Reptilien und einigen anderen Pflanzen- und Tiergruppen aus. Im darauf folgenden Känozoikum wurden Säugetiere zur dominierenden Gruppe. Einige der besten Fossilien kommen zusammen mit einer waldbewohnenden Flora und Fauna in der Grube Messel vor. Generell bleiben Landtiere und -pflanzen viel seltener fossil erhalten, als Organismen, die an Orten leben, an denen Sedimente abgelagert wurden, wie Seen oder Meere. Daher werden die Lagerstätten terrestrischer Lebensgemeinschaften besonders geschätzt. Hierzu gehören die Grube Messel und die herausragende Fauna des baltischen Bernsteins, besonders die Insekten. Bernstein, ein fossiles Baumharz, bildete eine klebrige Falle für Insekten und ihre Räuber. In gleicher Weise wurden Säugetiere und Vögel, die auf der Suche nach einer Wasserstelle waren, sowie deren Räuber und Aasfresser in den Asphaltgruben von Rancho La Brea in klebrigem Teer gefangen. Rancho La Brea bietet einen Blick auf das Leben im südlichen Kalifornien der letzten 40 000 Jahre.

Weiterführende Literatur

Bottjer, D.J., Etter, W., Hagadorn, J.W. & Tang, C.M. (2002): Exceptional fossil preservation. Columbia University Press, New York, xiv + 403 S.

Seilacher, A., Reif, W-E. & Westphal, F. (1985): Sedimentological, ecological and temporal patterns of fossil Lagerstätten. Philosophical Transactions of the Royal Society of London, Series **B 311**, 5–23.

Millionen Jahre vor heute	Ära	Periode			Lagerstätten
2,5	Känozoikum	Quartär		Holozän Pleistozän	Rancho La Brea
23,5		Tertiär	Neogen	Pliozän Miozän	
			Paläogen	Oligozän Eozän Paläozän	Baltischer Bernstein Grube Messel
65					
146	Mesozoikum	Kreide			Santana- und Crato-Formationen
		Jura			Solnhofen Morrison-Formation Holzmaden
205					
251		Trias			Voltziensandstein
290	Paläozoikum	Perm			
320		Oberkarbon			Mazon Creek
353		Unterkarbon			
409		Devon			Hunsrückschiefer Rhynie Chert
439		Silur			
510		Ordovizium			Soom Shale
540		Kambrium			Burgess Shale
	Präkambrium				Ediacara
4600					

Tabelle 1 Die geologische Zeitskala und die stratigraphische Position der beschriebenen Fossillagerstätten.

Kapitel Eins

EDIACARA

Das erste Leben auf der Erde

Das Leben auf der Erde entstand vor etwa 3,5 Milliarden Jahren. Die Frage, was „Leben" wirklich ausmacht, ob es tatsächlich auf unserem Planeten entstanden ist oder ob der Ursprung einfachster Formen extraterrestrisch ist und es sich dann hier weiter entwickelt hatte, ist Gegenstand vieler Debatten. Der früheste Hinweis auf fossile einzellige Prokaryoten, die modernen Cyanobakterien („Blaugrünalgen") ähnelten, stammt aus Hornsteinen Westaustraliens. Während der ersten gut 2,5 Milliarden Jahre nach seiner Entstehung entwickelte sich das Leben nur sehr langsam. Aus den Prokaryoten gingen Eukaryoten hervor, deren Zellen Kerne und Organellen besitzen, doch erst vor 1 Milliarde Jahren entstanden mehrzellige Formen. Die Entwicklung der Mehrzelligkeit war ein großer Schritt in der Evolution des Lebens: Sie ermöglichte es den Organismen, größer zu werden und durch die Differenzierung von Geweben Organe zu entwickeln und führte so zu den Pflanzen und Tieren, die uns heute vertraut sind. Die frühesten Mehrzeller sind das Thema dieses Kapitels. Die meisten waren flache Gebilde mit einem großen Verhältnis von Körperoberfläche zu Körpermasse, von denen man oft nicht genau weiß, ob sie Pflanzen (Metaphyten), Tiere (Metazoen) oder keines von beiden waren.

Bis Mitte des letzten Jahrhunderts glaubte man, dass es keine Fossilien von mehrzelligen Lebewesen aus dem Präkambrium gibt. Die Basis des Kambriums ist eindeutig durch das plötzliche Auftreten von schalentragenden Fossilien – etwa Brachiopoden, Trilobiten und Schwämme – gekennzeichnet. Als man in Gesteinen des späten Präkambriums weiche Organismen entdeckte, die Quallen und Würmern ähnlich sahen, war das eine große Überraschung. Dies führte zu einer kompletten Neuinterpretation nicht nur der fossilen Überlieferung von Mehrzellern sondern auch der Evolution des Lebens und deren Zusammenhang mit den physischen Systemen der Erde, wie Atmosphäre und Ozeane. Die Frage änderte sich von „Warum entstand an der Basis des Kambriums plötzlich mehrzelliges Leben?" zu „Warum entwickelten mehrzellige Organismen am Beginn des Kambriums plötzlich Hartteile?" (siehe Kapitel 2).

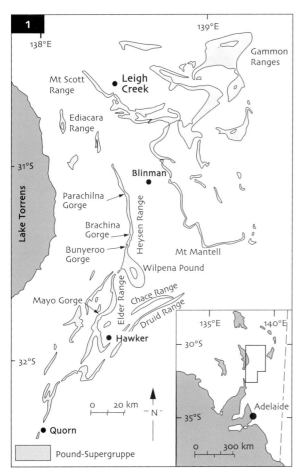

1 Die Verbreitung der Pound-Supergruppe in Süd-Australien (nach Gehling, 1988).

Entdeckungsgeschichte der Ediacara-Fauna

Im Jahre 1946 erkundete Reginald C. Sprigg, ein Geologe im Staatsdienst, die Ediacara Hills, ein Gebiet in den Flinders Ranges, etwa 300 km nördlich von Adelaide in Australien (**1**). In den Ediacara Hills fand er die Abdrücke von offenbar weichen Organismen, die vor

2 Das Greenwood Cliff in den Ediacara Hills, der Ort, an dem Spriggs im Jahre 1946 die ersten Fossilien im Rawnsley-Quartzit entdeckte.

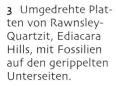

3 Umgedrehte Platten von Rawnsley-Quartzit, Ediacara Hills, mit Fossilien auf den gerippelten Unterseiten.

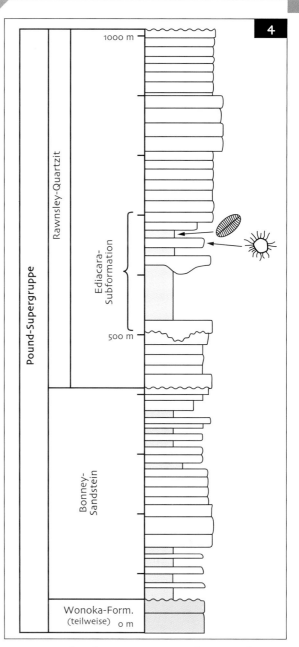

4 Stratigraphie der spätproterozoischen Pound-Supergruppe von Süd-Australien. Dargestellt ist die Position der Ediacara-Fauna innerhalb der Ediacara-Subformation (nach Bottjer, 2002).

allem an der Unterseite von Quarzit- und Sandsteinplatten erhalten waren (**2**, **3**). Die meisten waren runde, scheibenförmige Formen, die Sprigg wegen ihrer Ähnlichkeit zu Quallen „medusoid" nannte (Sprigg, 1947, 1949). Andere ähnelten Würmern und Arthropoden, wieder andere konnten nicht klassifiziert werden.

Zunächst nahm Sprigg an, dass die Gesteine kambrisches Alter hätten, da sie Fossilien enthielten. Weitere Untersuchungen zeigten jedoch, dass sie tatsächlich präkambrisch waren. Einzelne Berichte von Weichkörperorganismen tauchten seit der Mitte des 19. Jahrhunderts immer wieder in der wissenschaftlichen Literatur auf, doch dies war die erste reichaltige Ansammlung verschiedenster gut erhaltener präkambrischer Fossilien, die entdeckt wurde. Später wurde sie von Martin Glaessner und Mary Wade von der Universität Adelaide genau untersucht (Glaessner & Wade, 1966). Kurz nach Spriggs Entdeckung wurden Weichkörper-Organismen in Leicestershire, Großbritannien (Ford, 1958), und in Namibia gefunden. Heute kennt man Fossilien vom Ediacara-Typ aus der Gegend des Weißen Meeres in Russland, aus Neufundland und den Northwest Territories (Kanada), aus North Carolina (USA), der Ukraine und China, um nur einige zu nennen. Alle stammen aus der Periode zwischen etwa 670 Millionen Jahren vor heute und dem frühesten Kambrium (vor etwa 540 Millionen Jahren). Dieser Zeitabschnitt wird daher neben Vendium auch Ediacarium genannt.

Stratigraphischer Rahmen und Taphonomie der Ediacara-Fauna

Die ersten von Sprigg gefundenen Fossilien stammen aus der Gegend der Ediacara Hills, doch Gesteinsabfolgen mit präkambrischen Fossilien kommen auch in Schluchten der südlich gelegenen Heysen Range (z. B. Parachilna Gorge, Brachina Gorge, Bunyeroo Gorge, Mayo Gorge, **1**) und am östlichen Ende der Chace Range vor. Die Fossilien sind auf etwa 110 m innerhalb der Ediacara-Subformation des Rawnsley-Quarzits beschränkt. Dieser befindet sich in dieser Gegend 500 m

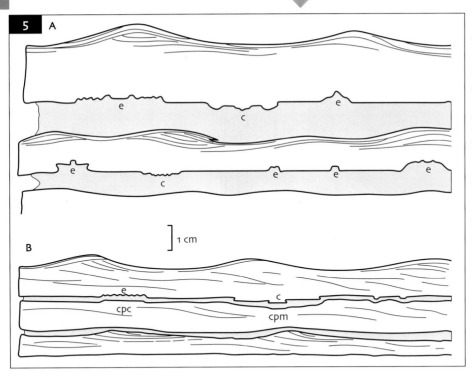

5 Erhaltungsarten in der Ediacara-Subformation; A mit dicken und B mit dünnen tonigen Zwischenlagen. c Ausguss an der Basis des Sandsteins; e Abdruck an der Basis des Sandsteins, cpc Ausguss an der Oberseite des darunter liegenden Sandsteins, cpm Abdruck an der Oberseite des Sandsteins (nach Gehling, 1988).

6 Mikrobenmatten auf der Oberfläche von Wellenrippeln, Rawnsley-Quarzit, Ediacara Hills.

Trübeströme. Zeitweise hat ein Flussdelta in der Gegend den Meeresboden bis zum sub- oder gar intertidalen Bereich aufgeschüttet, in dessen Ablagerungen man Spuren einzelner Sturmereignisse erkennen kann. In diesen flachen Bereichen, um die Sturmwellenbasis herum, kommen die Fossilien vor. Günstig für die Erhaltung waren dünne Tonlagen zwischen den Sandsteinschichten, die ruhige Ablagerung aus einer Suspension darstellen. Die Sandsteine selbst zeigen Strömungen mit höherer Energie und entsprechende Ablagerungsbedingungen an. Der Ton wirkte bis zu einem gewissen Grad als Bindemittel, der den Sand unterhalb der auf dem Meeresboden liegenden Fossilien zusammenhielt. Auf diese Weise wurden feine Details der Fossilien abgeformt, sodass man heute ihre Morphologie untersuchen kann. Einige rippelförmige Sedimentoberflächen zeigen Hinweise auf Mikrobenmatten auf dem Meeresboden (6), die ebenfalls die Erhaltung unterstützten, indem sie die Kadaver umschlossen und schützten.

Da die Organismen weich waren, wurden die Fossilien im Allgemeinen flachgedrückt. Während der Diagenese kompaktieren Tonlagen beträchtlich, sodass das vorhandene Relief von den Sandsteinen stammt. Abbildung 5 (aus Gehling, 1988) zeigt die Auswirkungen von unterschiedlichen Ton-Mächtigkeiten auf die Erhaltung der Fossilien. In einigen Fällen handelt es sich um einen äußeren Abdruck der Fossiloberfläche als Eindruck auf der Unterseite des Sandsteins (e in 5). Manchmal ist ein Fossil zerfallen oder es hat sich zersetzt, sodass Sand den ursprünglich vom Organismus eingenommenen Raum ausgefüllt hat. So ist ein Ausguss als Auswölbung auf der Unterseite des Sandsteins entstanden (c in 5). Sind die Tonlagen dünn (5B), kann der Ausguss tiefer in den weichen Sand darunter

unterhalb des frühesten Kambriums. Der Rawnsley-Quarzit ist ein Teil der Pound-Supergruppe (4), benannt nach Wilpena Pound, einer spektakulär verwitterten Aufwölbung, deren kreisförmige Steilwände aus Quarzit sich wie eine natürliche Befestigungsanlage nach außen richten.

Die Ediacara-Subformation besteht aus einer Abfolge von Silt- und Sandsteinen, die pelagische bis intertidale Bedingungen widerspiegeln – von der Hochsee bis in den Gezeitenbereich. Man folgerte daraus, dass hier Sedimente von einem Kontinentalrand in tieferes Wasser geschüttet wurden. Dies geschah zum Teil durch

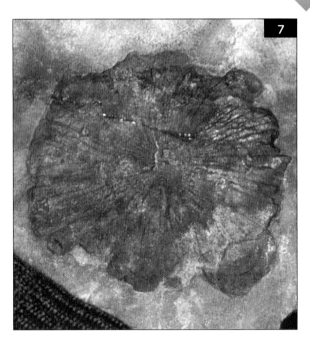

7 Große *Cyclomedusa* von etwa 30 cm Durchmesser.

hineinragen (cpm in **5B**) oder umgekehrt (cpc in **5B**). Auf diese Weise können sich dorsale und ventrale Strukturen überlagern. Einige Organismen hatten beispielsweise dünne Außenwände aber robustere innere Organe, wie die Keimdrüsen von möglichen Medusen, sodass diese besser abgebildet wurden. Eine neuere Interpretation der Erhaltung der Fauna (Gehling, 1999) weist auf die große Bedeutung von Mikrobenmatten hin.

Da die Fossilien nur Abdrücke bzw. Ausgüsse sind, ist kein organisches Material erhalten geblieben. Man betrachtet sie am besten bei schrägem Lichteinfall, entweder abends im Gelände oder im Schein einer flach eingestellten Laborlampe. Bei manchen Fossilien, die als Abdrücke erhalten sind, können Abgüsse mit Silikonkautschuk die Interpretation erleichtern.

Die Ediacara-Fauna

Ediacaria ist eine konzentrisch scheibenartige Form, die erstmalig in den 1940er-Jahren von Sprigg beschrieben wurde. Inzwischen wurde sie auch in anderen Ediacara-Lokalitäten, z. B. in Nordwest-Kanada, gefunden. Möglicherweise handelt es sich um eine Qualle, einen benthischen, d. h. bodenbewohnenden Organismus oder vielleicht auch nur die Anwachsstelle eines anderen Lebewesens.

Cyclomedusa (**7**, **8**) ist eine primär radialstrahlige Form, besitzt aber einige konzentrische Linien in der Nähe des Zentrums. Sie erreicht einen Durchmesser von fast 1 m. Sie ist wahrscheinlich das häufigste und am weitesten verbreitete Ediacara-Fossil. Frühere Autoren nahmen an, dass *Cyclomedusa* eine große im Wasser schwebende Qualle war. Seilacher (1989) stellte sie sich jedoch als benthisch lebend vor, während Gehling

8 Kleinere Exemplare von *Cyclomedusa* aus der Fundstelle von Abb. **3**. Die Münze hat einen Durchmesser von 24 mm.

9 Abdruck von *Pseudorhizostomites* (MM). Etwa 50 mm im Durchmesser.

10 *Tribrachidium* (MM). Durchmesser etwa 20 mm.

11 *Inaria* aus der Lokalität von Abb. **3**. Die Münze hat einen Durchmesser von 23 mm.

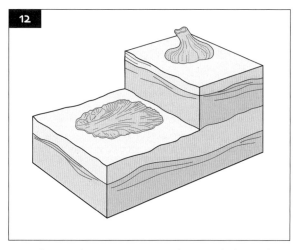

12 Rekonstruktion von *Inaria* (oben) und Skizze des Fossils, wie es im Gestein überliefert ist (unten) (nach Gehling, 1988).

13 *Charnia* (MM). Länge etwa 150 mm.

(1991) sie als flache, kegelförmige Seeanemone interpretierte. Darauf weisen die konzentrischen Linien nahe der Mitte hin sowie das Vorkommen mehrerer Exemplare nahe beieinander, was unwahrscheinlich wäre, wenn es sich um frei schwimmende Lebewesen handelte. Eine andere Hypothese besagt, dass es sich um die Anhaftstelle einer koloniebildenden Oktokoralle handelt. Diese Theorie wird durch ihre Häufigkeit gestützt.

Pseudorhizostomites (**9**) ist eine radiale Form mit einem undeutlichen Rand. Es könnte sich um eine quallenartige Form oder den Eindruck der Basis eines größeren Organismus handeln.

Tribrachidium ist eine kleine (Durchmesser ca. 20 mm) scheibenartige Form mit einer dreifach radialstrahligen Symmetrie. Sie besteht in der zentralen Region aus drei Loben, jeweils mit einer erhabenen Vorderkante, die von der Außenseite der zentralen Region zum Rand hin abfällt. Dann folgt eine äußere Zone aus drei flachen Bereichen die von den zentralen Loben auszugehen scheinen; jede Zone trägt radiale Rie-

fen (**10**). *Tribrachidium* lässt sich nur schwer irgendeinem existierenden Stamm zuordnen.

Mawsonites ist eine weitere radiale Form, die durch konzentrische Lobenreihen charakterisiert ist, die von der Mitte nach außen größer werden. Von Glaessner & Wade (1966) wurde sie als quallenartig und von Seilacher (1989) gar als komplexes Spurenfossil gedeutet.

Arkarua wurde von Jim Gehling aus der Chace Range beschrieben. Die fünffache Symmetrie lässt sofort an einen Echinodermaten (Stachelhäuter) – es wäre der älteste bekannte – denken, der noch nicht die calcitischen Platten entwickelt hatte, die heute für diesen Stamm typisch sind.

Inaria könnte einer radialen Form entsprechen, doch die Rekonstruktion des Lebewesens zeigt, dass sie zu Lebzeiten eher einer Knoblauchzwiebel glich (**11**, **12**). Ihr Beschreiber, Jim Gehling (1988), nahm an, dass sie eine Art Seeanemone war.

Charnia (**13**) und *Charniodiscus* sind zwei Fossilien, die 1958 von Trevor Ford aus dem Charnwood Forrest in Leicestershire beschrieben wurden. *Charnia* hat eine blattförmige Struktur mit einem zentralen, anscheinend steifen Stiel und seitlichen, segmentierten Regionen. *Charniodiscus* ähnelt *Ediacaria*, indem es sich um eine einfache Scheibe mit konzentrischen Linien handelt. Später fand man ein Exemplar, bei dem *Charnia* und *Charniodiscus* verbunden waren, und es ist heute sicher, dass *Charniodiscus* die Wurzel oder das Haftorgan der blattförmigen *Charnia* war. Anscheinend war *Charnia* eine Seefeder, das ist eine Gruppe von Nesseltieren, die sowohl im Burgess Shale (Kapitel 2: *Thaumaptilon*) als auch heute noch vorkommt.

Rangea ähnelt *Charnia*, zeigt aber eine weitere Untergliederung der Segmente auf beiden Seiten.

Pteridinium ist ein weiterer seefederartiger Organismus ohne Segmentierung.

Ernietta war zu Lebzeiten sockenförmig. Ihre Segmente waren nach oben gerichtet und die Basis war anscheinend zur Beschwerung mit Sediment gefüllt.

Kimberella wurde ursprünglich als quallenförmig mit vierstrahliger Symmetrie beschrieben. Spätere Untersuchungen zeigten jedoch, dass sie benthisch und schneckenartig und somit vielleicht ein früher Mollusk war.

Kleine *Dickinsonia* (**14**) sehen fast wie radiale Organismen aus, doch wenn sie wachsen (bis zu 1 m lang), bekommen sie einen länglichen Körper und eine bilaterale Symmetrie. *Dickinsonia* ist zu beiden Seiten einer Mittellinie segmentiert, besitzt jedoch kein Kopf- oder Schwanzende. Sie erinnert an einen Plattwurm, abgesehen davon dass die Segmente auf beiden Seiten nicht zusammenlaufen (**15**).

Parvancorina (**16**) ist ein kleines Lebewesen mit einer bilateralen Symmetrie und einem eindeutigen „Kopf"-Ende.

Praecambridium ist ein weiterer kleiner, bilateraler Organismus mit einem „Kopf"-Ende und einem segmentierten „Körper". Einige Autoren nahmen an, das

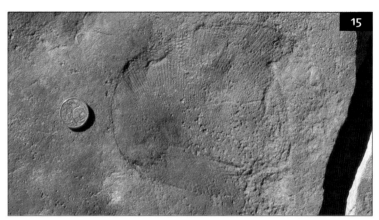

15 Große *Dickinsonia* aus der Lokalität von Abb. **3**. Die Münze hat einen Durchmesser von 24 mm.

14 Kleine *Dickinsonia* (MM). Länge etwa 50 mm.

16 Abdruck von *Parvancorina* (MM). Länge etwa 30 mm.

17 *Spriggina* (MM). Länge etwa 50 mm.

Tier wäre arthropodenartig, doch Birket-Smith (1981b) meinte, es handele sich um eine juvenile *Spriggina*.

Wie *Parvancorina* und *Praecambridium* ist *Vendia* ein kleiner Organismus mit bilateraler Symmetrie, einem eindeutigen Kopf und Körpersegmenten.

Spriggina (**17**) ist ein kleines (ca. 50 mm) Lebewesen mit einem hufeisenförmigen „Kopf", auf den ein länglicher, blattförmiger Körper folgt, der aus zwei Reihen von kurzen Segmenten zu beiden Seiten einer Mittellinie besteht. Zuerst nahm man an, dass *Spriggina* einem polychaeten Wurm, wie *Nereis*, ähnelt, doch ein genauerer Blick auf die Segmentierung zeigte, dass die Segmente, wie bei *Dickinsonia*, nicht an der Mittellinie zusammenlaufen. Seilacher (1989) kehrte die Deutung um und meinte, dass *Spriggina* eine weitere Seefeder sein könnte und dass der „Kopf" in Wirklichkeit ein Haftorgan war.

Eine weitere Fossilgruppe in den Ediacara-Faunen sind Spurenfossilien: Hinweise auf Krabbeln und flaches Durchpflügen des Sediments durch Tiere finden sich in vielen Ediacara-Lokalitäten. So deutet zum Beispiel eine spiralförmige Spur, die in Ediacara gefunden wurde, eher auf das Abweiden einer Oberfläche hin als auf das einfache Zurücklegen einer Strecke. Obwohl sie weniger Baupläne widerspiegeln als wir heutzutage kennen (es gab z. B. keine grabenden Organismen), weisen die Spuren auf echte Metazoen hin.

Erste Versuche von Sprigg (1947, 1949), Glaessner (1961) und Glaessner & Wade (1966) die Ediacara-Fauna zu klassifizieren, ließ eine Anzahl von lebenden Stämmen, unter ihnen Cnidaria (Nesseltiere) und Annelida (Ringelwürmer), erkennen. Fünfzehn Arten von Ediacara-Organismen wurden als Quallen (Medusoide) eingestuft, z. B. *Mawsonites, Cyclomedusa, Kimberella* und *Eoporpita* (die Einzige, die Tentakel erkennen lässt). *Charnia* und *Pteridinium* wurden den Pennatulacea (Seefedern) oder den Weichkorallen, einer weiteren Klasse der Cnidaria, zugeordnet. *Dickinsonia* und *Spriggina* wurden als Annelida klassifiziert. Andere Organismen, wie *Tribrachidium*, konnten in keinen modernen Stamm eingeordnet werden. Die dreifache Symmetrie lässt sich in keinem Bauplan irgendeiner modernen Tiergruppe beobachten.

Seilacher (1989) entfernte die Ediacara-Organismen gänzlich aus den Metazoa und betrachtete sie aufgrund ihrer von den Tieren und Pflanzen abweichenden funktionellen Konstruktion als eigenständiges Reich: Vendozoa. Er interpretierte die Konstruktionsmorphologie der Lebewesen und meinte, dass sie interne hydrostatische Skelette besessen und dass ihre Körper durch inneren Druck Festigkeit bekommen hätten, wie bei einem Autoreifen. Die Gliederung des Körpers war sinnvoll, um einen totalen Druckverlust (und damit den Tod) zu verhindern, wenn nur ein oder zwei Segmente verletzt waren. Es handelte sich also um eine Art „abgesteppte" Organismen, vergleichbar mit Luftmatratzen. Die große Körperoberfläche im Verhältnis zur Masse legte nahe, dass sie durch die Haut atmeten. Sie könnten Photosynthese betrieben haben, wie McMenamin (1998) vorschlug, und wie moderne Korallen photosynthetische Symbionten gehabt haben. Vielleicht waren sie Chemosymbionten (mit chemosynthetischen Symbionten, um so im Tiefwasser unter reduzierenden Bedingungen überleben zu können) oder nahmen Nährstoffe durch

die Körperwandungen auf. Nach Meinung von Seilacher konnten solche Organismen ohne Skelette oder Schalen überleben, da es nur wenige Räuber gab.

In den 1980er-Jahren erdachte Fedonkin ein Klassifikationsschema für die Ediacara-Fossilien, das auf ihrer Symmetrie beruhte und damit unabhängig von jeder biologischen Interpretation war. Er unterteilte die Organismen in zwei Hauptgruppen: Radiata (scheibenförmig, ohne bilaterale Symmetrie) und Bilateria (deutliche bilaterale Symmetrie). Die Radiata können weiter unterteilt werden in: Cyclozoa, mit konzentrischen (und weniger radialen) Strukturen (z. B. *Ediacaria*); Inordozoa, mit radialen Strukturen von unbestimmtem Radius (z. B. *Cyclomedusa*); und Trilobozoa, mit einer dreistrahligen Symmetrie (z. B. *Tribrachidium*). Andere radiale Formen wurden für Angehörige der Cnidaria-Klassen Conulata und Scyphozoa gehalten. Bilateria zeigen entweder keinen speziellen Kopf- und Schwanzbereich (d. h., sie sind zweiseitig gerichtet, wie *Dickinsonia*) oder besitzen einen deutlichen Kopf oder Wurzelbereich (d. h., sie sind einseitig gerichtet, wie *Spriggina*). Übergänge kommen vor, z. B. zwischen den konzentrischen und den unbestimmt radialen Formen: *Cyclomedusa* zeigt nahe dem Zentrum ein konzentrisches Muster. Man kann sich evolutionäre Trends unter den Organismen vorstellen. Inordozoa (z. B. *Cyclomedusa*) könnten Vorläufer höher organisierter, eindeutiger Formen (z. B. *Tribrachidium*) gewesen sein oder sie streckten sich (z. B. *Dickinsonia*) und entwickelten einen Kopf und Schwanz, als sie zu einer gerichteten Bewegung übergingen (z. B. *Spriggina*). Ein Problem mit diesem Schema ist, wie Gehling anmerkte, dass es nur funktioniert, wenn die Organismen absolut flach sind, doch viele Rekonstruktionen zeigen sie als dreidimensionale Geschöpfe. *Inaria* war beispielsweise knollenförmig und *Pteridinium* scheint drei „Flügel" besessen zu haben und nicht zwei, wie die ähnliche *Charnia*.

In einer merkwürdigen Wendung einer bereits bizarren Geschichte betrachtete Greg Retallack von der Universität Oregon die unklaren Wachstumsmuster vieler Ediacara-Organismen. Diese lassen vermuten, dass es keine Obergrenze oder einen definierten Rahmen für ihre Größe und Form gab (Retallack, 1994). *Dickinsonia* etwa scheint weder Adultstadium noch -gestalt entwickelt zu haben. Er untersuchte auch taphonomische Aspekte der Ediacara-Fauna, insbesondere ihre Kompression. Seine Schlussfolgerung? Die Ediacara-Fossilien waren Flechten! Flechten sind zusammengesetzte Organismen, die durch eine symbiotische Beziehung zwischen Grünalgen (die Photosynthese betreiben) und Pilzen (die den Körper stellen) gebildet werden. Nur wenige Paläontologen haben allerdings die Argumente von Retallack akzeptiert. Denn einige Ediacara-Organismen (z. B. *Spriggina*) haben ein erkennbares Haftorgan (oder Kopf), und auch wenn ihr Wachstumsmuster weniger eindeutig ist als z. B. das von Würmern, so wachsen sie doch nicht ungeordnet. Außerdem unterscheidet ihre schiere Größe und Masse viele Ediacara-Formen von modernen Flechten. Ferner leben heutige Flechten auf dem Land und nicht im Meer. Der allgemeine Konsens war immer, dass die vorkommenden Organismen Metazoen und Tiere waren; es ist aber möglich, dass einige der wedelförmigen Lebewesen tatsächlich Pflanzen repräsentieren.

Eine Untersuchung von Dewell *et al.* (2001) zeigte, dass die meisten Ediacara-Tiere koloniebildend waren (Pennatulacea wie *Charnia* sind Kolonien). Sie wiesen einen höheren Organisationsgrad auf als einfache Schwämme, in denen nur wenige Zelltypen vorkommen, waren aber weniger entwickelt als höhere Eumetazoa, in denen sich Gewebe und Organe herausgebildet hatten.

Paläoökologie der Ediacara-Fauna

Frühe Versuche, das Ediacara-Szenario zu rekonstruieren (z. B. Glaessner, 1961), zeigten ein Flachwasserhabitat, das von überproportional vielen Medusen und Seefedern bewohnt war. Spätere Hinweise deuteten tieferes Wasser und unterschiedliche Lebensweisen an. Tatsächlich verwarf Gehling (1991) in einem Artikel über die Ediacara-Fauna eine Reihe früherer Mythen. Es wurde angenommen Ediacara-Fossilien seien im Vergleich zu kambrischen Faunen groß gewesen; doch tatsächlich sind die meisten Exemplare klein, auch wenn einige große *Dickinsonia* vorkommen. Die Vermutung, dass die Ediacara-Fossilien im Wesentlichen zweidimensional waren, zieht erhaltungsbedingte Faktoren nicht mit in Betracht; denn nach der Rekonstruktion erweisen sich viele Organismen als halbkugelförmig, konisch oder röhrenförmig. Frühe Darstellungen zeigen, dass Medusen das Bild beherrschten; doch die meisten Lebewesen lebten wahrscheinlich am Boden, entweder festgewachsen oder beweglich. Eine Verallgemeinerung war, dass die Gemeinschaften allochthon waren, also an den Ablagerungsort eingeschwemmt wurden; während dies sicher auf einige Fundstellen zutrifft (z. B. Namibia), spiegeln die meisten Fossilien allerdings autochthone, d. h. an Ort und Stelle eingebettete, Gemeinschaften, mit wenigen pelagischen Formen, wider. Von den Spurenfossilien wurde zunächst angenommen (z. B. von Crimes), dass sie von Tieren verursacht wurden, die nicht durch Fossilien belegt sind; doch Gehling erklärte, dass eine Reihe von Spuren sehr wohl von Organismen stammten, die als Körperfossilien vorliegen. Untersuchungen der Biomechanik der Ediacara-Organismen durch Schopf & Baumiller (1998) wiesen darauf hin, dass die flachen Tiere durch die starke Strömung, für die es sedimentologische Hinweise gibt, vom Substrat abgelöst worden wären. Sie vermuteten, dass die Tiere aus ruhigeren Umgebungen an ihren endgültigen Ablagerungsort transportiert wurden (doch warum sind sie dann so gut erhalten?), dass sie dichter waren oder besser am Substrat hafteten als andere Forscher angenommen hatten und/oder dass sie bis zu einem gewissen Grad im Sediment eingegraben lebten.

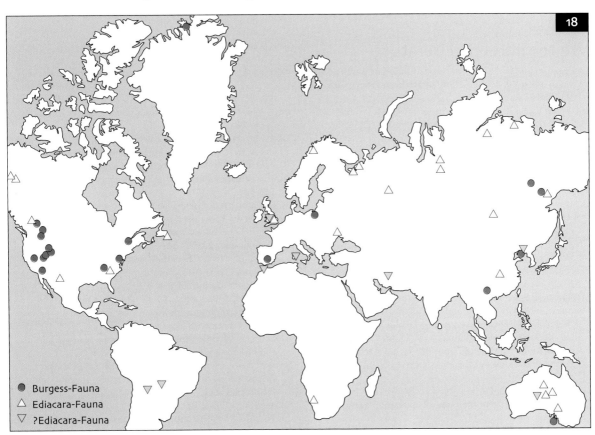

18 Karte mit der weltweiten Verbreitung von Faunen des Ediacara- und des Burges-Shale-Typs (Kapitel 2) (nach Conway Morris, 1990).

Vergleich von Ediacara mit anderen spätpräkambrischen Faunen

Die Karte in Abbildung **18** zeigt die Verbreitung von Ediacara-Faunen. Außerdem ist die Verteilung von kambrischen Faunen des Burgess Shale-Typs (Kapitel 2) eingezeichnet. Während sich viele Organismen in den Ediacara-Faunen ähneln, gibt es auch einige wichtige Unterschiede zwischen den Lokalitäten, beispielsweise in der Taphonomie. In Ediacara selbst sind die Fossilien in den Tonanteilen von Sandsteinschichten erhalten, und deuten auf ruhiges Wasser hin. In Mistaken Point, Neufundland, kommen die Organismen an der Basis von vulkanischen Aschelagen vor, während die Fossilien aus Namibia auf labilen Sand und Ton während der Ablagerung hinweisen. Ediacara-Faunen wurden außerdem in Russland und der Ukraine (Weißes Meer, Podolien, südliche Ukraine, Ural, Sibirien), in Nordwest-Kanada, Zentral-Australien, der Finnmark, Norwegen, Großbritannien, Süd- und Nordchina, in den südwestlichen USA und Nordmexiko und in North Carolina gefunden. Unvollständige oder unsichere Faunen wurden außerdem aus Indien, Iran, Irland, Marokko und Sardinien beschrieben.

Was geschah mit den Ediacara-Organismen nach dem Ende des Präkambriums? Einige überdauerten offensichtlich bis heute. Pennatulacea kommen z. B. im Burgess Shale (Kapitel 2: *Thaumaptilon*) vor und existieren noch heute. Auch Scyphozoa (Quallen) sind ein wichtiger Bestandteil des modernen marinen Planktons. Doch zweifellos schafften es viele Formen nicht in das Phanerozoikum. Zu Beginn des Kambriums, im Tommotium, gibt es eine charakteristische Fauna aus „kleinen Schalen tragenden Fossilien", die den ersten kambrischen Hartteile tragenden Fossilien voraus geht. Einige dieser Formen gehören sicher heute existierenden Stämmen an, z. B. den Mollusken; andere haben das Kambrium nicht überdauert (z. B. Hyolithiden). Interessanter sind die winzigen Stacheln und zungenförmigen, meist phosphatischen Sklerite, die wahrscheinlich die Haut von ansonsten weichen Tieren, wie Onychophoren und Halkeriiden (siehe Kapitel 2), bedeckt haben. Die Beziehung zwischen den Ediacara-Faunen und diesen Fossilien ist noch nicht endgültig geklärt.

Was immer die Ediacara-Tiere/-Pflanzen/Vendozoa waren oder wie sie lebten, die flach marinen Bereiche im späten Präkambrium waren vollkommen anders als alle Lebensräume auf unserem heutigen Planeten. Wenn mehr Fossilien von Ediacara-Organismen aus anderen Teilen der Welt beschrieben werden und neue Theorien über ihre Verwandtschaftsbeziehungen und ihre Lebensweisen auftauchen, wird die Debatte über das Leben im Präkambrium sicher fortgesetzt werden.

Weiterführende Literatur

Birket-Smith, S.J.R. (1981a): A reconstruction of the Pre-Cambrian *Spriggina*. Zoologisches Jahrbuch, Anatomie **105**, 237-258.

Birket-Smith, S.J.R. (1981b): Is *Praecambridium* a juvenile *Spriggina*? Zoologisches Jahrbuch, Anatomie **106**, 233-235.

Bottjer, D.J., Elter, W., Hagadorn, J.W. & Tang, C.M. (2002): Exceptional fossil preservation. Columbia University Press, New York, xiv + 403 S.

Conway Morris, S. (1990): Late Precambrian and Cambrian soft-bodied faunas. Annual Reviews of Earth and Planetary Science **18**, 101-122.

Dewell, R.A., Dewell, W.C. & McKinney, F.K. (2001): Diversification of the Metazoa: ediacarans, colonies, and the origin of eumetazoan complexity by nested modularity. Historical Biology **15**, 193-218.

Erwin, D.H. (2001): Metazoan origins and early evolution. 25-31. In Briggs, D.E.G. & Crowther, P.R.: Palaeobiology II. Blackwell Scientific Publications, Oxford, xv + 583 S.

Fedonkin, M.A. (1990): Precambrian metazoans. 17-24. In Briggs, D.E.G. & Crowther, P.R.: Palaeobiology: a synthesis. Blackwell Scientific Publications, Oxford, xiii + 583 S.

Ford, T.D. (1958): Pre-Cambrian fossils from Charnwood Forest. Proceedings of the Yorkshire Geological Society **31**, 211-217.

Gehling, J.G. (1987): Earliest known echinoderm - a new Ediacaran fossil from the Pound Supergroup of South Australia. Alcheringa **11**, 337-345.

Gehling, J.G. (1988): A cnidarian of actinian-grade from the Ediacaran Pound Supergroup, South Australia. Alcheringa **12**, 299-314.

Gehling, J.G. (1991): The case for the Ediacaran fossil roots to the metazoan tree. Geological Society of India Memoir **20**, 181-224.

Glaessner, M.F. (1961): Pre-Cambrian animals. Scientific American **204**, 72-78.

Glaessner, M.F. (1984): The dawn of animal life. A biohistorical study. Cambridge University Press, Cambridge, 244 S.

Glaessner, M.F. & Wade, M. (1966): The Late Precambrian fossils from Ediacara, South Australia. Palaeontology **9**, 599-628.

McMenamin, A.S. (1998): The Garden of Ediacara. Columbia University Press, New York, xvi + 295 S.

Retallack, G.J. (1994): Were the Ediacaran fossils lichens? Paleobiology **20**, 523-544.

Runnegar, B. (1992): Evolution of the earliest animals. 65-93. In Schopf, J.W.: Major events in the history of life. Jones & Bartlett, Boston, MA, xv + 190 S.

Schopf, K.M. & Baumiller, T.K. (1998): A biomechanical approach to Ediacaran hypotheses: how to weed the Garden of Ediacara. Lethaia **31**, 89-97.

Seilacher, A. (1989): Vendozoa: organismic construction in the Proterozoic biosphere. Lethaia **22**, 229-239.

Seilacher, A. (1992): Vendobionta and Psammocorallia: lost constructions of Precambrian evolution. Journal of the Geological Society of London **149**, 607-613.

Sprigg, R.C. (1947): Early Cambrian (?) jellyfishes from the Flinders Ranges, South Australia. Transactions of the Royal Society of South Australia **71**, 212-224.

Sprigg, R.C. (1949): Early Cambrian 'jellyfishes' of Ediacara, South Australia and Mount John, Kimberley District, Western Australia. Transactions of the Royal Society of South Australia **73**, 72-99.

DER BURGESS SHALE

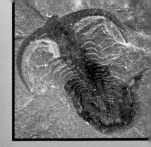

Kapitel Zwei

Die kambrische Explosion

Obwohl mehrzellige Tiere erst kurz vor dem Ende des Präkambriums erschienen sind (Kapitel 1), ist ihre Entwicklung zu Beginn des Kambriums so rasant verlaufen, dass man von der „kambrischen Explosion" spricht. In einer Zeitphase von knapp 10 Millionen Jahren erschienen in einer rauschhaften Phase der Evolution nahezu alle heute bekannten Tierstämme und Baupläne. Daneben tauchten einige bizarre Formen auf, die rasch wieder ausstarben und die belegen, dass dies ein experimentierfreudiger Abschnitt der Evolution war. Heute kennt man etwa 35 Tierstämme, doch in den kambrischen Meeren gab es zweifellos mehr und einige Experten behaupten, dass es bis zu einhundert waren.

Das plötzliche Erscheinen dieser vielfältigen Fauna in der geologischen Abfolge stellt die Fachleute seit langem vor verwirrende Fragen. Darwin nahm an, dass sich die Stämme schon während des Präkambriums allmählich entwickelt hätten, aber einfach nicht erhalten geblieben seien, da sie keine Hartteile besaßen. Erwarben sie vielleicht gleichzeitig erhaltungsfähige Schalen oder Skelette (als Reaktion auf entscheidende Veränderungen im Sauerstoffgehalt der Atmosphäre oder in der Chemie der Ozeane), sodass die kambrische Explosion nur durch eine bessere Überlieferbarkeit vorgetäuscht wird?

Die Entdeckung der präkambrischen Ediacara-Faunen in der zweiten Hälfte des 20. Jahrhunderts zeigte jedoch, dass die Weichkörper-Organismen, die am Ende des Präkambriums existierten, meist primitive Anneliden, Arthropoden und Cnidaria waren. Sie konnten deshalb kaum die Vorgänger der typisch kambrischen Tiere wie Archaeocyathiden, Brachiopoden und Mollusken gewesen sein. Auch sollten selbst Weichkörper-Lebewesen zumindest Spurenfossilien hinterlassen. Bis auf die allerjüngsten Ablagerungen fehlen diese jedoch in den präkambrischen Sedimenten.

Die erste Welle der evolutionären Explosion zeigt sich in der untersten Stufe des Kambriums, dem Tommotium, mit dem plötzlichen Erscheinen von vielen kleinen Schalen tragenden Fossilien. Vielleicht hatten sie, wie von Fortey (1999) und Conway Morris (1998) diskutiert, Weichkörper-Vorläufer mit einer langen präkambrischen Geschichte, die aber so klein waren, dass weder ihre Körper noch ihre Spuren erhalten blieben. Es ist jedoch unwahrscheinlich, dass solch kleine, oft nur wenige Millimeter lange Tiere die große Vielfalt an Bauplänen aufwiesen, wie sie sich später im Kambrium zeigte. Diese Fossilien waren vielleicht bloß die harten Dornen oder Stacheln von ansonsten weichhäutigen Tieren.

Kurz nach ihrem Erscheinen begann die große Explosion der Evolution. Eine ganze Reihe von möglichen Auslösern wurde diskutiert. So könnte das schrittweise Ansteigen des Sauerstoffgehalts nach drei Milliarden Jahren Photosynthese durch Cyanobakterien und später durch Pflanzen die Entwicklung von beweglicheren, größeren und komplexen Tieren ermöglicht haben. Diese haben dann die leeren Nischen besetzt, in denen es noch keine Konkurrenten gab. Stattdessen könnte aber auch das Auftauchen der ersten Raubtiere das erste „Wettrüsten" ausgelöst haben. Die Tiere mussten entkommen, indem sie schneller und/oder größer wurden, oder sich durch die Ausbildung von Hartteilen verteidigten. Veränderungen in der Anordnung der Kontinente (und damit der Meeresströmungen) wurden ebenfalls als Ursache erwogen. Vielleicht waren genetische Mechanismen zu dieser Zeit auch einfach flexibler und führten zu beschleunigter Diversifikation.

Viele Kenntnisse über die Fauna und Flora der kambrischen Explosion (von Conway Morris, 1998, der „Schmelztiegel der Schöpfung" genannt) stammen aus der vielleicht am besten untersuchten Fossillagerstätte von allen – dem Burgess Shale in British Columbia (Kanada). Durch einen Zufall der geologischen Überlieferung bildet diese dünne Schicht aus Schieferton ein Fenster auf den Reichtum eines mittelkambrischen Ökosystems zu einer der vitalsten Zeiten in der Entwicklung des Lebens auf der Erde. Hier wurde durch einen Vorgang, der immer noch nicht vollkommen geklärt ist, die Verwesung aufgehalten, sodass die ganze Organismenvielfalt des kambrischen Ozeans, inklusive vieler Weichkörper-Organismen mit ihren inneren Organen und Muskeln erhalten geblieben ist.

Dies sind die „verrückten Wunder", die Stephen Jay Gould in seinem Buch *Zufall Mensch* (1991) populär gemacht hat. Und wenn man bedenkt, dass 85 % der Gattungen im Burgess Shale vollständig weich waren und damit in anderen kambrischen Lokalitäten nicht vorkommen, wird deutlich, wie irreführend die Fossilüberlieferung wäre, wenn diese besondere Lagerstätte nicht erhalten geblieben und entdeckt worden wäre.

Entdeckungsgeschichte des Burgess Shale

Es war der Amerikaner Charles Doolittle Walcott, damals Vorsitzender der Smithsonian Institution in Washington DC, der den Burgess Shale hoch oben in den kanadischen Rocky Mountains entdeckte (**19**). Die romantische Geschichte erzählt, dass das Pferd seiner Frau gegen Ende der Geländesaison 1909 beim Abstieg über den steilen Packhorse Trail, der vom Grat zwischen dem Mount Wapta und dem Mount Field im heutigen Yoho National Park abzweigt, über einen Felsblock stolperte. Walcott stieg ab, um den Pfad freizumachen und als er den besagten Felsbrocken in Stücke schlug, legte er ein schönes Exemplar von *Marella* frei, das wie ein silberiger Film auf dem schwarzen Schieferton glänzte.

Leider bestätigt sein Tagebuch diese Geschichte nicht, doch sicher entdeckte Walcott die ersten Fossilien im September 1909 und begann im Sommer 1910 mit ernsthaften Ausgrabungen. Jährliche Geländekampagnen mit seiner Familie setzten sich bis 1913 fort, und auch 1917, 1919 und 1924 kam er wieder dorthin.

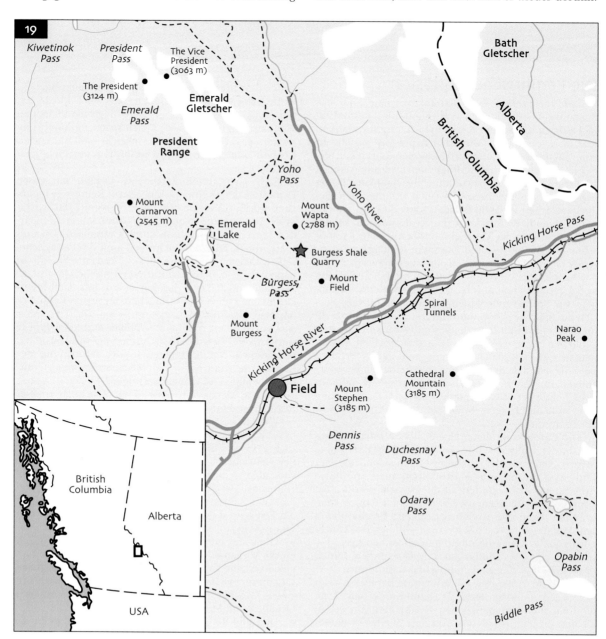

19 Die Lage des Burgess Shale Quarry im Yoho National Park in den kanadischen Rocky Mountains.

Bis zu seinem Tod im Jahre 1927 hatte er eine Sammlung von 65 000 Exemplaren zusammengetragen, die nach Washington DC transportiert wurden, wo sie bis heute in der Smithsonian Institution lagern. Bis 1912 hatte Walcott viele seiner Funde publiziert und von den 170 Arten, die heute aus dem Burgess Shale bekannt sind, wurden mehr als 100 von ihm selbst beschrieben.

Der Burgess Shale Quarry (Steinbruch) von Walcott (**20**, **21**) liegt auf 2 300 m Höhe, direkt unterhalb des Fossil Ridge, der den Mount Wapta und den Mount Field verbindet. Es ist ein überwältigender Ort. Schaut man vom Aufschluss, in dem selbst im Sommer Schnee liegt, nach Westen, eröffnet sich ein atemberaubendes Panorama aus schneebedeckten Bergen, Gletschern, Seen und Wäldern. Mount Burgess zeigt himmelwärts, zu seiner Rechten liegt der leuchtend grüne Emerald Lake mit dem Emerald-Gletscher darüber. Den Ort von Walcotts Lager kann man am High Line Trail darunter ausmachen.

Walcott sammelte auch höher oben am Berg, an einer Stelle, die heute Raymond Quarry genannt wird, nach ihrer detaillierten Ausgrabung durch Professor Percy E. Raymond von der Harvard-Universität in den 1930er-Jahren. Diese Sammlung befindet sich heute im Museum für vergleichende Zoologie in Harvard. Außer der Arbeit von Alberto Simonetta, einem italienischen Biologen, der in den Sechzigerjahren einige Burgess-Trilobiten genau beschrieben hat, gab es nur wenige weitere Arbeiten über diese bemerkenswerten Fossilien. Bis im Jahre 1966 Professor Harry Whittington den Bedarf nach einer vollständigen Neubearbeitung der Burgess-Fauna ankündigte.

Whittington, obwohl Engländer, war 1966 Professor für Paläontologie in Harvard. Er schaffte es, den Geologischen Dienst von Kanada zu überzeugen, dass eine erneute Untersuchung überfällig sei, und Exkursionen in den Jahren 1966 und 1967 brachten über 10 000 neue Exemplare, wenn auch nur wenig neue Spezies. Im Jahre 1966 zog Whittington von Cambridge, Massachusetts, nach Cambridge, England, und nahm das Projekt mit. Sehr bald rekrutierte er zwei junge Mitarbeiter, die ihn bei der großen Aufgabe, die Fauna des Burgess Shale neu zu bearbeiten, unterstützen sollten. Derek Briggs kümmerte sich um die Arthropoden und Simon Conway Morris um die Würmer.

Das Cambridge-Team machte gründliche Analysen, Zeichnungen und detaillierte Fotografien der Burgess-Fossilien und enthüllte eine Fülle neuer Fakten, die frühere Bearbeiter übersehen hatten. Whittington unternahm die Neuuntersuchung von Walcotts erstem Fund, *Marella*, dem häufigsten Fossil der Burgess-Fauna, und setzte neue Standards für die Beschreibung von Burgess-Fossilien. Briggs und Conway Morris bearbeiteten zwei der wirklichen Rätsel unter den problematischen Fossilien von Burgess, *Anomalocaris* und *Canadia sparsa* (später in *Hallucigenia* umbenannt) und konnten durch eine bemerkenswerte Detektivarbeit die wahren Verwandtschaftsbeziehungen dieser bizarren Organismen aufklären.

Im Jahre 1975 erhielt Desmond Collins vom Royal Ontario Museum (ROM) von den Park-Rangern die Erlaubnis, loses Material vom Bergrücken zu sammeln. Seine Gruppe kehrte 1981 und 1982 zurück, diesmal um nach neuen Lokalitäten zu suchen, und sie wies nach, dass die fossilreichen Schichten ausgedehnter waren als man früher angenommen hatte. Sie fanden mehr als zehn neue Lokalitäten, sowohl ober- als auch unterhalb von Walcotts Fundstelle, die sich alle entlang des Cathedral-Steilhangs aufreihen.

Auch nachdem der Ort im Jahre 1981 als UNESCO-Weltnaturerbe ausgewiesen worden war, setzte das Team des ROM seine Arbeit in den Achtziger- und Neunzigerjahren fort und machte einige bemerkenswerte Funde.

Stratigraphischer Rahmen und Taphonomie des Burgess Shale

Der formale Name Burgess Shale bezieht sich nur auf die dünne Einheit, in der die gut erhaltenen Weichkörper-Fossilien vorkommen, wie sie in Walcotts Quarry aufgeschlossen sind. Dieser Schieferton (das „Phyllopodenbett" von Walcott) gehört zur ungefähr 520 Millionen Jahre alten Stephen-Formation des Mittelkambriums, die am Fossil Ridge etwa 150 m mächtig ist.

20 Walcotts Burgess Shale Quarry in 2 300 m Höhe im Yoho National Park, Kanada; im Hintergrund ist der Mount Wapta zu erkennen.

21 Laminierte Schiefertone im Burgess Shale Quarry zeigen nach oben feiner werdende Abfolgen mit groben, orangefarbenen Lagen an der Basis und feineren, grauen Lagen darüber. (Die Ziffern bedeuten Zentimeter unterhalb von Walcotts "Phyllopodenbett".)

Direkt nördlich von Walcotts Quarry verschwinden die dunklen Schiefertone plötzlich und grenzen mit beinahe senkrechtem Kontakt an die viel heller gefärbten Dolomite der Cathedral-Formation (**22**). Die Tatsache, dass die hangende Eldon-Formation (und auch die obersten Schichten der Stephen-Formation) diesen vertikalen Kontakt ungestört überlagert, zeigt, dass es sich hierbei nicht um eine tektonische Störung, sondern um ein ursprüngliches Phänomen des kambrischen Meeresbodens handelt, d. h., um ein fast senkrechtes unterseeisches Kliff. Es fällt auf, dass die Fossilien des Burgess Shale immer am Fuße dieses submarinen Kliffs gefunden werden.

Nach herkömmlicher Interpretation bildete dieses Kliff den Rand eines Algenriffs. Nach oben wurde es von einer flachen Karbonatplattform mit lichten Wässern und ohne Sedimenteintrag vom Land abgeschlossen. Die Burgess-Organismen lebten im oder auf dem Schlamm in den tieferen, dunkleren Wasserschichten am Fuße des Kliffs. Der Meeresboden fiel von der Klippe in noch größere Wassertiefen ab, die sauerstofffrei und lebensfeindlich waren.

Es gibt verschiedene Hinweise darauf, dass die Burgess-Tiere nicht an dem Ort eingebettet wurden, an dem sie lebten. Der Erste ist die laterale Beständigkeit der dünnen Tonschieferlagen über große Entfernungen hinweg, ohne dass es Anzeichen von Bioturbation

durch kriechende oder grabende Organismen gibt. Der Zweite ist die Tatsache, dass die Burgess-Fossilien in allen möglichen Winkeln, einige sogar kopfüber, im Schieferton liegen. Schließlich zeigte die Untersuchung der dünnen Schichten in Walcotts Quarry, dass jede Schicht eine eindeutig nach oben feiner werdende Abfolge darstellt mit gröberen orangefarbenen Lagen an der Basis und feineren dunkelgrauen Lagen darüber. Jede Schicht repräsentiert ein einzelnes Ablagerungsereignis (**21**).

Die heute anerkannte Theorie für die Einbettung der Burgess-Fossilien besagt, dass von Zeit zu Zeit Schlamm vom Fuße des Kliffs durch Stürme, Erdbewegungen oder einfach nur durch die Instabilität durchfeuchteter Sedimentstapel in sich rasch ausbreitenden Sedimentwolken in das lebensfeindliche Becken hinunter befördert wurde. Dabei wurden auch die Tiere mitgerissen, die keine Zeit hatten zu fliehen. Conway Morris (1986, Abbildung 1) illustrierte die Milieus vor und nach einem solchen Trübestromereignis. Das Erstere zeigt die Gegend, in der die Tiere gelebt haben, das Letztere die Gegend, in die sie transportiert wurden und in der sie erhalten blieben (heute in Walcotts Quarry). Beide lagen anscheinend nah am Kliff, was darauf hinweist, dass die Trübeströme parallel zum Kliff nach unten strömten. Auf die Rutschungen folgten ruhige Bedingungen, unter denen sich das feine Sedi-

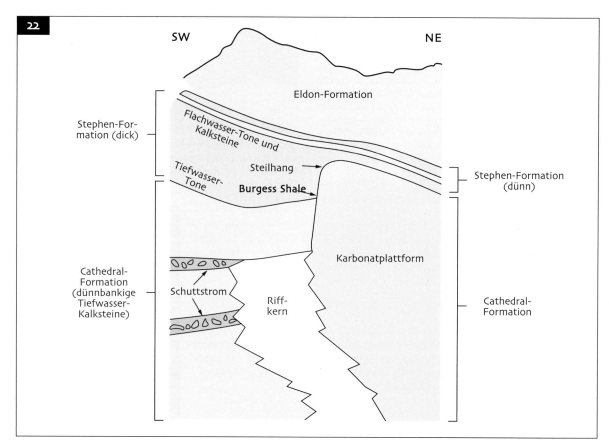

22 Stratigraphie und räumliche Verhältnisse der mittelkambrischen Abfolge am Mount Field (nach Briggs *et al.*, 1994).

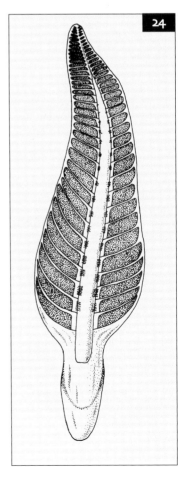

ment absetzen konnte. Dabei bildete sich die feine Schichtung der Schiefertone, wie wir sie heute sehen.

Wie die Burgess-Fossilien erhalten blieben, ist bis heute nicht vollständig bekannt. Sicherlich waren zwei Voraussetzungen für die Weichkörper-Erhaltung mitverantwortlich, nämlich die rasche Bedeckung mit feinem Sediment und die Ablagerung auf einem Meeresboden, auf dem Sauerstoffmangel herrschte. Solch eine giftige Umgebung hielt Aasfresser fern und nachdem sich die Sedimentwolke gelegt hatte, wurden die Kadaver vollständig begraben und ihre Körperhohlräume mit Schlamm gefüllt. Doch anaerobe Bakterien können weiches Muskelgewebe selbst unter Ausschluss von Sauerstoff relativ schnell zersetzen, sodass zusätzliche Faktoren die Aktivität der Mikroben verhindert haben müssen.

Butterfield (1955) isolierte das Gewebe von verschiedenen weichen Burgess-Fossilien und zeigte, dass sie in vielen Fällen aus umgewandelten organischen Kohlenstoffverbindungen bestanden. Dieser war von einem dünnen Film aus Calcium-Aluminium-Silikat bedeckt, ähnlich dem Mineral Glimmer, was das silberige Erscheinungsbild der Burgess-Fauna im einfallenden Licht erklärt. Er nahm an, dass sich dieser Überzug aus den Tonmineralen im Schlamm, in dem die Tiere begraben wurden, gebildet hatte und dass diese Minerale die bakterielle Zersetzung verhinderten – vielleicht

indem sie die Reaktion von Enzymen unterbanden. Diese Art der Erhaltung ist außergewöhnlich, denn normalerweise bleibt weiches Gewebe, wie Muskeln oder Eingeweide, nur erhalten, wenn es während der frühen Diagenese durch andere Minerale ersetzt wird.

Die Fauna des Burgess Shale

Vauxia (Stamm Porifera, Schwämme) ist ein buschartig verzweigter Schwamm (**23**), der nicht aus einzelnen Schwammnadeln sondern aus einem festen, sponginartigen Gerüst besteht. Aus diesem Grund ist er der häufigste Schwamm im Burgess Shale.

Thaumaptilon (Stamm Cnidaria, Nesseltiere, Ordnung Pennatulacea, Seefedern) ist möglicherweise eine Seefeder (**24**). Obwohl ein seltener Vertreter der sessilen Burgess-Fauna, ist er als Überlebender der präkambrischen Ediacara-Fauna wichtig (Kapitel 1). Er ähnelt der Gattung *Charnia* und besitzt eine breite Mittelachse mit bis zu 40 Verästelungen, von denen jede zahllose sternförmige Einzelpolypen beherbergte (Conway Morris, 1993).

Ottoia (Stamm Priapulida, Priapswürmer) ist der häufigste priapulide Wurm (**25**, **26**). Priapuliden sind Fleisch fressende Tiere, die heute selten sind, in den kambrischen Meeren jedoch weit verbreitet waren. Sie besaßen einen kugeligen Rüssel, der von gefährlichen

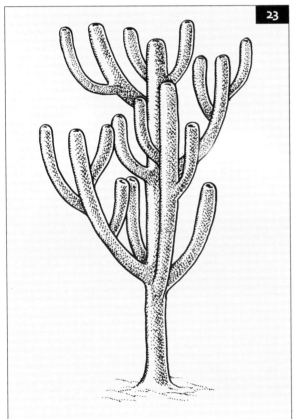

23 Rekonstruktion von *Vauxia*.

24 Rekonstruktion von *Thaumaptilon*.

Haken und Stacheln umgeben war und an dessen Ende sich das mit scharfen Zähnen bewehrte Maul befand. Ihre Mägen beinhalten häufig noch die letzte Mahlzeit, die etwa aus Hyolithen, Brachiopoden oder – da sie Kannibalen waren – sogar anderen *Ottoia* bestand. Ihre Fossilien sind meist U-förmig gebogen, was auf ein Leben in Bauten mit dieser Form hinweist. In letzter Zeit wurden auch gestreckte Exemplare gefunden, sodass die U-Form vielleicht auch auf Kontraktion nach dem Tode zurückzuführen ist (siehe Conway Morris, 1977a).

Burgessochaeta und *Canadia* (Stamm Annelida, Ringelwürmer, Ordnung Polychaeta) waren polychaete Würmer oder Borstenwürmer (**27**). Es waren segmentierte Würmer mit paarigen Anhängen, die eine Vielzahl von Borsten oder Setae trugen (siehe Conway Morris, 1979).

Hallucigenia (Stamm Onychophora, Stummelfüßer) ist das berühmteste Burgess-Tier und eines der „verrückten Wunder" von Stephen Jay Gould (1991). Es wurde von Conway Morris dieser neuen Gattung zugeordnet, um seinem „traumhaften" Aussehen, das keinem anderen bekannten Tier ähnelt, Rechnung zu tragen (**28**, **29**). Dies lag zum Teil daran, dass es zunächst verkehrt herum rekonstruiert wurde – auf starren Stacheln stehend und seine Tentakel im Wasser schwingend. Nach der Untersuchung weiterer Exemplare kehrte man diese Interpretation um, und plötzlich wurde klar, dass es sich um einen marinen Stummelfüßer handelt. Dies ist eine raupenartige Gruppe, die Lobopoden („lappige Füße") genannt wird. *Hallucigenia* krabbelte auf seinen fleischigen Extremitäten auf der Suche nach Aas und gebrauchte die Stacheln zum Schutz. *Aysheaia* ist ein weiterer dieser Burgess-Lobopoden (siehe Conway Morris, 1977b).

Marella (Stamm Arthropoda, Gliederfüßer) ist ein kleines, zartes Gliedertier. Mit über 15 000 Exemplaren ist es das häufigste Fossil im Burgess Shale, obwohl es in keiner anderen kambrischen Fundstelle gefunden wurde (**30**, **31**). Es war das erste von Walcott entdeckte Fossil, und das erste, das Whittington erneut bearbeitete. Am Kopfschild hat es zwei Paar gebogene Stacheln und am Kopf selbst zwei Antennenpaare. Die 20 Körpersegmente tragen jeweils ein identisches Beinpaar. Das deutet darauf hin, dass dies ein primitiver Arthropode und der mögliche Vorläufer von drei Gruppen im Wasser lebender Gliedertiere (Crustaceen, Trilobiten, Cheliceraten; siehe Whittington, 1971) war.

Sanctacaris (Stamm Arthropoda, Ordnung Chelicerata) ist das wichtigste Fossil, das von Collins und dem ROM-Team gefunden wurde, da es sich um das früheste bekannte Beispiel eines Cheliceraten handelt, einer Gruppe, zu der auch die Spinnen und Skorpione gehören (**32**). Der große Kopfschild bedeckte sechs Anhänge. Fünf davon waren stachelige Klauen, die zum Beutefang dienten, und ihm im Englischen den Spitznamen „Santa Claws" eintrugen (Briggs & Collins, 1998).

Anomalocaris (ein Problematicum oder möglicherweise Stamm Arthropoda) ist der Monsterräuber des Burgess Shale. Er gleicht keinem bekannten Tier und wurde lange Zeit als Vertreter eines kurzlebigen arthropodenähnlichen Stammes angesehen (**33**). Die Beute

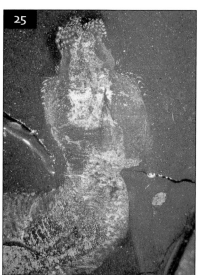

25 Der Priapswurm *Ottoia prolifica* mit dem von Stacheln umgebenen Rüssel (SI). Durchmesser 10 mm.

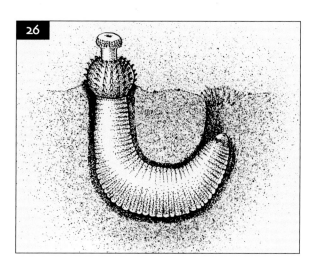

26 Rekonstruktion von *Ottoia*.

27 The polychaete Wurm *Canadia spinosa* (SI). Länge etwa 30 mm.

28 Der Stummelfüßer *Hallucigenia sparsa* (SI). Länge etwa 20 mm.

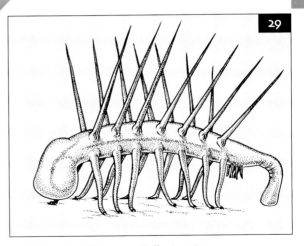

29 Rekonstruktion von *Hallucigenia*.

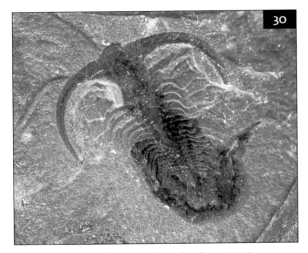

30 Der Arthropode *Marrella splendens* (MM). Länge 20 mm.

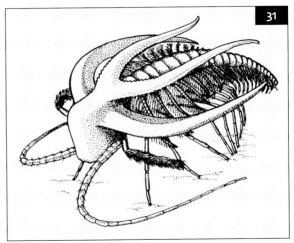

31 Rekonstruktion von *Marrella*.

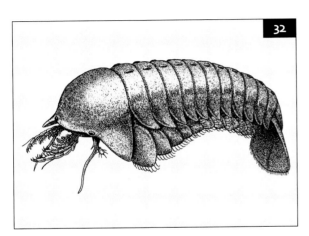

32 Rekonstruktion von *Sanctacaris*.

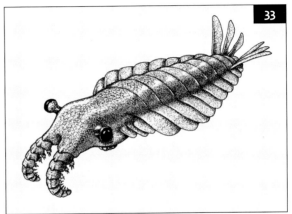

33 Rekonstruktion von *Anomalocaris*.

greifenden vorderen Anhänge interpretierte man ursprünglich als gegliederten Hinterleib eines Krebses (daher der Gattungsname, der „seltsame Krabbe" bedeutet), dann als Gruppe paariger Extremitäten eines riesigen Arthropoden, während die kreisförmigen Mundteile anfänglich für die Qualle *Peytoia* gehalten wurden. Vollständigere Exemplare zeigten, dass dies das größte bekannte Burgess-Tier war mit Längen bis zu 1 m. Am Kopf hat es ein Paar große Augen, der Rumpf ist von laschenförmige Strukturen bedeckt, und der Schwanz ist als spektakulärer Fächer ausgebildet (siehe Whittington & Briggs, 1985).

Opabinia (ein Problematicum) war ein wirklich seltsames Lebewesen. Es hatte fünf Augen auf der Oberseite des Kopfes und einen langen, flexiblen Rüssel mit etlichen Stacheln am Ende, wahrscheinlich ein Greifapparat (**34**, **35**). Jedes Körpersegment trug seitliche Loben mit Kiemen und der seltsame Schwanz wurde von drei Lappen gebildet. Einige Experten glauben, dass es eventuell mit *Anomalocaris* verwandt war und dass beide Arthropoden waren.

Wiwaxia (ein Problematicum) war ein seltsamer Schlammkriecher, der vor Räubern dadurch geschützt war, dass sein Rücken von schuppenartigen Harteilen, sog. Scleriten und von einer Doppelreihe spitzer Stacheln bedeckt war (**36**). Auf der Bauchseite befand sich ein weicher Fuß, ähnlich dem von Schnecken, und aus der Mundöffnung ragte eine Radula hervor, was ebenfalls an Mollusken erinnert. Die Mikrostruktur der Sclerite entspricht jedoch eher der von polychaeten Anneliden. Die wahren Beziehungen von *Wiwaxia* sind daher weiterhin ungewiss, doch war er wahrscheinlich mit den Halkieriden verwandt (siehe Abschnitt über Sirius Passet weiter unten und Conway Morris, 1985).

Pikaia (Stamm Chordata, Chordatiere), ein unscheinbarer doch wichtiger Bestandteil der Burgess-Fauna, besaß einen starren Stab entlang des Rückens (**37**). Dies weist ihn als primitiven Vertreter der Chordata aus, zu denen u.a. der Mensch und alle Wirbeltiere gehören. Dies beweist, dass auch unsere Vorfahren schon während der kambrischen Explosion vertreten waren. Das schmale Vorderende trägt ein Tentakelpaar, und das Hinterende läuft in einem flossenartigen Schwanz aus. Die Anordnung der Muskeln, die wie ineinander gesteckte Kegel wirken, ist häufig erhalten.

Paläoökologie des Burgess Shale

Im Burgess Shale ist eine marine, benthische Lebensgemeinschaft überliefert, die in, auf oder direkt oberhalb des schlammigen Meeresbodens am Fuße eines untermeerischen Kliffs gelebt hat. Der Schlamm wurde hoch genug angehäuft, um frei von stagnierenden Bodenwässern zu sein. Das Meeresbecken war dem offenen Ozean zugewandt und lag in den Tropen bei ungefähr 15° N. Die Anwesenheit von Photosynthese treibenden Algen zeigt, dass die Wassertiefe nur wenig mehr als 100 m betrug.

Die paläoökologische Analyse von mehr als 30 000 Schiefertonplatten mit über 65 000 Fossilien durch Conway Morris (1986) ergab, dass annähernd 10 % der Lebewesen zur benthischen Infauna gehörten, also im Sediment selbst lebten. Diese Gemeinschaft wurde von

34 Die problematische *Opabinia regalis* (SI). Länge etwa 65 mm.

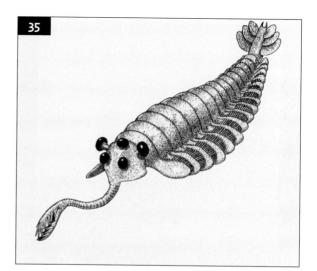

35 Rekonstruktion von *Opabinia*.

36 Die problematische *Wiwaxia corrugata* (SI). Länge etwa 35 mm.

37 Rekonstruktion von *Pikaia*.

38 Der halkieriide *Halkieria evangelista* aus Grönland (GMC). Länge 60 mm.

grabenden Priapswürmern, wie *Ottoia*, *Selkirkia* und *Louisella*, und polychaeten Ringelwürmern, wie *Burgessochaeta* und *Canadia*, dominiert.

Die große Mehrheit der Organismen (ca. 75 %) bestand aus benthischer Epifauna, lebte also auf der Sedimentoberfläche. Diese gliederte sich in die festsitzende oder sessile Epifauna (ca. 30 %) und die bewegliche Epifauna (ca. 40 %), die über den Meeresboden krabbelte oder kroch. Die sessilen Tiere waren hauptsächlich Schwämme, wie der verzweigte *Vauxia* oder *Choia* und *Pirania*, beide mit scharfen glasigen Spiculae (Skelettnadeln), die das Skelett stützten und gegen Räuber schützten. Die Seefeder *Thaumaptilon* war ein seltener Vertreter der sessilen Epifauna, genau wie der rätselhafte *Dinomischus*, der auf einem dünnen Stiel gerade 1 cm über den Schlamm hinausragte und wie eine kleine Blume aussah.

Die bewegliche Epifauna war vielfältiger und wurde von Arthropoden dominiert, von denen nur ein kleiner Teil, wie etwa *Olenoides* oder der weiche *Naraoia*, zu den Trilobiten gehörte. Sie beinhaltete außerdem die allgegenwärtige *Marella* und eine Anzahl kleiner Aas fressender Lobopoden, insbesondere *Hallucigenia* und *Aysheaia*. Der bizarrste Schlammkriecher war *Wiwaxia*, der sich mit seinem schneckenähnlichen Fuß über das Sediment bewegte.

Tiere, die oberhalb der Sedimentoberfläche lebten, waren seltener und machen nur etwa 10 % der Burgess-Fauna aus. Der Grund war, dass sie den Schlammströmen durch Schwimmen besser entkommen konnten. Die Tiere, die nahe dem Meeresboden schwammen (Nektobenthos), waren jedoch in der Reichweite der Trübeströme, so etwa der kleine Chordate *Pikaia*. Die medusenartige *Eldonia* war wahrscheinlich eher mit den Holothurien (Seegurken) als mit den Quallen verwandt und wird als nektobenthisch und/oder als planktonisch angesehen. Zum Nekton (Formen, die über dem Grund schwimmen) gehören der große Räuber *Anomalocaris* und der rätselhafte *Opabinia*, der auf der Suche nach Futter seinen düsenartigen Rüssel benutzte.

Conway Morris (1986) unterschied mehrere Ernährungsarten, darunter: Filtrierer, dominiert von Schwämmen; Sedimentfresser, dominiert von Arthropoden und Mollusken; Aasfresser, wie die Lobopoden *Hallucigenia* und *Aysheaia*; und zuletzt Räuber, wie der riesige Anomalocaris, große Arthropoden (wie *Sidneyia*) und die Priapuliden. Die wichtige Rolle der Räuber in der Nahrungskette des Burgess Shale, bildet den auffälligsten Gegensatz zu anderen kambrischen Faunen.

Vergleich des Burgess Shale mit anderen kambrischen Faunen

Gemeinschaften vom Burgess-Shale-Typ wurden weltweit in über 40 Lokalitäten entdeckt, von denen zwei besonders bedeutend sind.

Sirius Passet, nördliches Grönland

Die Lokalität Sirius Passet wurde 1984 vom Geologischen Dienst von Grönland nahe dem J. P. Koch Fjord im Peary Land, Nordgrönland, entdeckt. 1989 nahm eine Expedition erstmals Proben von dort und schnell stellte sich heraus, dass hier eine weitere kambrische Fauna vorlag, die vornehmlich aus Weichkörper-Organismen bestand. Sie wurde offenbar im Schlamm des tieferen Wassers in der Nähe einer flachen Karbonatbank abgelagert. Mehr als 3 000 Exemplare wurden aus der Buen-Formation gesammelt. Die Fauna stammt aus dem Unterkambrium (Atdabanium), etwas älter als der Burgess Shale, und zeigt, dass die kambrische Explosion zu dieser Zeit schon in vollem Gange war.

Eines der ersten und faszinierendsten Exemplare, die man in Sirius Passet fand, war *Halkieria*, ein Tier, das einer Nacktschnecke ähnelte (**38**) und wie *Wiwaxia* (**36**) einen dorsalen Mantel aus schuppenartigen Scleriten besaß. Doch an beiden Enden des langen Körpers befand sich je eine Schale, was erstaunlicherweise an einen inarticulaten Brachiopoden erinnert (Conway Morris und Peel, 1990; Conway Morris, 1998, Abb. 86). Erzählen uns diese Tiere möglicherweise, dass Mollusken, Anneliden und Brachiopoden phylogenetisch näher verwandt sind, als bisher angenommen? Molekularbiologische Ergebnisse stützen diese Schlussfolgerung.

Chengjiang, südliches China

„Entdeckt" im gleichen Jahr, 1984 (obwohl schon seit 1912 bekannt), liefert auch die Chengjian-Fossillagerstätte, am besten aufgeschlossen bei Maotianshan, nahe Kunming in Yunnan (Südchina), eine reiche Weichkörper-Fauna vom Burgess-Shale-Typ (Chen & Zhou, 1997; Hou *et al.*, 2004). Obwohl genauso alt wie die Ablagerungen von Sirius Passet (Unterkambrium, Atdabanium), kennt man viele typische Burgess-Tiere auch aus Chengjiang (darunter vollständige Exemplare von *Hallucigenia* und *Anomalocaris*). Dazu kommen neue chinesische Gattungen, etwa von Arthropoden, Würmern, Schwämmen und Brachiopoden. Die Ähnlichkeit der Faunen ist bemerkenswert, denn der Chinesische Kraton lag tausende Kilometer von Laurentia, das Nordamerika und Grönland umfasste, entfernt.

Unter den vielen neuen Gruppen, führten Shu *et al.* (2001) den neuen Tierstamm Vetulicolia ein. In diesem fassten sie gegliederte, arthropodenartige Metazoen mit deutlichen Kiemenspalten, die eine Affinität zu den Deuterostomia bezeugen, zusammen. Doch das vielleicht überraschendste Element der Fauna wurde von Shu *et al.* (1999) beschrieben: Die Entdeckung eines kieferlosen Fisches (zuvor erst aus dem Unterordovizium bekannt) zeigt, dass sogar Wirbeltiere schon während der kambrischen Explosion auftraten.

Die Fossilerhaltung in Form von purpurroten Eindrücken in einem feinen orangefarbenen Schieferton ist spektakulär. Sie scheint ebenfalls das Ergebnis von schneller Einbettung durch katastrophale Trübeströme zu sein. Die Tiere von Chengjiang lebten wahrscheinlich in der Nähe einer Deltafront und wurden im gleichen Gebiet eingebettet. Das 50 m mächtige Maotianshan-Shale-Member der Yu'anshan-Formation besteht aus feinen, gradierten Tonsteinlagen, die kurze episodische Sedimentationsereignisse belegen.

Weiterführende Literatur

Briggs, D.E.G. & Collins, D. (1988): A Middle Cambrian chelicerate from Mount Stephen, British Columbia. Palaeontology **31**, 779–798.

Briggs, D.E.G., Erwin, D.H. & Collier, F.J. (1994): The fossils of the Burgess Shale. Smithsonian Institution Press, Washington DC, xvii + 238 S.

Butterfield, N.J. (1995): Secular distribution of Burgess Shale-type preservation. Lethaia **28**, 1–13.

Chen, J. & Zhou, G. (1997): Biology of the Chengjiang fauna. Bulletin of the National Museum of Natural Science **10**, 11–105.

Conway Morris, S. (1977a): Fossil priapulid worms. Special Papers in Palaeontology **20**, 1–95.

Conway Morris, S. (1977b): A new metazoan from the Cambrian Burgess Shale of British Columbia. Palaeontology **20**, 623–640.

Conway Morris, S. (1979): Middle Cambrian polychaetes from the Burgess Shale of British Columbia. Philosophical Transactions of the Royal Society of London, Series **B 285**, 227–274.

Conway Morris, S. (1985): The Middle Cambrian metazoan Wiwaxia corrugata (Matthew) from the Burgess Shale and Ogygopsis Shale, British Columbia. Philosophical Transactions of the Royal Society of London, Series **B 307**, 507–582.

Conway Morris, S. (1986): The community structure of the Middle Cambrian Phyllopod Bed (Burgess Shale). Palaeontology **29**, 423–467.

Conway Morris, S. (1993): Ediacaran-like fossils in Cambrian Burgess Shale-type faunas of North America. Palaeontology **36**, 593–635.

Conway Morris, S. (1998): The crucible of creation. Oxford University Press, Oxford, xxiii + 242 S.

Conway Morris, S. & Peel, J.S. (1990): Articulated halkieriids from the Lower Cambrian of north Grenland. Nature **345**, 802–805.

Fortey, R. (1999): Leben: Eine Biographie. Die ersten vier Milliarden Jahre. C.H. Beck, München, 442 S.

Gould, S.J. (1991): Zufall Mensch. Das Wunder des Lebens als Spiel der Natur. Hanser, München, 391 S.

Hou, X.G., Aldridge, R.J., Bergström, J., Siveter, D.J., Siveter, D.J. & Feng, X.H. (2004): The Cambrian fossils of Chengjiang, China. Blackwell, Oxford, 256 S.

Shu, D.G., Luo, H.L., Conway Morris, S., Zhang, X.L., Hu, S.X., Chen, L., Han, J., Zhu, M., Li, Y. & Chen, L.Z. (1999): Lower Cambrian vertebrates from south China. Nature **402**, 42–46.

Shu, D.G., Conway Morris, S., Han, J., Chen, L., Zhang, X.L., Zhang, Z.F., Liu, H.Q., Li, Y. & Liu, J.N. (2001): Primitive deuterostomes from the Chengjiang Lagerstätte (Lower Cambrian, China). Nature **414**, 419–424.

Whittington, H.B. (1971): Redescription of *Marrella splendens* (Trilobitoidea) from the Burgess Shale, Middle Cambrian, British Columbia. Bulletin of the Geological Survey of Canada **209**, 1–24.

Whittington, H.B. (1975): The enigmatic animal *Opabinia regalis*, Middle Cambrian, Burgess Shale, British Columbia. Philosophical Transactions of the Royal Society of London, Series **B 271**, 1–43.

Whittington, H.B. & Briggs, D.E.G. (1985): The largest Cambrian animal, *Anomalocaris*, Burgess Shale, British Columbia. Philosophical Transactions of the Royal Society of London, Series **B 309**, 569–609.

DER SOOM SHALE

Kapitel Drei

Frühpaläozoische Lagerstätten

Zwischen den außergewöhnlichen Faunen des Unteren und Mittleren Kambriums (z. B. Burgess Shale und Chengjiang, Kapitel 2) und den außergewöhnlichen terrestrischen Faunen des Silurs und Devons, z. B. Rhynie, Ludlow und Gilboa (siehe Kapitel 5) fehlen bedeutende Fossillagerstätten. Insbesondere das Ordovizium ist nahezu frei davon. Doch ein ordovizischer Horizont erlangte Berühmtheit: der Soom Shale der Table-Mountain-Gruppe. In diesen unterpaläozoischen Sedimentgesteinen der westlichen Kapregion von Südafrika wurden in den 1990er-Jahren große Conodonten entdeckt, bei denen Muskulatur und Kauapparate erhalten waren. Der Soom Shale ist die wichtigste ordovizische Fossillagerstätte und ist dadurch einzigartig, dass er in hohen Breiten (60° S) in einer kühlen glazial geprägten marinen Umgebung abgelagert wurde. Unter evolutionären Aspekten betrachtet, erinnern einige Tiere des Soom Shale an Faunen des Mittleren Kambriums – es gibt beispielsweise den naraoiiden Trilobiten *Soomaspis* –, während andere, wie der Eurypteride *Onychopterella*, schon eine größere Vielfalt ankündigen.

Entdeckungsgeschichte des Soom Shale

Der Soom Shale ist relativ weich und bildet daher eine leicht erkennbare Schicht in einer Landschaft aus festen Sandsteinhängen und -plateaus, die sonst das Bild der westlichen Kapregion bestimmen. Aus diesem Grund war seine Existenz den Geologen seit Langem bekannt. Die Gesteine der Table-Mountain-Gruppe sind hauptsächlich Sandsteine in denen nur wenige Fossilien vorkommen. Auf den ersten Blick scheint der Soom Shale ähnlich fossilarm zu sein. Tatsächlich entdeckte man in der Table-Mountain-Gruppe erstmals 1958 Spurenfossilien. Im Jahre 1967 wurde der Fund einiger Brachiopoden und Trilobitenreste vorläufig bekannt gegeben und später von Cocks *et al.* (1970) publiziert. Dies gab den ersten Hinweis auf ein ordovizisches Alter dieser Schiefer. Es war die erste unterpaläozoische Fauna, die aus Südafrika beschrieben wurde.

Im Jahre 1983 fand man erstmalig Conodonten zusammen mit weichem Gewebe. Normalerweise kennt man diese nur als kleine, phosphatische Zahnreihen, die manchmal zu einer korbartigen Struktur angeordnet sind. Wie sich 1993 herausstellte, gehörten sie zu frühen Fischen. Durch den Nachweis von knorpelgestützten Augen bei dem Conodonten *Promissum pulchrum* aus dem Soom Shale ließ sich die Chordatennatur dieser Tiere beweisen. Durch diesen Fund im Jahre 1993 erlangten die Fossilien des Soom Shale Berühmtheit und man bemühte sich sehr, weitere Exemplare zu finden. Das war keine leichte Aufgabe, denn Fossilien sind sehr selten in diesem Gestein, doch Dick Aldrige und Sarah Gabbot von der Universität Leicester (England) und Johannes Theron vom Geologischen Dienst von Südafrika haben durch intensives Suchen eine Vielzahl von Tieren und Pflanzen zutage gefördert. Weitere Exemplare von *Promissum* kamen zum Vorschein, die neue Informationen zur Morphologie von Conodonten lieferten, und im Jahre 1995 wurde ein Exemplar mit Muskelgewebe gemeldet. Weitere aufregende Funde aus dem Soom Shale sind etwa der Eurypteride („Seeskorpion") *Onychopterella*, der ebenfalls Einzelheiten der Muskulatur und der Eingeweide zeigt, rätselhafte naraoiide Trilobiten und orthocone Cephalopoden (Verwandte der Tintenfische und Ammoniten mit einem gerade gestreckten Gehäuse).

Stratigraphischer Rahmen und Taphonomie des Soom Shale

Die Soom-Shale-Subformation ist maximal 10 m mächtig. Kennzeichnend ist eine feine Bänderung von gelbbraun nach hell- oder dunkelgrau. Darüber folgt die etwa 130 m mächtige gröbere und gelbbraune Disa-Siltstone-Subformation. Zusammen bilden sie die Cedarberg-Formation (**39**). Diese erhielt ihren Namen nach den Cedarbergen (**40**), einem nordsüd-gerichteten Rücken zwischen Citrusdal und Clanwilliam in der westlichen Kapregion etwa 150 km nördlich von Kapstadt (**41**). Die Cedarberge wurden nach der Clanwilliam-Zeder, *Widdringtonia cedarbergensis*, benannt, von der es nach großflächigen Abholzungen im 18. und 19. Jahrhundert heute nur noch knorrige und verkrüppelte Exemplare auf Bergen in Höhen über 1000 m NN gibt. Anhand des Trilobiten *Mucronaspis olini*, der in einem Aufschluss in den Hexriver-Bergen, etwa 100 km von der Hauptfundstelle bei Clanwilliam entfernt, gefunden wurde, haben Cocks & Fortey (1986) das Alter des Soom Shale auf Ashgill (spätes Ordovizium) bestimmt. Die meisten Fossilien stammen aus einer Fundstelle bei der Keurbos-Farm (**42**) ca. 13 km südlich von Clanwilliam; einige Tiere wurden bei der Sandfontein-Farm 25 km östlich von Citrusdal gefunden.

Die Table-Mountain-Gruppe ist ein 4000 m mächtiger Stapel von vorwiegend sandigen Sedimenten. Aus zweien der unteren Formationen, der Graafwater- und der Peninsula-Formation, besteht der berühmte Tafel-

berg bei Kapstadt. Die höheren Schichten treten erst weiter nördlich zutage. Die Pakhuis-Formation liegt zwischen der Peninsula- und der Cedarberg-Formation und ist der Schlüssel zum Verständnis der Umweltbedingungen der damaligen Zeit. Sie besteht hauptsächlich aus Tilliten – fossilisierten Moränenablagerungen oder Geschiebemergeln, also Gletscherablagerungen. An vielen Stellen kann man sehen, dass die Tillite der Packhuis-Formation auf dem geschrammten Untergrund der Peninsula-Formation lagern – Gletscherschrammen, die sich eingeschnitten haben, als sich das Eis über die Gesteine der Peninsula-Formation bewegte und diese erodierte. Da es sich um eine Erosionsoberfläche handelt, stellt die Basis der Packhuis-Formation eine Diskordanz dar. Nach oben geht sie jedoch allmählich in den fein geschichteten Soom Shale über, der scheinbar ruhige Ablagerungsbedingungen in der Nähe der Gletscherstirn anzeigt. Die Ton- und Siltlagen, die meist um 1 mm, selten bis zu 10 mm mächtig sind, sind das Ergebnis des langsamen Absetzens von feinen Partikeln aus dem Schmelzwasser des Eises. Die Siltlagen können Ausläufer von Trübeströmen anzeigen, also das endgültige Absinken einer Sedimentwolke auf den Boden des Meeres (oder einer brackischen Bucht) oder möglicherweise den Wechsel von Gefrieren und Tauen (Warven). Auch geben so genannte Dropstones – Blöcke, die beim Abschmelzen von Eisbergen auf den schlammigen Meeresboden gesunken sind – Hinweise auf Treibeis in der Region. Die überlagernde Dias-Siltstone-Subformation besteht aus gröberen Siltsteinen mit Anzeichen auf zeitweise Wellen- und Strömungsaktivitäten. Sie repräsentieren daher flacheres Wasser mit einem höheren Sedimenteintrag, aus der Zeit als die Eisschilde schmolzen.

Der Soom Shale zeigt keine Bioturbation – Spuren der Aktivität von Tieren im Sediment –, was nahe legt, dass Tiere im Sediment oder direkt auf dem Meeresboden nicht existieren konnten. Möglicherweise waren die Temperaturen hierfür zu niedrig, obwohl wir sehen werden, dass Tiere in der Wassersäule darüber lebten. Vielleicht waren der Schlamm und das Wasser am Meeresboden anoxisch, d. h., ohne Sauerstoff, oder in irgendeiner Form giftig. Auf vielen Schichtflächen fin-

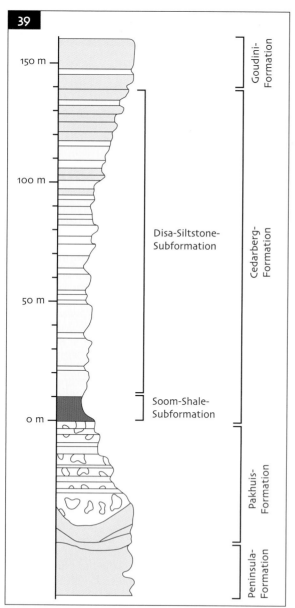

39 Die stratigraphische Position der Soom-Shale-Subformation innerhalb der Cedarberg-Formation, Table-Mountain-Gruppe (nach Theron *et al.*, 1990).

40 Höhlenmalerei auf einem Sandstein der Cedarberg-Formation und Blick über das Tal des Brandewyn River auf die Cedarberge.

41 Aufschlussgebiet der Table-Mountain-Gruppe in der Kapregion von Südafrika (nach Theron *et al.*, 1990).

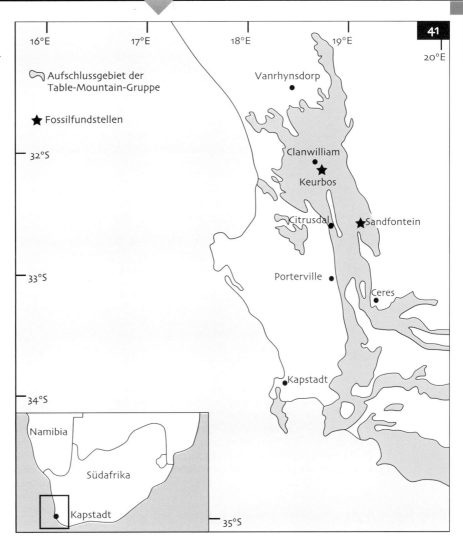

det man bandförmige Algen („Seegras"), doch müssen diese nicht notwendigerweise am Boden gelebt haben. Sie könnten auch nach ihrem Absterben von der Wasseroberfläche auf den Meeresboden gesunken sein.

Die Tiere des Soom Shale sind als dünne Filme aus Tonmineralen erhalten, die das ursprüngliche organische und/oder mineralische Gewebe der Kadaver ersetzt haben. Der Schieferton ist sehr stark komprimiert worden, sodass die Fossilien meist ziemlich flach gedrückt wurden. Die Abfolge der Ereignisse, die zur Erhaltung der Fossilien geführt haben, ist interessant und in mancher Hinsicht einzigartig. Aus den oben genannten Hinweisen lässt sich schließen, dass das Wasser kalt, flach oder zumindest nicht allzu tief und ohne nennenswerte Strömung war. Hätte es Strömung gegeben, würde man nicht nur Rippelmarken auf den Schichtoberflächen, sondern auch die Einregelung von länglichen Fossilien, wie z. B. den rätselhaften Stacheln namens *Siphonacis*, erwarten. Die Bödenwässer waren wahrscheinlich anoxisch; es gibt nahezu kein Benthos,

42 Steinbruch im Soom Shale bei der Keurbos Farm, 13 km südlich von Clanwilliam.

keine Bioturbation und die Tiere sind meist vollständig erhalten und nicht angefressen oder zerfallen, wie es auf einem sauerstoffreichen Meeresboden normalerweise geschehen würde. Es ist möglich, dass die Bodenwässer nicht permanent anoxisch waren, dass aber Fossilien nur zu solchen Zeiten erhalten blieben. Kalte Wässer behindern die Verwesung und begünstigen die Lösung von Calciumcarbonat, was das Fehlen von calcitischen Schalen und die Erhaltung von Weichteilen erklärt. In einem frühen Stadium wurde organisches Material durch das Tonmineral Illit ersetzt. Später wurde Apatit, das in den Conodontenzähnen und in den Schalen mancher Brachiopoden vorkommt, durch Silicat ersetzt. Man hat darüber diskutiert, wie organisches Gewebe durch Tonminerale ersetzt werden kann (Gabbott, 1998; Gabbott *et al.*, 2001), und darüber, ob dies ursprünglich durch Kaolinit geschah, der später in Illit umgewandelt wurde, oder ob Illit die organischen Moleküle direkt ersetzt hat. Gabbott favorisierte letzteren Ablauf.

Die Erhaltung im Soom Shale ist einzigartig, da es keine andere Fossillagerstätte gibt, in der ein direkter Ersatz von organischem Material durch Tonminerale nachgewiesen werden konnte. Die Tiere des Burgess Shale (Kapitel 2) blieben als Filme aus glänzenden Glimmermineralen, ähnlich den Tonmineralen, erhalten. Auch haften einige Tonminerale an den Häuten von Trilobiten. Doch diese Minerale scheinen sich an die organischen Oberflächen angelagert zu haben. Außerdem haben sie sich später im Laufe der Diagenese gebildet als der Tonersatz im Soom Shale. Es bedarf weiterer Untersuchungen, bevor man sicher sein kann, ob der Soom Shale in dieser Hinsicht einzigartig ist oder ob er das Endglied einer geochemischen Reihe bildet.

Die Fauna des Soom Shale

Verglichen mit anderen flach-marinen Gemeinschaften, wie man sie zum Beispiel in Nordwales oder in Schottland findet, ist die Vielfalt des Soom Shale ziemlich eingeschränkt. Es gibt Mikrofossilien wie Pflanzensporen, Acritarchen und Chitinozoen.

Mikrofossilien. Chitinozoa sind im Soom Shale besonders gut erhalten. Sie sind im Allgemeinen kolbenförmig und haben wie Acritarchen eine organische Wandung. Ihre systematische Zugehörigkeit ist ungeklärt. Man kennt sie nur aus Gesteinen des Ordoviziums bis frühen Karbons. Acritarchen sind anscheinend mit den Pflanzen verwandt, darauf deutet ihre biochemische Zusammensetzung hin, die dem von Sporopollenin ähnelt. Chitinozoen hingegen bestehen aus einer chitinartigen Substanz, die auf eine Affinität zu den Tieren hinweist. Normalerweise findet man sie nach der Zerkleinerung der Gesteinsmatrix als isolierte Individuen, doch kann man sie ebenso auf Gesteinsoberflächen in Strängen, als strahlenförmige Aggregate oder in von einer Membran umhüllten Klumpen finden, die an einen Kokon erinnern. Auf den Gesteinsoberflächen um und auf Conodonten des Soom Shale konnten Gabbott *et al.* (1998) alle vier Vorkommensweisen nachweisen. Die wahrscheinlichste Hypothese für die zoologische Verwandtschaft der Chitinozoen ist, dass sie Eier, Gelege oder Kokons einer Tiergruppe darstellen, die

vom Ordovizium bis ins Unterkarbon vorkam. Dies schränkt die Möglichkeiten etwas ein, und wenn man annimmt, dass der Erzeuger der Chitinozoen unter der gering diversen Fauna des Soom Shale zu finden sein muss, bleiben nur Conodonten oder orthocone Cephalopoden, das sind „Tintenfische" mit langen gestreckten Gehäusen. Andere denkbare Kandidaten wie Graptolithen oder Schnecken kann man ausschließen, da sie im Soom Shale nicht oder nur äußerst selten vorkommen. In den Vorkommen des Soom Shale gibt es häufiger Beziehungen von Chitinozoen zu Cephalopoden als zu Conodonten, sodass es etwas wahrscheinlicher ist, dass Chitinozoen die Gelege von orthoconen Cephalopoden sind.

Brachiopoden. Nur wenige Makrofossilien des Soom Shale sind zahlreich, doch einige Brachiopoden findet man öfter als andere Fossilien. Dazu gehören orbiculoide und lingulate Inarticulata – mit phosphatischen Schalen und ohne Schloss – und einige gerippte Articulata – mit calcitischen Schalen und mit Schloss. *Lingula* kommt nur im Flachwasser vor und lebt infaunal, d. h. eingegraben, sie braucht also ein sauerstoffreiches Substrat. Ihr Vorkommen deutet an, dass der Meeresboden während der Zeit des Soom Shale zumindest zeitweise gut durchlüftet war, denn es gibt keine Hinweise, dass sie von woanders eingeschwemmt wurde, d. h., sie ist autochthon. Bei Keurbos hat man bis jetzt mehr als 100 orbiculoide Brachiopoden verstreut im Schieferton gesammelt, erheblich mehr Exemplare hat man aber an orthoconen Cephalopoden gefunden. Sie lebten als Epizoen, d. h. aufgewachsen, auf deren Schalen. Da die Brachiopoden überall auf den Gehäusen vorkommen, und nicht nur auf einer Seite oder in einer bestimmten Orientierung, nimmt man an, dass sie die Cephalopoden zu deren Lebzeiten besiedelten, als sie im freien Wasser umherschwammen. Wenn die Brachiopoden die „Tintenfische" zu deren Lebzeiten besiedelten, kann man erwarten, dass sie nahe am Apex – das ist der Teil des Gehäuses, der sich zuerst gebildet hat – größer sein müssten als nahe der Mündung, wo die Tiere weiter wachsen. Gabbott (1999) hat einen besonders großen und gut erhaltenen Cephalopoden und die zugehörigen Epizoen untersucht (**43**). Sie fand heraus, dass die Brachiopoden zwischen Apex und Mündung keine besonderen Unterschiede in der Größe aufwiesen. Andererseits befanden sich aber weniger Brachiopoden in der Nähe des Apex. Außerdem waren die Brachiopoden, die man lose im Gestein der Umgebung fand, größer als die auf dem Gehäuse. Um diese Verteilung zu erklären, muss man verstehen, was passiert sein könnte, wenn ein Cephalopode starb. Der Kadaver sank auf den Meeresgrund und begann zu verwesen. Auftriebsgase im Gehäuse, eventuell zusammen mit Gasen, die bei der Verwesung entstanden, gaben dem Apex Auftrieb, sodass die Mündung im Sediment begraben wurde. Dadurch wurden die Brachiopoden nahe der Mündung ebenfalls bedeckt und starben. Da sie sich jetzt in einer sauerstoffarmen Umgebung befanden, starben auch diejenigen (größeren) am Apex und fielen von der freigelegten Schale ab.

Trilobiten. Die weit verbreitete oberordovizische Trilobitengattung *Mucronaspis* wurde etwa 100 km von der Hauptlokalität Keurbos nachgewiesen. Zusammen mit einigen Brachiopoden ermöglichte dieser Trilobit die

43 Ein orthoconer Nautiloide zusammen mit aufgewachsenen orbiculoiden Brachiopoden (GSSA). Länge 243 mm.

44 Der Trilobit *Soomaspis splendida* (GSSA). Länge 30 mm.

Datierung des Soom Shale. Interessant ist auch *Soomaspis splendida* (**44**), den Fortey & Theron (1995) beschrieben haben. Er hat keine Augen und lediglich drei Rumpfsegmente und sein Cephalon, der Kopfschild, und sein Pygidium, der Schwanzschild, sind gleich groß (isopyg), daher ähnelt er einem agnostiden Trilobiten. Wegen seiner nicht calcifizierten Cuticula wird er jedoch den Naraoiidae (siehe *Naraoia* aus dem Burgess Shale, Kapitel 2) zugeordnet. Die Entdeckung von *Soomaspis* veranlasste Fortey & Theron, die Beziehungen zwischen den Naraoiidae und den übrigen Trilobiten erneut zu untersuchen. Wegen der reduzierten Zahl von Rumpfsegmenten ähneln agnostide und naroiide Trilobiten oberflächlich den Jugendstadien von anderen, typischen Trilobiten, da diese ihre Entwicklung ohne Segmente beginnen und dann während ihres Wachstums eines nach dem anderen hinzufügen. Außerdem deutet die geringe Körpergröße und die niedrige Gliedmaßenzahl von Erwachsenen Agnostiden darauf hin, dass sie ihre Reife zu einem Zeitpunkt erreichten, an dem ihr Körperbau den Jugendstadien ihrer Vorfahren entsprach. Diesen evolutionären Vorgang nennt man Progenese. Der evolutionäre Vorteil lag darin, dass sie damit eine lange Existenz als Teil des Benthos vermeiden und bei einer ausschließlich planktonischen Lebensweise eine rasche Generationsfolge erleben konnten. Auf der anderen Seite hatten Naraoiiden wenige oder gar keine Rumpfsegmente, waren größer und, wie man bei *Naraoia* aus dem Burgess Shale sieht, hatten sie eine stattliche Anzahl von Gliedmaßen

unter ihren unverkalkten Schilden. Bei den Naraoiiden war also nur die Bildung der Rumpfsegmente gehemmt, während die Wachstumsraten normal oder verstärkt waren und die Geschlechtsreife mit einer normalen Erwachsenengröße einherging. Dieser Prozess wird Hypermorphose genannt. Wegen diesen unterschiedlichen Entwicklungsgängen, der geringen Größe von Agnostiden und ihrem Kalkskelett, folgerten Fortey & Theron (1995), dass Naraoiiden und Agnostiden nicht näher miteinander verwandt waren, auch wenn beide zu den Trilobiten gehörten. Agnostiden lassen sich von normalen kambrischen Trilobiten ableiten. Ihre geringe Größe, der Verlust der Augen und so weiter waren sekundäre Entwicklungen. Naroiiden scheinen dagegen primitive Formen gewesen zu sein, die niemals Augen, eine calcitische Cuticula oder die zahlreichen Segmente der typischen Trilobiten entwickelt hatten.

Eurypteriden. Zusammen mit orthoconen Cephalopoden fand man einige Ostrakoden, doch der interessanteste Arthropode im Soom Shale ist der Eurypteride *Onychopterella*, den Braddy *et al.* (1995) beschrieben haben (**45**). Eurypteriden kamen vom Ordovizium bis ins Perm vor und hatten ihren Höhepunkt im Silur. Frühe Eurypteriden waren Meerestiere, doch im späten Silur eroberten sie auch Brack- und Süßwasserbereiche, und lebten sogar amphibisch. Sie wurden bis zu 2 m lang (in permischen Sedimenten in der Nähe von Laingsburg, etwa 150 km südöstlich der Cedarberge, gibt es eine Eurypteridenspur, die von einem Tier dieser Größe verursacht wurde). Sie waren somit die größten Arthropoden, die jemals existierten. Für mehr als 200 Millionen Jahre waren sie die gefährlichsten Räuber der Erde. Doch das größere der beiden Exemplare aus dem Soom Shale maß zu Lebzeiten weniger als 150 mm. Aus mehreren Gründen sind die Eurypteriden des Soom Shale besonders interessant. So kennt man nur wenige Eurypteriden von der Südhalbkugel und *Onychopterella* wurde vorher nur aus dem Silur Nordamerikas beschrieben. Das Vorkommen im Soom Shale weitet ihre Verbreitung, und das der Familie Eurypteridae, zu der sie gehören, also bis in das Ordovizium und auf das ehemalige Gondwana aus. Außerdem besaß dieser Eurypteride eine besondere spiralförmige Struktur zwischen den großen Coxae (Basisglieder der Extremitäten) des letzten Gliedmaßenpaares, der Schwimmbeine. Braddy *et al.* (1995) interpretierten diese Struktur als eine spiralige Klappe im Darm. Diese Besonderheit tritt normalerweise bei Tieren auf, die sich von Detritus ernähren, und ist auch von einem anderen südafrikanischen Eurypteriden, *Cyrtoctenus*, bekannt. Da zur Zeit des Soom Shale jedoch nichts auf dem Meeresboden lebte, kann man vermuten, dass *Onychopterella* kein Sedimentfresser war; außerdem befindet sich die Spiralklappe bei Fischen und bei *Cyrtoctenus* weiter hinten im Verdauungstrakt, sodass ihre Funktion in *Onychopterella* problematisch bleibt. Drittens sind von

45 Der Eurypteride *Onychopterella* (GSSA). Länge 150 mm.

Onychopterella sogar die Kiemenlamellen überliefert. Es war lange bekannt, dass Eurypteriden im Wasser mit Kiemen atmeten, doch alles, was erhalten geblieben war, war ein charakteristisches schwammartiges Material, dessen Oberfläche für den Gasaustausch und die Sauerstoffversorgung solch großer Tiere zu klein war. Selden (1985) diskutierte dieses paläophysiologische Rätsel. Er folgerte, dass das schwammige Material in Wirklichkeit ein Hilfsorgan war, um an Land zu atmen. Man kann so etwas auch bei amphibischen Krebsen und Kellerasseln beobachten. Er postulierte, dass richtige Kiemenlamellen dünn sein müssten und nur unter außergewöhnlichen Umständen erhalten blieben. Der Soom Shale lieferte die besondere Erhaltung, um diese lebenswichtigen Organe erkennen zu können (Braddy *et al.*, 1999).

Orthocone Cephalopoden. Gabbott (1999) beschrieb vierzehn orthocone Cephalopoden von der Lokalität auf der Keurbos-Farm (**43**). Bei allen Exemplaren ist die Wohnkammer und bei einigen außerdem der Phragmokon, das ist der Rest des Gehäuses, der aus gasgefüllten Kammern besteht, erhalten geblieben. Die längste Wohnkammer ist 103 mm lang, und der größte Phragmokon misst 243 mm und ist an seiner breitesten Stelle 44 mm dick. Das größte Exemplar muss also nur wenig kleiner als 350 mm gemessen haben. Alle sind stark komprimiert und als Ausguss erhalten, da der ursprüngliche Aragonit aufgelöst wurde. Die anhaftenden Epizoen wurden bereits beschrieben, doch es gibt weitere Merkmale der Cephalopoden, die außergewöhnlich gut erhalten sind. Radulen, das sind Zahnreihen, die zur Nahrungsaufnahme dienten, sind als Steinkerne überliefert. Bei fossilen Cephalopoden bleibt die Radula nur selten erhalten und wird außerdem öfter in mesozoischen als in paläozoischen Formen gefunden. Tatsächlich wurden Radulen bis dahin von paläozoischen Nicht-Ammoniten nur aus dem Oberkarbon von Mazon Creek, Illinois (Kapitel 6), und dem Silur von Bolivien nachgewiesen. Damit sind die Radulen aus dem Soom Shale die ältesten, die bisher für diese Gruppe beschrieben wurden. Bei Cephalopoden gibt es zwei Arten von Radulen: eine Reihe von dreizehn Zähnchen bei Nautiloideen und eine Reihe von sieben bei Coleoideen (Kalmare und Sepien) und Ammoniten. Die Nautiloideen von Mazon Creek hatten dreizehn Zähnchen. Dagegen besitzen die silurischen Orthoceratiden aus Bolivien sieben Zähnchen, was auf eine größere Affinität zu den Coleoideen und Ammoniten als zu den Nautiloideen hindeutet. Bei den Cephalopoden des Soom Shale sind lediglich vier Elemente zu sehen. Es ist möglich, dass es mehr Zähnchen gab, die jedoch nicht erhalten geblieben sind oder von den vier sichtbaren verdeckt werden. Der Soom Shale kann daher nicht zum Verständnis der evolutionären Entwicklung der Cephalopoden-Radula beitragen.

Conodonten. Der Soom Shale ist besonders berühmt für die außergewöhnliche Erhaltung von Conodonten (**46**). Von ihrer ersten Entdeckung vor über hundert Jahren bis vor etwa zwei Jahrzehnten blieb das Tier, zu dem diese manchmal einfachen, manchmal komplizierten dornigen phosphatischen Strukturen gehörten, rätselhaft. Es gab eine Reihe von vorwiegend wurmartigen Kandidaten, doch in den meisten Fällen konnte man nicht beweisen, dass die umgebende weiche Kreatur nicht einfach ein Conodonten-Tier gefressen hatte. Im Jahre 1982 wurde ein Fossil entdeckt, an dem man zeigen konnte, dass die Conodonten-Zähnchen wirklich zu seiner Anatomie gehörten (Briggs *et al.*, 1983). Dieses Tier war ein Chordat und wahrscheinlich mit primitiven Lanzettfischchen und den kieferlosen Schleimfischen verwandt.

Das Conodonten-Tier des Soom Shale, *Promissum pulchrum* (der Name bedeutet „wunderschönes Versprechen"), wurde 1986 zunächst als eine sehr frühe Landpflanze beschrieben, die eine wichtige Position in der Evolution der Pflanzen innehaben könnte (Kovács-Endrödy, 1987). Der Grund für diese Fehlinterpretation ist, dass man Conodonten meist als isolierte Elemente findet, nachdem man das Gestein mit Säure aufgelöst hat. Sind sie jedoch groß genug, um auf Schichtflächen mit dem bloßen Auge erkannt zu werden, findet man sie bisweilen zu Apparaten angeordnet, die vermutlich der Nahrungsaufnahme dienten. Auch wenn einigen Bearbeitern klar war, dass es keine Pflanzen waren (z. B. Rayner, 1986), so waren sie trotzdem nicht so einfach zu deuten: riesige Graptolithen vielleicht? Der Graptolithen-Spezialist Barrie Rickards untersuchte die Exemplare und folgerte, dass es sich um große Conodonten handeln könnte. Er brachte den Conodonten-Experten Dick Aldridge ins Spiel, um ihre Identität zu bestätigen. So wurde *Promissum pulchrum* als größte Conodonten-Ansammlung bekannt und gehörte eindeutig zu einem riesigen Tier (Theron *et al.*, 1990). Eine intensive Suche nach weiteren Exemplaren folgte, die im Jahre 1993 mit dem Fund von weichem Gewebe von *Promissum* belohnt wurde (Aldridge & Theron, 1993). Spätere Funde von der Lokalität bei Sandfontein lieferten weitere Informationen zu dem Tier mit den Conodonten-Zähnchen. Es war bis zu 400 mm lang, besaß ein Paar Augen am vorderen Ende, eine Notochorda, ein stabförmiges Stützelement, entlang des Rumpfes und Myomere (Muskelsegmente). Daraus lässt sich schließen, dass es sich schlängelnd wie ein Aal fortbewegte. Die Conodonten-Elemente lagen hinter und unterhalb der Augen, und dienten eindeutig zum Fressen. Ein Aspekt der Conodonten-Biologie, dessen Lösung einige Zeit in Anspruch nahm, war die Frage, wie der Conodonten-Apparat bei der Nahrungsaufnahme arbeitete. Grob gesagt, lautete eine Hypothese, dass die Elemente als Zähne oder als Rechen dienten, und eine andere, gestützt auf das Fehlen von Abnutzung und Wachstumsmarken, dass es sich um innere Stützen einer fleischigen Struktur handelte. Die chemische Analyse ergab, dass Conodonten-Apparate aus dem gleichen Knochen- und Zahnschmelzmaterial bestanden, wie bei modernen Wirbeltieren, und funktionsmorphologische Untersuchungen haben gezeigt, wie sie zum Fressen eingesetzt wurden. Da ihre komplexe und vielfältige Struktur vollkommen anders ist als bei primitiven Fischen, kann ihre Fressmethode jedoch nicht der Ursprung der frühesten Fischkiefer sein.

Sonstige. Wie die meisten Fossillagerstätten in diesem Buch enthält der Soom Shale einige rätselhafte Geschöpfe, die man keiner bekannten Gruppe zuordnen kann. Das interessanteste von diesen ist ein großes 400 mm langes, segmentiertes, weiches Tier unbekannter Zugehörigkeit, dessen Untersuchung noch aussteht (47). Außerdem findet man verstreute Stacheln mit organischen Wänden, *Siphonacis* genannt, die zu einem stacheligen Tier gehört haben könnten. Schließlich gibt es unter den Epizoen auf den orthoconen Cephalopoden einige Cornulitiden – paläozoische, kegelförmige Fossilien unsicherer systematischer Zuordnung.

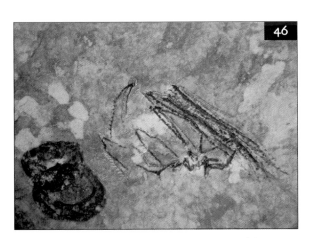

46 Der Conodonten-Apparat *Promissum pulchrum;* die Augen sind unten links zu sehen, der Conodonten-Apparat rechts davon (GSSA). Länge 22 mm.

47 Unbeschriebenes rätselhaftes Tier (GSSA). Länge 400 mm.

Paläoökologie des Soom Shale

Die Fauna des Soom Shale und die sedimentologischen Daten ergeben zusammen das Bild eines flachen Meeres mit einem schlammigen kalten und meist unbelebten Grund. In der Wassersäule darüber gab es jedoch viele schwimmende Lebewesen (Nekton). Sie besetzten eine Anzahl von Nischen: Die Eurypteriden, Conodonten und Cephalopoden waren wahrscheinlich Räuber und/oder Aasfresser, während die Brachiopoden und Cornulitiden Filtrierer waren. Zeitweise war am Meeresboden benthisches Leben möglich, wie die lingulaten Brachiopoden (Filtrierer) oder Ostrakoden (Aasfresser) beweisen. Koprolithen, Schalen verletzter Brachiopoden und zerbrochene Conodonten-Elemente weisen außerdem auf bisher unentdeckte große Räuber oder Aasfresser hin.

Vergleich mit anderen unter-paläozoischen Faunen

Wie in der Einleitung zu diesem Kapitel erwähnt, gibt es aus dem Ordovizium nahezu keine anderen Fossillagerstätten, die man mit dem Soom Shale vergleichen könnte. Nichtsdestoweniger stellt dieser Horizont einen wichtigen Zeitabschnitt des späten Ordoviziums dar, der sich sonst nur in weniger gut erhaltenen Faunen widerspiegelt. Der Soom Shale korreliert mit dem späten Ordovizium, dem Ashgill, und hier genauer gesagt mit dem Hirnantium, dem spätesten Ashgill. Für diese Zeit gibt es Hinweise auf eine Eisbedeckung in dem Teil von Gondwana, der heute von Nord- und Westafrika eingenommen wird. Die Auswirkungen reichten jedoch weiter. In Großbritannien zum Beispiel gab es einen deutlichen Rückgang in der Vielfalt von Graptolithen, planktonischen Organismen, die normalerweise in niedrigen, subtropischen Breiten vorkamen. Tatsächlich löschte das Massenaussterben am Ende des Ordoviziums fast ein Viertel aller Tierfamilien aus, ähnlich wie das bekanntere Ereignis am Ende der Kreide, das den Dinosauriern zum Verhängnis wurde. Dieses Ereignis wird auf die Vereisung im Hirnantium zurückgeführt. Drei Viertel aller Trilobiten und ein Viertel der Brachiopoden starben zu dieser Zeit aus und wurden durch die so genannte hirnantische Fauna ersetzt, deren Tiere besser an kaltes Klima angepasst waren. Die hirnantische Fauna ist in einer Reihe von Lokalitäten rund um die Erde nachgewiesen worden. Das Silur ist genauso arm an außergewöhnlichen Faunen wie das Ordovizium, obwohl erst vor relativ kurzer Zeit von einer neuen Lagerstätte in vulkanischen Aschenlagen des Wenlocks (Untersilur) berichtet wurde (Briggs *et al.*, 1996). Die Beschreibung dieser Fauna befindet sich aber noch im Anfangsstadium.

Weiterführende Literatur

Aldridge, R.J. & Theron. J.N. (1993): Conodonts with preserved soft tissue from a new Ordovician Konservat-Lagerstätte. Journal of Micropalaeontology **12**, 113–117.

Aldridge, R.J., Theron. J.N. & Gabbott, S.E. (1994): The Soom Shale: a unique Ordovician fossil horizon in South Africa. Geology Today **10**, 218–221.

Braddy, S.J., Aldridge, R.J. & Theron, J.N. (1995): A new eurypterid from the late Ordovician Table Mountain Group, South Africa. Palaeontology **38**, 563–581.

Braddy, S.J., Aldridge, R.J., Gabbott, S.E. & Theron, J.N. (1999): Lamellate book-gills in a late Ordovician eurypterid from the Soom Shale, South Africa: support for a eurypterid–scorpion clade. Lethaia **32**, 72–74.

Briggs, D.E.G., Clarkson, E.N.K. & Aldridge, R.J. (1983): The conodont animal. Lethaia **16**, 1–14.

Briggs, D.E.G., Siveter, D.J. & Siveter, D.J. (1996): Soft-bodied fossils from a Silurian volcaniclastic deposit. Nature **382**, 248–250.

Cocks, L.R.M., Brunton, C. H. C., Rowell, A.J. & Rust, I.C. (1970): The first Lower Palaeozoic fauna proved from South Africa. Quarterly Journal of the Geological Society of London **125**, 583–603.

Cocks, L.R.M. & Fortey, R.A. (1986): New evidence on the South African Lower Palaeozoic: age and fossils reviewed. Geological Magazine **123**, 437–444.

Fortey, R.A. & Theron, J.N. (1995): A new Ordovician arthropod, *Soomaspis*, and the agnostid problem. Palaeontology **37**, 841–861.

Gabbott, S.E. (1998): Taphonomy of the Ordovician Soom Shale Lagerstätte: an example of soft tissue preservation in clay minerals. Palaeontology **41**, 631–667.

Gabbott, S.E. (1999): Orthoconic cephalopods and associated fauna from the late Ordovician Soom Shale Lagerstätte, South Africa. Palaeontology **42**, 123–148.

Gabbott, S.E., Aldridge, R.J. & Theron, J.N. (1995): A giant conodont with preserved muscle tissue from the Upper Ordovician of South Africa. Nature **374**, 800–803.

Gabbott, S.E., Aldridge, R.J. & Theron, J.N. (1998): Chitinozoan chains and cocoons from the Upper Ordovician Soom Shale Lagerstätte, South Africa: implications for affinity. Journal of the Geological Society of London **155**, 447–452.

Gabbott, S.E., Norry, M.J., Aldridge, R.J. & Theron, J.N. (2001): Preservation of fossils in clay minerals; a unique example from the Upper Ordovician Soom Shale, South Africa. Proceedings of the Yorkshire Geological Society **53**, 237–244.

Kovács-Endrödy, E. (1987): The earliest known vascular plant, or a possible ancestor of vascular plants, in the flora of the Lower Silurian Cedarberg Formation, Table Mountain Group, South Africa. Annals of the Geological Survey of South Africa **20**, 893–906.

Rayner, R.J. (1986): *Promissum pulchrum*: the unfulfilled promise? South African Journal of Science **82**, 106–107.

Selden, P.A. (1985): Eurypterid respiration. Philosophical Transactions of the Royal Society of London, Series B **309**, 219–226.

Theron, J.N., Rickards, R.B. & Aldridge, R.J. (1990): Bedding plane assemblages of *Promissum pulchrum*, a new giant Ashgill conodont from the Table Mountain Group, South Africa. Palaeontology **33**, 577–594.

Der Aufstieg der Wirbeltiere und das Zeitalter der Fische

Wirbeltiere (Vertebraten) gehören zum Stamm der Chordata. Deren gemeinsame Merkmale sind eine Chorda dorsalis – das ist ein festes stabförmiges Stützelement aus Kollagen, das über die gesamte Körperlänge läuft – und V-förmige Muskelsegmente, sog. Myomere. Vor einiger Zeit hat man erkannt, dass *Pikaia* aus dem mittelkambrischen Burgess Shale (Kapitel 2) der älteste überlieferte Chordate ist. Also ist auch diese Gruppe schon während der kambrischen Explosion entstanden.

Doch durch die Entdeckung von kleinen agnathen, d. h. kieferlosen „Fischen" im Unterkambrium von Südchina im Jahre 1999 (Kapitel 2) konnte man auch den Ursprung der eigentlichen Wirbeltiere weiter zurück in den Hexenkessel der Kambrischen Explosion verlegen. Die kieferlosen Agnathen, zu denen die heutigen Schleimaale und Neunaugen mit ihren Saugmündern gehören, sind eine primitive Wirbeltiergruppe, aber die Vorläufer der höheren Vertebraten finden sich nicht unter ihnen.

Während des frühen Silurs tauchte eine zweite Fischgruppe auf: Die rätselhaften Acanthodier, die man wegen ihrer auffälligen Schwanzflosse unpassenderweise auch „Stachelhaie" nennt. Normalerweise waren sie klein und hatten viele Stacheln am Bauch und am Rücken. Im Devon wurden sie im Süßwasser häufig und kamen bis in das frühe Perm vor. Sie sind bemerkenswert, weil sie die ersten Wirbeltiere mit Kiefern waren.

Vom Kambrium bis zum Ende des Silurs ist die Fossilüberlieferung der Fische nur sehr dürftig. Zwar dürften sich während dieser Zeit die Hauptphasen der frühen Fischevolution abgespielt haben, doch geschah dies im Süßwasser und erst ab dem Devon – hier vor allem auf dem Old-Red-Kontinent – findet man häufiger Süßwasserablagerungen in der geologischen Abfolge. Das Devon ist als das „Zeitalter der Fische" bekannt, denn gegen Ende dieser Periode kamen alle fünf Hauptgruppen der Fische örtlich verbreitet vor (siehe Benton, 2000, für weitere Einzelheiten).

Die dritte Gruppe, die erschien, waren die Placodermen – stark gepanzerte Fische mit schwach entwickelten Kiefern. Sie waren nahezu auf das Devon beschränkt und sind heute ausgestorben. Zeitweise waren sie jedoch die vorherrschende Gruppe. Es gab eine große Vielfalt von merkwürdigen Formen mit massiven Kopfpanzern, darunter solche Giganten wie den über 20 m langen *Dunkleosteus*. Ihre Kiefer waren zahnlos, doch die Oberkanten der Unterkiefer bildeten schneidenartige Platten.

Schließlich entwickelten sich die beiden Hauptgruppen heutiger Fische, die Osteichthyes und die Chondrichthyes. Osteichthyer (Knochenfische) erschienen früh im Devon. Am Ende des Paläozoikums besaßen sie fast die Alleinherrschaft über Seen und Flüsse und drangen auch in die Meere vor. Es gibt zwei Linien: die Sarcopterygier (fleischflossige Fische), wie Lungenfische und Quastenflosser, die im Devon bedeutender waren; und die Actinopterygier (Strahlenflosser), zu denen heute fast alle Süßwasserfische und die große Mehrheit der Meeresfische gehören.

Chondrichthyer (Knorpelfische) – Haie, Rochen und Chimären – entstanden im späten Mitteldevon als letzte der fünf Fischklassen. Dies legt nahe, dass ihre Knochenlosigkeit kein primitives Merkmal ist, sondern dass die Evolution die Reduzierung von Knochen begünstigt.

Gegen Ende des Devons wurde die vorherige Dominanz der Panzerfische in den Meeren und Süßwässern von den modernen Haien und Knochenfischen übernommen. Außerdem entwickelte sich in der Givet-Stufe (Mitteldevon) aus den Sarcopterygiern eine zweite Wirbeltiergruppe – die erste, die das Land eroberte –, indem sich ihre fleischigen, von einem einzelnen basalen Knochen und starken Muskeln gestützten Flossen zu den Tetrapodengliedmaßen der ersten Amphibien umwandelten.

An mehreren reichen Fossilfundstellen in devonischen Gesteinen ist dieses wichtige Kapitel der Wirbeltierevolution dokumentiert. Dazu gehören die spätdevonischen Ablagerungen von Gogo in Westaustralien und die Seeablagerungen des Old-Red-Sandsteins von Achanarras in Caithness, Schottland. Der unterdevonische Hunsrückschiefer aus dem Rheinischen Schiefergebirge in Deutschland enthält jedoch zusätzlich zu den Wirbeltieren eine reiche Pflanzen- und Invertebratengemeinschaft. Er ist darüber hinaus eine echte Konservatlagerstätte. Hier blieb bei vielen Gruppen, insbesondere bei den Echinodermen (speziell den Seesternen) und Arthropoden, weiches Gewebe außergewöhnlich gut erhalten. Daneben ermöglicht die besondere Erhaltung durch Pyritisierung den Einsatz von Röntgenmethoden, mit denen man kleinste Einzelheiten sichtbar machen kann.

Entdeckungsgeschichte und Abbau des Hunsrückschiefers

Über mehrere Jahrhunderte war der Hunsrückschiefer eine wichtige Quelle für die Herstellung von Dachschiefern im Rheinischen Schiefergebirge (**48**). Mit Sicherheit wurde der Schiefer schon zur Römerzeit genutzt, wie zahlreiche römische Ausgrabungen in Westdeutschland belegen. Doch der erste dokumentierte Nachweis für seinen Abbau in dieser Gegend stammt aus dem 14. Jahrhundert (Bartels *et al.*, 1998). In den folgenden Jahrhunderten wurde die Gewinnung großflächig fortgesetzt und vor allem mit der Industri-

ellen Revolution gegen Ende des 18. Jahrhunderts wurde die Dachschieferproduktion ausgeweitet. Der Schiefer wurde über den Rhein und die Mosel exportiert, doch in den Jahren 1846–49 geriet die Industrie in eine Krise, was zu Armut und Elend in den Abbaugebieten führte.

Der wirtschaftliche Aufschwung und ein neues Nationalgefühl infolge des deutsch-französischen Krieges von 1870–71 führten zu einem erneuten Aufschwung der Schieferproduktion, in dessen Folge die größeren Gesellschaften ausgedehnte Gruben anlegten. Im frühen 20. Jahrhundert wurden tiefere Schächte abgeteuft, Eisenbahnen in Betrieb genommen und vermehrt moderne Technologien eingesetzt. Die Produktion ging bis in die 1960er-Jahre weiter, bis die Konkurrenz durch billigere synthetische bzw. importierte Dachschiefer zum Niedergang führte. In den letzten Jahren arbeitete nur noch eine einzige Grube in der Region Bundenbach (Grube Eschenbach-Bocksberg). Doch seit 1999 wurden auch dort vermehrt importierte Schiefer aus Spanien, Portugal, Argentinien und China verarbeitet und der Abbau der örtlichen Gesteine letztendlich aufgegeben.

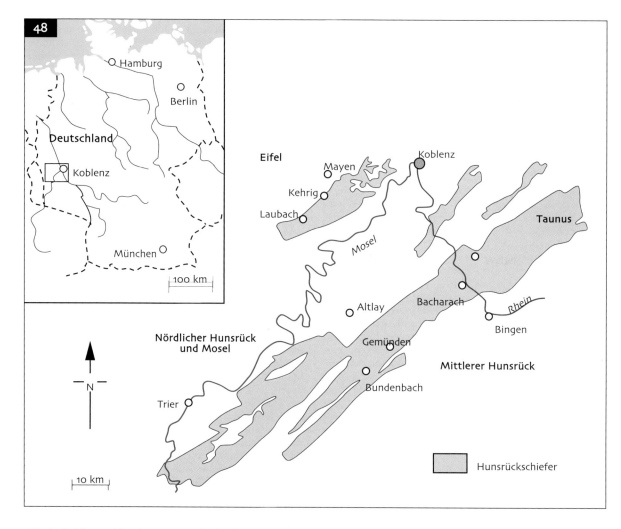

48 Aufschlussgebiet des Hunsrückschiefers im Rheinischen Schiefergebirge (nach Bartels *et al.*, 1998).

Der Abbau der Hunsrückschiefer war wichtig für die Entdeckung der Fossilien. Obwohl sie nicht selten sind, entdeckt man Fossilien nur, wenn man große Mengen von Gestein bearbeitet. Viele der feinen Fossilien, die heute in den Museen ausgestellt werden, wurden ursprünglich von den Schieferspaltern geborgen. Die erste wissenschaftliche Veröffentlichung über diese Fossilien stammt von Roemer (1862), der Asteroiden (Seesterne) und Crinoiden (Seelilien) aus der Region Bundenbach beschrieb und abbildete. Deutsche Paläontologen wie R. Opitz (1890–1940), F. Broili (1874–1946), R. Richter (1881–1957) und W. M. Lehmann (1880–1959) untersuchten zwischen den 1920er- und 1950er-Jahren sehr viele Fossilien. Doch Lehmanns Tod und der Niedergang der Schieferindustrie leiteten den Rückgang der Forschung ein.

Gegen Ende der 1960er-Jahre kombinierte Wilhelm Stürmer, ein Chemophysiker und Radiologe bei Siemens, seine technischen Fähigkeiten mit dem Interesse für Paläontologie und entwickelte neue Methoden, um die Fossilien des Hunsrückschiefers mittels Röntgenstrahlen zu untersuchen (Stürmer, 1970). Seine wunderbaren Röntgenaufnahmen von unpräparierten

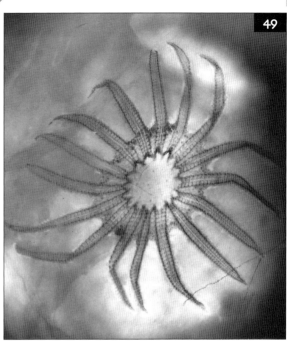

49 Röntgenaufnahme des Seesterns *Helianthaster rhenanus* (DBMB). Breite etwa 150 mm.

50 Röntgenaufnahme des Arthropoden *Cheloniellon* (BKM). Breite 120 mm.

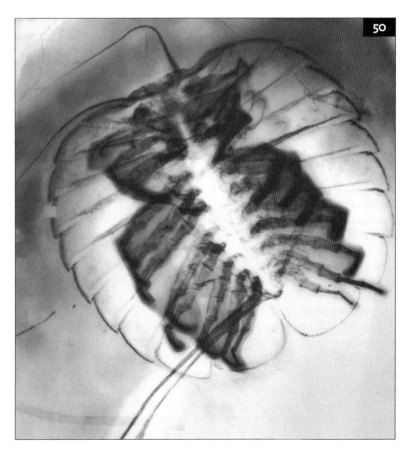

Schiefern, die er mit weichen Röntgenstrahlen (25–40 kV) auf hoch auflösenden Filmen machte und zu stereoskopischen Darstellungen bearbeitete, zeigen komplexe Einzelheiten von Weichteilen, die mit konventionellen Methoden nicht sichtbar gemacht werden können (**49, 50**). In den letzten Jahren haben Christoph Bartels und Günther Brassel die Arbeit von Stürmer fortgesetzt (Bartels & Brassel, 1990). Bartels *et al.* (1998) haben außerdem eine umfassende Bibliografie der Forschungsgeschichte zusammengestellt.

Stratigraphischer Rahmen und Taphonomie des Hunsrückschiefers

Der Hunsrückschiefer ist eine mächtige unterdevonische Abfolge von tonigen marinen Sedimenten, die durch niedriggradige Metamorphose in Schiefer umgewandelt worden sind. Die Abfolge sollte eher als Fazies, denn als stratigraphische Einheit verstanden werden, da die Tone diachron, d. h. an verschiedenen Orten nicht zeitgleich, abgelagert worden sind. Die Ablagerung begann im Nordwesten und schritt dann nach Südosten voran. Daher reicht das Alter der Schiefer vom späten Pragium bis in das frühe Ems (vor etwa 390 Millionen Jahren). Im Hunsrück (**51, 52**) tritt der Schiefer in einem etwa 150 km langen Gürtel zutage und bedeckt eine Fläche von 400 km^2.

Der Schlamm wurde in einem schmalen, nordost-südwest-verlaufenden küstenfernen Meeresbecken abgelagert, das zwischen dem kurz zuvor herausgehobenen Old-Red-Kontinent im Norden und der Mitteldeutschen Schwelle (Kapitel 10) im Süden lag. Unmittelbar nach der Heraushebung, gegen Ende der spätsilurischen bis frühdevonischen Kaledonischen Gebirgsbil-

51 Der Hunsrück bei Fischbach im Rheinischen Schiefergebirge.

52 In der Grube Herrenberg bei Bundenbach wurde der Hunsrückschiefer im Untertagebau gewonnen.

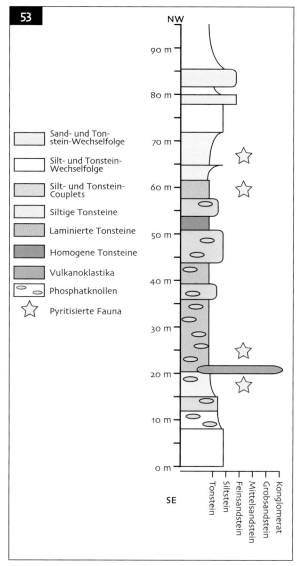

53 Profil der Hunsrückschiefer-Abfolge in der Gegend von Bundenbach (nach Sutcliffe *et al.*, 1999).

dung, gelangten große Schlamm- und Sandmassen in die Flüsse und wurden nach Süden transportiert. Feinere Sedimentanteile wurden in Suspension befördert und vor der Küste im zentralen Hunsrück-Becken abgelagert. Die Gesamtmächtigkeit des Hunsrückschiefers wird auf 3750 m geschätzt (Dittmar, 1996), wenngleich die Dachschiefer-Abfolge in der Gegend um Bundenbach und Gemünden etwas weniger als 1000 m mächtig ist.

Während der nachfolgenden Variszischen Gebirgsbildung im Karbon waren die tonigen Sedimente einer niedriggradigen Metamorphose ausgesetzt, was die typische schiefrige Spaltbarkeit hervorrief. Auf den Faltenschenkeln, etwa in der Gegend von Bundenbach und Gemünden, verlaufen Schieferung und Schichtung parallel, nur dort kann man die Fossilien bergen.

Die Lebensbedingungen der Hunsrückschiefer-Fauna wurden erst in jüngster Zeit detailliert untersucht. Die Anwesenheit von Photosynthese treibenden Rotalgen und die gut entwickelten Augen mancher Fische und Arthropoden (Stürmer & Bergström, 1973; Briggs & Bartels, 2001) deuten darauf hin, dass diese Gemeinschaft in der photischen Zone lebte, also weniger als 200 m unterhalb des Meeresspiegels (Bartels *et al.*, 1998). Die durchschnittliche Sedimentationsrate wurde auf 2 mm pro Jahr geschätzt, doch Brett & Seilacher (1991) nahmen an, dass zeitweise eine raschere Sedimentation stattfand. Auslöser waren tropische Stürme, die die Ablagerungen der flachen Gewässer aufwirbelten und mit Sediment beladene Trübeströme in tiefere Bereiche transportierten. Tiere, die auf dem schlammigen Meeresboden lebten, wurden überrascht und begraben, was die große Zahl von benthischen, d. h. bodenbewohnenden, Organismen erklärt.

Frühere Autoren (z. B. Koenigswald, 1930) dachten, dass diese Trübeströme die Gemeinschaften von ihrem ursprünglichen Lebensraum in eine lebensfeindliche, aber für die Erhaltung günstige Umgebung transportiert hätten, genau wie man es für den Burgess Shale (Kapitel 2) annimmt. Doch beweisen *in situ* erhaltene Wurzelstrukturen von Crinoiden und Arthropodenspuren, die während der Ablagerung entstanden sind, dass die Fauna des Hunsrückschiefers dort lebte, wo sie fossilisiert wurde, und dass sie in Lebendstellung begraben wurde (Sutcliffe *et al.*, 1999).

Die Bodenwässer waren gut durchlüftet und erlaubten die Entwicklung einer benthischen Lebensgemeinschaft, einschließlich einer reichen im Boden lebenden Fauna, was verschiedene Spurenfossilien belegen. Die Erhaltung von weichem Gewebe ist nur möglich, wenn es nach der Einbettung nicht von wühlenden Organismen zerstört wird. Daher muss das Sediment rasch anoxisch, also sauerstofffrei, und lebensfeindlich geworden sein, um sowohl Benthos als auch Aasfresser fernzuhalten. Verschüttungsereignisse hatten jedoch nur eine begrenzte seitliche Ausdehnung, vielleicht wenige hundert Quadratmeter (Bartels *et al.*, 1998), und andere Lebensgemeinschaften konnten in direkter Nachbarschaft überleben.

Die Erhaltung der Fossilien im Hunsrückschiefer ist bemerkenswert, weil sowohl das mineralisierte Skelett als auch unmineralisiertes weiches Gewebe durch Pyritisierung überliefert wurden. Außerdem sind zerbrechliche und leicht zerfallende Skelette, beispielsweise von

Echinodermen, häufig als vollständige und zusammenhängende Individuen erhalten. Innerhalb der mächtigen Hunsrückschiefer-Abfolge ist die Weichteilerhaltung – dies schließt die Gliedmaßen, Augen und innere Organe von Arthropoden und die Tentakel von Cephalopoden ein – auf vier begrenzte Horizonte in der Gegend von Bundenbach und Gemünden beschränkt (**53**). Anderswo enthält die Abfolge dieselben Taxa, dort jedoch nur als Bruchstücke oder zusammenhangslose Hartteile. Die Bedingungen für eine rasche Pyritisierung haben also nur für kurze Zeitspannen innerhalb begrenzter Gebiete existiert.

Die Pyritisierung von Weichteilen ist selten. Die einzigen anderen Fossillagerstätten, die eine solche Erhaltung zeigen sind der Beecher-Trilobitenhorizont (Ordovizium) im Staate New York und die jurassischen Schichten von La-Voulte-sur-Rhône in Frankreich. Briggs *et al.* (1996) konnten zeigen, dass Pyritisierung nur unter besonderen sedimentchemischen Bedingungen stattfindet, nämlich bei einem niedrigen Gehalt an organischer Substanz und einer hohen Konzentrationen an gelöstem Eisen. Wird ein Kadaver in einem solchen Sediment begraben, zersetzen Sulfat reduzierende anaerobe Bakterien seine organische Substanz und setzen Sulfid frei. Dieses reagiert mit dem in hoher Konzentration im Sediment vorhandenen Eisen zu Eisensulfid, das wiederum von aeroben Bakterien zu Pyrit oxidiert wird. Ist der organische Anteil im Sediment zu hoch, wird das Eisen überall im Sediment und nicht im Kadaver ausgefällt.

Der Pyrit, der die Weichteile der Fossilien im Hunsrückschiefer ersetzt hat, hat sich also während der Zersetzung des Gewebes gebildet. Unglücklicherweise bleiben keine Mikrostrukturen erhalten, wie es der Fall ist, wenn Gewebe durch Calciumphosphat ersetzt wird (Kapitel 11). Die Fossilien sind normalerweise komprimiert, doch der Pyrit hat etwas Relief erhalten, was sonst in feinkörnigen Ablagerungen, wie etwa dem Burgess Shale (Kapitel 2), nicht üblich ist. Allison (1990) konnte zeigen, dass für die Bildung von Pyrit zu Beginn reduzierende Bedingungen, in späteren Phasen aber Oxidation nötig sind. Diese findet in den oberen Sedimentlagen, nahe der Grenzschicht von aerob zu anaerob, statt.

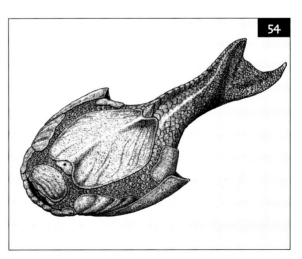

54 Rekonstruktion von *Drepanaspis*.

Die Fauna des Hunsrückschiefers

Fische. Wie Bartels *et al.* (1998) anmerkten, liefert der Hunsrückschiefer ein unübertroffenes Bild von der Vielfalt der Fische in den Meeren des frühen Devons: Vier der fünf Hauptgruppen kommen vor. Nur die Chondrichthyer, die sich zu diesem Zeitpunkt noch nicht entwickelt hatten, fehlen. Die meisten Fische sind Agnathen und Placodermen. Die Agnathen werden von *Drepanaspis* (54), der örtlich häufig ist und auf zeitweise brackische Bedingungen hindeutet, und von dem viel selteneren *Pteraspis* repräsentiert. Die abgeflachte Form von *Drepanaspis* deutet an, dass er nektobenthisch, d. h. am Boden schwimmend, gelebt hat und leicht von den Trübeströmen überrascht werden konnte. Die Placodermen umfassen verschiedene Gattungen, wie *Gemuendina* (55, 56) und *Lunaspis*, sind aber seltener. Der Erstere ähnelte in seiner Form modernen Rochen und war wie diese wahrscheinlich ein Bodenbewohner – einige Individuen sind bis zu 1 m lang. Von Acanthodiern kennt man die fossilisierten Stacheln, die bis zu 40 cm lang sind und in der Eifel häufig vorkommen. Schließlich ist ein einzelner Sarcopterygier der früheste Nachweis eines Lungenfisches.

Echinodermen. Seesterne (einschließlich Asteroiden und Ophiuren) sind vermutlich die bekanntesten und häufigsten Fossilien im Hunsrückschiefer. Oft sind sie vollständig – mit der weichen Haut zwischen ihren Armen – erhalten. Die Asteroiden (echte Seesterne) umfassen 14 Gattungen, die meisten davon mit fünf, doch einige (z. B. *Palaeosolaster*, 57) mit mehr als 20 Armen. *Helianthaster* (49, 58) war einer der größten bekannten Asteroiden, mit 16 Armen, die bis zu 20 cm lang wurden. Ophiuren (Schlangensterne), auch mit 14 Gattungen, sind manchmal sehr zahlreich, wie die anmutigen *Furcaster* (59) und *Encrinaster* (60) mit ihren langen schlanken Armen. Crinoiden (Seelilien, 61) sind ebenso häufig, dagegen sind Echiniden (Seeigel), Blastoiden, Cystoiden und Holothurien (Seegurken) selten. Fast alle der 65 Crinoidenarten waren sessil, also fest mit dem Substrat verbunden und viele sind vollständig erhalten.

Anneliden und Arthropoden. Die polychaeten Ringelwürmer (Borstenwürmer) des Hunsrückschiefers (z. B. *Bundenbachochaeta*, 62) schließen die Lücke zwischen denen des Burgess Shale und denen von Mazon Creek (Kapitel 6). Diese vollkommen weichen Tiere blieben aber nur selten erhalten. Die Arthropoden sind spektakulär und zeigen Weichteilerhaltung der Gliedmaßen und der inneren Organe. Alle drei aquatischen Hauptgruppen (Trilobiten, Crustaceen, Cheliceraten) kommen vor. Daneben gibt es einige rätselhafte Formen, wie *Mimetaster* mit einem sternförmigen Rückenschild (63, 64) und *Vachonisia* mit einer Schale wie ein großer Brachiopode (Stürmer & Bergström, 1976), die

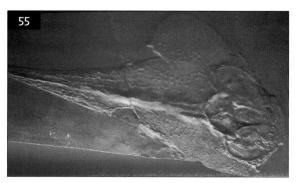

55 Der placoderme Fisch *Gemuendina stuertzi* (SM). Länge 220 mm.

56 Rekonstruktion von *Gemuendina*.

57 Der Seestern *Palaeosolaster gregoryi* (BKM). Breite etwa 250 mm.

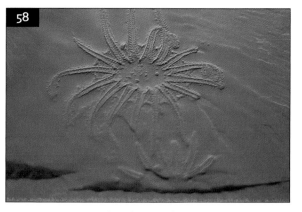

58 Der Sestern *Helianthaster rhenanus* (BM). Breite etwa 150 mm.

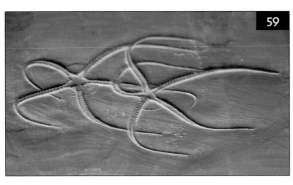

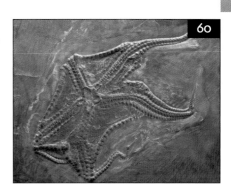

60 Der Schlangenstern *Encrinaster roemeri* (MM). Maximale Breite 120 mm.

59 Der Schlangenstern *Furcaster palaeozoicus* (BM). Länge der Arme etwa 75 mm.

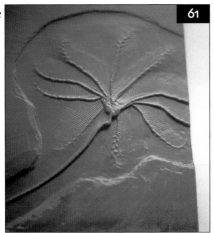

61 Die Seelilie *Imitatocrinus gracilior* (BKM). Länge der Arme etwa 60 mm.

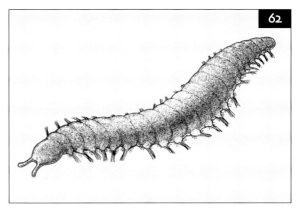

62 Rekonstruktion von *Bundenbachochaeta*.

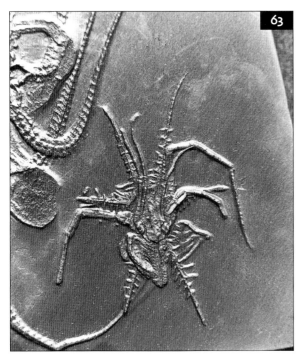

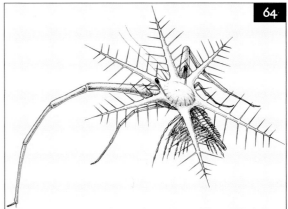

64 Rekonstruktion von *Mimetaster*.

63 Der rätselhafte Arthropode *Mimetaster hexagonalis* (PS). Breite des Exemplars 46 mm.

an die älteren Baupläne einiger Arthropoden aus dem Burgess Shale erinnern (Kapitel 2). Sie sind wichtig, zeigen sie doch, dass die Nachfahren der archaischen Burgess-Arthropoden zumindest bis in das Mitteldevon überlebt haben (Briggs & Bartels, 2001). Trilobiten sind zahlreich und werden von den Phacopiden dominiert (z. B. *Chotecops*, **65**). Crustaceen sind viel seltener, wobei der häufigste noch der beschalte Malakostrake *Nahecaris* (**66, 67**) ist. Zu den Cheliceraten gehörten seltene Xiphosuren, Eurypteriden und Skorpione, sowie die einzigen fossil bekannten Seespinnen (Pycnogoniden). Diese Gruppe ist im Hunsrückschiefer durch den eindrucksvollen *Palaeoisopus* (**68, 69**), mit einer Spannweite von bis zu 40 cm, vertreten.

Andere Invertebraten. Es kommen eine Reihe von anderen Invertebratengruppen vor, von denen aber keine besondere Dominanz erlangte. Kieselschwämme (cf. Protospongia) sind auf zwei Gattungen beschränkt, Cnidarier, Nesseltiere, sind vielfältiger. Sie umfassen Chondrophoren, das sind Segelquallen, rugose Einzelkorallen (verbreitete devonische Formen wie *Zaphrentis*, **70**), koloniebildende tabulate Korallen (z. B. *Pleurodictyum* und *Aulopora*), und Conularien, die zu den Scyphozoen gehören. Ctenophoren (Kamm- oder Rippenquallen) kommen ebenfalls vor. Mollusken werden von Gastropoden (Schnecken), Bivalven (Muscheln) und Cephalopoden (Kopffüßern) vertreten. Letztere bilden eine wichtige Gruppe, die hauptsächlich aus gerade gestreckten Nautiloideen und Goniatiten besteht. Brachiopoden, einige mit erhaltenen weichen Stielmuskeln, (Südkamp, 1997) und Bryozoen sind ebenfalls relativ häufig.

Pflanzen. Die Kalkalge *Receptaculites* ist die einzige autochthone Meerespflanze. Daneben gibt es Reste von Land ewohnenden Gefäßpflanzen, u. a. Rhyniophyten (Kapitel 5), die ins Meer gespült worden sind.

Spurenfossilien. Hierzu gehören Koprolithen (von Fischen), auf dem Sediment Spuren von Arthropoden, Schlangensternen und Fischen und im Sediment Spuren von Bivalven, Echinodermen und Polychaeten und Wohnbauten (Sutcliffe *et al.*, 1999).

Paläoökologie des Hunsrückschiefers

Wie beim Burgess Shale lebte die benthisch-marine Fauna des Hunsrückschiefers in, auf oder direkt oberhalb des schlammigen Meeresbodens in einem offenen Beckens, das bei etwa 20° Süd lag. Die Bodenwässer waren sauerstoffreich und Strömungen ausgesetzt, und wie am Burgess-Pass zeigt die Anwesenheit von Photosynthese treibenden Algen eine Wassertiefe von weniger als 200 m an.

Es gibt zwar keine statistische Analyse der Hunsrückschiefer-Fauna, doch von den 400 beschriebenen Makrofossilarten war die Mehrheit definitiv benthisch. Ein kleiner Anteil lebte infaunal, d. h. im Sediment selbst. Dies zeigen pyritisierte Bauten, etwa *Chondrites*, und die infaunalen Spuren von Sedimentfressern, wie dem polychaeten Ringelwurm *Bundenbachochaeta* und einigen Muscheln und Echinodermen.

Die Mehrheit der Tiere lebte benthisch-epifaunal, d. h. auf der Sedimentoberfläche. Die sessile Epifauna wurde von Seelilienrasen beherrscht. Dazu kamen Schwämme, Korallen, Conularien, Brachiopoden,

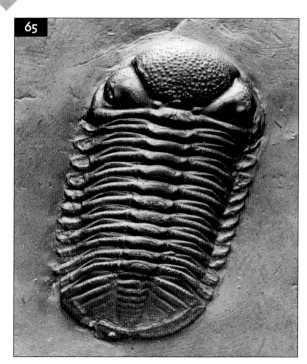

65 Der phacopide Trilobit *Chotecops* sp. (DBMB). Länge 85 mm.

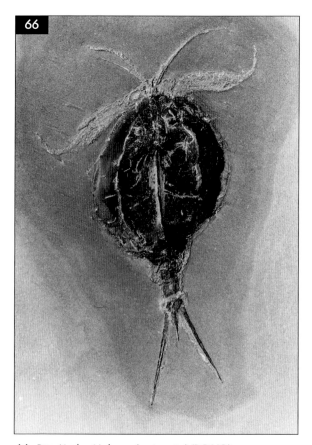

66 Der Krebs *Nahecaris stuertzi* (DBMB). Gesamtlänge 157 mm.

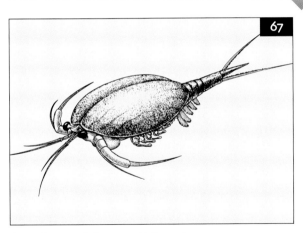

67 Rekonstruktion von *Nahecaris*.

68 Die Seespinne *Palaeoisopus problematicus* (BKM). Länge des längsten Beines etwa 180 mm.

69 Rekonstruktion von *Palaeoisopus*.

70 Die rugose Koralle *Zaphrentis* sp. (DBMB). Breite des Kelchs 48 mm.

Bryozoen sowie die meisten Muscheln. Die bewegliche Epifauna, die über den Meeresboden schritt oder kroch, wurde von See- und Schlangensternen und Arthropoden (Trilobiten, Krebse, Cheliceraten und einigen archaischen Formen) dominiert, während Gastropoden seltener waren.

Tiere, die höher in der Wassersäule lebten, konnten normalerweise den von Stürmen ausgelösten Schlammströmen entkommen, doch nektobenthische Tiere, die nahe dem Meeresboden schwammen, sind durch Agnathen und placoderme Fische, wie *Drepanaspis* und *Gemuendina* mit ihren abgeflachten rochenartigen Körpern vertreten. Zu den planktonischen, d. h. im Wasser treibenden Organismen gehören die Segelquallen und die Rippenquallen, während die orthoconen Cephalopoden, Goniatiten, acanthoiden Fische und die bis zu 2 m langen Placodermen aktive nektonische Schwimmer waren.

Die Analyse der Ernährungsweisen zeigt die ganze Spannweite der unterschiedlichen Typen: Filtrierer, vor allem Crinoiden und Schwämme; Sedimentfresser, in-

klusive Gastropoden, Polychaeten, einigen Arthropoden (wie die rätselhaften *Mimetaster* und *Vachonisia*) und wahrscheinlich der Seesterne. Deren große Mundöffnungen deuten an, dass sie anders als die modernen Räuber eher Sedimentfresser waren (Bartels *et al.*, 1998). Andere Arthropoden waren entweder Aasfresser, wie der phyllocaride Krebs *Nahecaris* mit seinen kräftigen Mundwerkzeugen, oder Räuber, wie die große Seespinne *Palaeoisopus*, die mit großen Scheren bewaffnet war und wahrscheinlich in den Seelilienwiesen jagte (Bergström *et al.*, 1980). Die wichtigsten Räuber waren die orthoconen Nautiloideen, die haiähnliche Acanthodier und die Placodermen, die wiederum nach orthoconen Cephalopoden gejagt haben könnten. Alle Nesseltiere haben mit ihren Tentakeln kleine Organismen eingefangen.

Vergleich mit anderen fischreichen Devon-Lokalitäten

Gogo-Formation, Westaustralien

Dieser Fundort im Kimberleygebiet in Nordwest-Australien wurde in den 1940er-Jahren entdeckt. Er beinhaltet eine außergewöhnliche Fischfauna aus einer frühdevonischen, marinen Riffumgebung. Die Fossilien sind in Carbonat-Konkretionen erhalten, die sich während der frühen Diagenese gebildet haben. Die Fische wurden so vor der Kompaktion geschützt und blieben unbeschädigt und dreidimensional erhalten (siehe Santana-Formation, Kapitel 11). Durch vorsichtige Präparation mithilfe von Säure können die Fische vollständig von der Matrix befreit werden. Die Erhaltung ist spektakulär und die Fauna beinhaltet zahlreiche gepanzerte Placodermen, einschließlich einer neuen Gruppe, den Camuropisciden. Dies waren haiähnliche Räuber mit einem torpedoförmigen Schädel und Zahnplatten, die zum Zerquetschen der Beute konzipiert waren. Mehrere neue Strahlenflosser und Lungenfische wurden während der Gogo-Expedition von 1986 entdeckt (Long, 1988). Krebse sind ebenso häufig in den Konkretionen, sie waren möglicherweise die Beute der Placodermen. Bisher wurden keine Acanthodier oder Knorpelfische gefunden.

Das Achanarras Fish Bed, Caithness, Schottland

Fossile Fische aus dem devonischen Old-Red-Sandstein von Schottland sind seit der Arbeit von Agassiz, *Recherches sur les Poissons Fossiles*, aus den 1830er-Jahren, bekannt. Sie wurden im Orcadischen See abgelagert, einem riesigen subtropischen See am südlichen Rand des Old-Red-Kontinents, der im Mitteldevon große Teile des heutigen Caithness, des Moray Forth, der Orkney und der Shetland Inseln bedeckte. Die Fische lebten in den flachen Bereichen nahe dem Seeufer, wo das Wasser warm und sauerstoffreich war. Nach dem Tod trieben ihre Körper in die Mitte des Sees und sanken in die tieferen kälteren und sauerstoffarmen Wässer unterhalb einer Thermokline, wo sie im Schlamm des Seebodens erhalten blieben. Diese Situation ähnelt den Bedingungen der Crato-Formation (Kapitel 11).

Massensterbeereignisse, ausgelöst vielleicht durch Sauerstoffentzug während Algenblüten, führten zu Anreicherungen von Fischkadavern auf dem Seeboden. Durch das Fehlen von Räubern blieben sie in gutem Zustand erhalten. Die Fauna umfasst Agnathen, Placodermen, Acanthodier und Knochenfische, inklusive Strahlenflosser und Lungenfische. Winzige Krebstierchen waren wahrscheinlich die Nahrungsquelle für kleinere Fische, die wiederum von großen Raubfischen wie Placodermen und Lungenfischen erbeutet wurden (Trewin, 1985, 1986).

Weiterführende Literatur

Allison, P.A. (1990): Pyrite. 253–255. In Briggs, D.E.G. & Crowther, P.R.: Palaeobiology: a synthesis. Blackwell Scientific Publications, Oxford, xiii + 583 S.

Bartels, C. & Brassel, G. (1990): Fossilien im Hunsrückschiefer. Dokumente des Meereslebens im Devon. Museum Idar-Oberstein Serie 7, Idar-Oberstein, 232 S.

Bartels, C., Briggs, D.E.G. & Brassel, G. (1998): The fossils of the Hunsrück Slate. Cambridge University Press, Cambridge, xiv + 309 S.

Benton, M.J. (2000): Vertebrate palaeontology. Blackwell Science, Oxford, xii + 452 S.

Bergström, J., Stürmer, W. & Winter, G. (1980): Palaeoisopus, Palaeopantopus and Palaeothea, pycnogonid arthropods from the Lower Devonian Hunsrück Slate, West Germany. Paläontologische Zeitschrift 54, 7–54.

Brett, C.E. & Seilacher, A. (1991): Fossil Lagerstätten: a taphonomic consequence of event sedimentation. 283–297. In Einsele, G., Ricken, W. & Seilacher, A.: Cycles and events in stratigraphy. Springer-Verlag, Berlin, xix + 955 S.

Briggs, D.E.G & Bartels, C. (2001): New arthropods from the Lower Devonian Hunsrück Slate (Lower Emsian, Rhenish Massif, western Germany). Palaeontology 44, 275–303.

Briggs, D.E.G., Raiswell, R., Bottrell, S.H., Hatfield, D. & Bartels, C. (1996): Controls on the pyritization of exceptionally preserved fossils: an analysis of the Lower Devonian Hunsrück Slate of Germany. American Journal of Science 296, 633–663.

Dittmar, U. (1996): Profilbilanzierung und Verformungsanalyse im südwestlichen Rheinischen Schiefergebirge. Zur Konfiguration, Deformation und Entwicklungsgeschichte eines passiven variskischen Kontinentalrandes. Beringeria, Würzburger Geowissenschaftliche Mitteilungen 17, 346 S.

Koenigswald, R. von (1930): Die Fauna des Bundenbacher Schiefers in ihren Beziehungen zum Sediment. Zentralblatt für Mineralogie, Geologie und Paläontologie B, 241–247.

Long, J.A. (1988): The extraordinary fishes of Gogo. New Scientist 120 (1639), 40–44.

Roemer, C.F. (1862): Asteriden und Crinoiden von Bundenbach. Verhandlungen des Naturhistorischen Vereins der Preussischen Rheinlande und Westfalens. Bonn 20, 109 S.

Stürmer, W. (1970): Soft parts of cephalopods and trilobites: some surprising results of x-ray examination of Devonian slates. Science 170, 1300–1302.

Stürmer, W. & Bergström, J. (1973): New discoveries on trilobites by x-rays. Paläontologische Zeitschrift 47, 104–141.

Stürmer, W. & Bergström, J. (1976): The arthropods *Mimetaster* and *Vachonisia* from the Devonian Hunsrück Shale. Paläontologische Zeitschrift 50, 78–111.

Südkamp, W.H. (1997): Discovery of soft parts of a fossil brachiopod in the 'Hunsrückschiefer' (Lower Devonian, Germany). Paläontologische Zeitschrift 71, 91–95.

Sutcliffe, O.E. (1997): The sedimentology and ichnofauna of the Lower Devonian Hunsrück Slate, Germany: taphonomy and palaeobiological significance. Unveröffentlichte Promotionsschrift, Universität Bristol.

Sutcliffe, O.E., Briggs, D.E.G. & Bartels, C. (1999): Ichnological evidence for the environmental setting of the Fossil-Lagerstätten in the Devonian Hunsrück Slate, Germany. Geology 27, 275–278.

Trewin, N.H. (1985): Mass mortalities of Devonian fish – the Achanarras Fish Bed, Caithness. Geology Today 2, 45–49.

Trewin, N.H. (1986): Palaeoecology and sedimentology of the Achanarras fish bed of the Middle Old Red Sandstone, Scotland. Transactions of the Royal Society of Edinburgh: Earth Sciences 77, 21–46.

DER RHYNIE CHERT

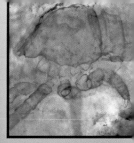

Kapitel Fünf

Die Eroberung des Landes

Als die Pflanzen und die Tiere das Meer verließen und das Land zu besiedeln begannen, hatte das weitreichende Konsequenzen. Dies gilt nicht zuletzt für die Entwicklung von uns Menschen, denn auch wir sind ein Teil der terrestrischen Fauna. Nur wenige Stämme, die aus der kambrischen Explosion hervorgingen, entwickelten terrestrische Formen. Diese brachten es jedoch zu einer erstaunlichen Vielfalt. Zu den Arthropoden zählen einige landlebende Krebse (z. B. Kelerasseln), doch weit größere Bedeutung haben terrestrische Cheliceraten, das sind Spinnen, Skorpione, Milben und Verwandte, und die Insekten, die etwa 70 % aller heute lebenden Tierarten ausmachen. Aus den Fischen entwickelten sich die Tetrapoden: Amphibien, Reptilien, Vögel und Säugetiere. In Form von Schnecken sind auch die Mollusken auf dem Lande sehr erfolgreich, was jeder Gärtner bestätigen kann. Um auf dem Land überleben zu können, entwickelten Pflanzen Merkmale wie feste Stämme und Fortpflanzungsorgane, die zu den uns heute vertrauten Bäumen und Blumen führten. Die Eroberung des Landes war somit eine wichtige Phase in der Evolution des Lebens auf der Erde. Dies war weder ein plötzliches Ereignis, noch auf eine bestimmte geologische Periode beschränkt; tatsächlich nimmt man an, dass einige Tiere noch heute dabei sind an Land zu gehen (etwa Krebse). Nichtsdestoweniger begann im Silur wegen der damals dafür günstigen Umweltbedingungen eine regelrechte Invasion des Landes.

Zu den Barrieren, die ein im Meer lebender Organismus überwinden muss, wenn es sich an das Landleben anpassen will, gehört die Versorgung mit Wasser. Alle biologischen Prozesse benötigen Wasser, doch im Gegensatz zum Meer ist der Nachschub an Land unbeständig. Pflanzen und Tiere haben vier Hauptstrategien entwickelt, um mit einer Unter- oder Überversorgung fertig zu werden. Einige, wie Mikroben, Ostrakoden und Algen, leben in dauerhaft nassen Bereichen auf dem Land (zwischen Bodenpartikeln oder in Teichen). Sie sind eigentlich aquatisch. Andere, wie Amphibien, Tausendfüßer, Schnecken oder Asseln, halten sich in feuchten Lebensräumen auf und wagen sich nur kurzzeitig an die trockene Luft. Manche Pflanzen und Tiere sind poikilohydrisch (wechselfeucht). Sie können Austrocknung aushalten und später wieder Wasser aufnehmen, wenn es wieder welches gibt. Beispiele hierfür sind Bryophyten (Moose und Lebermoose) und „Ruhestadien", wie Pflanzensporen oder die Eier von Feenkrebsen und Bärtierchen. Diese waren möglicherweise die erste Gruppe, die an Land ging. Die Erfolgreichsten sind die homoiohydrischen Formen, die dank einer wasserundurchlässigen Außenhaut einen gleichmäßigen Wasserhaushalt aufrechterhalten können. Hierzu gehören die meisten Landpflanzen (Trachaeophyten), die Tetrapoden und die Arthropoden.

Die Atmung, oder besser gesagt, der Austausch von Sauerstoff (O_2) und Kohlendioxid (CO_2) ist ein weiteres Problem, das beim Übergang vom Wasser zum Land gelöst werden muss. Sowohl Tiere als auch Pflanzen tauschen durch eine semipermeable Membran O_2 und CO_2 mit ihrer Umgebung aus. Da beide Moleküle jedoch größer sind als das Wassermolekül (H_2O), würde durch diese Membran Wasser verloren gehen. Um dieses Problem zu meistern, haben Landpflanzen in der Außenwand kleine Öffnungen (Stomata), die geschlossen werden können, wenn übermäßiger Wasserverlust vermieden werden muss. Tiere, die im Wasser vielleicht Außenkiemen hatten, atmen durch innere Organe, wie Lungen oder Tracheensysteme (z. B. Insekten), die über kleine Öffnungen mit der Außenluft verbunden sind.

Weitere Anpassungen, die sich während der Besiedelung des Landes entwickelten, waren: die Entwicklung starker Beine; ein besseres Gleichgewicht, um den fehlenden Auftrieb auszugleichen; Sinnesorgane, die in einem Medium mit anderen optischen und akustischen Eigenschaften funktionieren – Töne z. B. werden eher für die Kommunikation an Land benutzt; einen anderen Ionenhaushalt, der mit der verminderten Verfügbarkeit von Wasser zusammenhängt und die Entwicklung von direktem Kontakt bei der Paarung – im Wasser können die Keimzellen ohne direkten Kontakt einfach in der Nähe des anderen Geschlechts ausgeschieden werden. Ungeachtet all der möglichen Probleme breiteten sich die Lebewesen über das Land aus, denn es hielt unbesetzte ökologische Nischen bereit und bot zumindest am Anfang Schutz vor den Raubtieren des Meeres.

Die Entdeckungsgeschichte des Rhynie Chert

Der Rhynie Chert wurde im Jahre 1912 von Dr. William Mackie entdeckt. Er studierte an der Universität von Aberdeen und lebte später als Physiker und leidenschaftlicher Amateurgeologe in Elgin. Auf einem Feld außerhalb der Ortschaft Rhynie in Aberdeenshire (**71**) fand er Bruchstücke von Chert (Hornstein), einem an heißen Quellen ausgeschiedenen Silikatgestein, welches Pflanzenstängel und -rhizome (Wurzelstöcke) enthielt (**72**, **73**). Dünnschliffe offenbarten die vorzügliche Erhaltung von Zellen, einschließlich der für Landpflanzen typischen, Wasser führenden Leitgefäße (**74**). Im Oktober 1912 führte D. Tait, ein für den Geologischen Dienst tätiger Fossilsammler, Grabungen durch. Anhand des von ihm gefundenen Materials veröffentlichten Kidston & Lang zwischen 1917 und 1925 fünf Abhandlungen. Hierin beschrieben sie die Pflanzen *Rhynia*, *Aglaophyton*, *Horneophyton* und *Asteroxylon*. Danach verging eine Zeitspanne von mehr als 30 Jahren ohne nennenswerte Beiträge. Doch in den späten

1950er-Jahren weckte die Arbeit von Dr. A. G. Lyon von der Universität Cardiff in Wales erneut das Interesse. Er beschrieb Sporen, die während des Vorgangs der Keimung fossilisiert worden waren. In den 1960er- und 70er-Jahren wurden weitere Geländearbeiten durchgeführt. Dr. Lyon kaufte später die Fundstelle des Rhynie Chert und übergab sie im Jahre 1982 dem Scottish Natural Heritage. Heute sieht man bei Rhynie kaum Anzeichen für diese Grabungen; nur ein grasbewachsenes Feld und grasendes Vieh. Ein Paläontologenteam von der Universität Münster unter Leitung von Professor Remy hat dort neues Material gefunden und neben Gefäßpflanzen auch Algen, Pilze und Flechten beschrieben.

Kurz nach der Entdeckung der Pflanzen wurden in den 1920er-Jahren auch tierische Überreste aus dem Chert beschrieben. Hirst (1923) berichtete über Milben und andere Spinnentiere (Trigonotarbiden), Scourfield (1926) über Feenkrebse und Hirst & Maulik (1926) über Springschwänze. Mit wenigen Ausnahmen wurde die Genauigkeit der Beschreibungen und der detaillierten Zeichnungen der Arthropoden in diesen

71 Der Rhynie Chert liegt unter diesem Feld in Aberdeenshire, Schottland. Die Hügel im Hintergrund werden von älteren Gesteinen aufgebaut.

72 Ein Stück Rhynie Chert, etwa 120 mm lang.

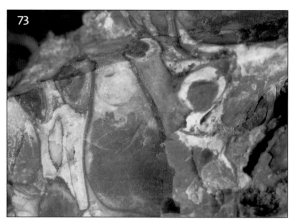

73 Nahaufnahme des Stückes Rhynie Chert aus Abb. **72**. Die röhrenförmigen Strukturen, etwa so groß wie Makkaroni, sind Stängel von Gefäßpflanzen.

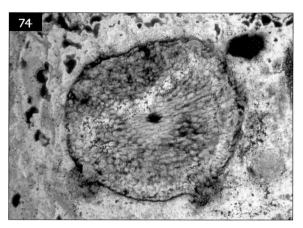

74 Dieser Dünnschliff von Rhynie Chert zeigt die Erhaltung von Zellstrukturen bei Gefäßpflanzen. Der Stängel hat einen Durchmesser von etwa 2 mm.

Veröffentlichungen durch spätere Bearbeiter bestätigt. Im Jahre 1961 beschrieben Claridge & Lyon Fächerlungen bei Trigonotarbiden, und bewiesen damit, dass diese tatsächlich Landtiere waren. Später wurden Hundertfüßer im Chert gefunden, außerdem ein Arthropode dessen Darminhalt ihn als Sedimentfresser ausweist (Anderson & Trewin, 2002).

Während sich die ersten Untersuchungen auf die bemerkenswert gut erhaltenen frühen Landpflanzen und -tiere konzentrierten – etwa 70 Jahre lang hielt der Ort den Rekord für die ältesten Landtiere –, wurden die geologischen Aspekte bis vor kurzem kaum betrachtet. Das Interesse an der Gegend erwachte erneut im Jahre 1988, als Rice & Trewin von der Universität Aberdeen zeigen konnten, dass die Silikatgesteine der Region reich an Gold und Arsen waren. Sie bestätigten damit deren Ursprung in heißen Quellen. Die daraufhin folgende Mineralexploration legte viel von der Geologie des Untergrundes offen, aber nur wenig gewinnbares Gold. In den 1990er-Jahren entdeckte die Gruppe aus Aberdeen etwa 700 m von der ursprünglichen Lokalität entfernt einen neuen fossilreichen Chert, den Windfield Chert. Dieser wurde als Teil des Förderkanals eines Geysirs erkannt und ist vergleichbar mit heutigen heißen Quellsystemen, wie z. B. im Yellowstone Nationalpark in Wyoming (**75**, **76**). Die Arbeiten hierüber sind noch nicht abgeschlossen.

75 Der Castle Geysir im Yellowstone National Park, Wyoming. Die weißen Ablagerungen um den Geysir sind Sinter. Die verschiedenen Farben enstehen durch verschiedene Arten von Algen und Cyanobakterien, die bei unterschiedlichen Wassertemperaturen leben.

Stratigraphischer Rahmen und Taphonomie des Rhynie Chert

Die den Rhynie Chert umgebenden Gesteine stammen aus dem frühen Devon (Pragium; vor ca. 396 Millionen Jahren). Sie gehören zu einer Gesteinsfolge, die von Flüssen und Seen abgelagert wurde, zu einer Zeit als Schottland, ein Großteil von Nordeuropa, Grönland und Nordamerika im Devon einen großen Kontinent namens Laurasia bildeten. Dieser lag zwischen 0° und 30° südlich des Äquators. Bei Rhynie sind die devonischen Gesteine von älteren Metamorphiten des Dalradians und von Plutoniten des Ordoviziums umgeben (**77**, **78**). Die Sedimente von Rhynie wurden in einem relativ schmalen, von Nordost nach Südwest verlaufenden Becken innerhalb dieser älteren Gesteine abgelagert. Das Becken bildet einen Halbgraben mit einer zur Zeit der Ablagerung aktiven Störung am westlichen Rand. Am Ostrand liegen die Sedimente diskordant auf Gesteinen des Grundgebirges. Die damalige Landschaft bestand aus Flüssen und Seen. In strömungsreichen Regionen haben die Flüsse einen Komplex aus schräg geschichteten Sanden hinterlassen. Auf Überflutungs-

76 Die Pflanze *Triglochin* lebt im warmen Wasser heißer Quellen. Obwohl sie botanisch nur entfernt verwandt mit ihnen ist, ähnelt sie den Pflanzen, die um die heiße Quelle von Rhynie wuchsen. Fountain Paint Pots, Yellowstone National Park, Wyoming. Die Pflanze wird bis zu 30 cm hoch.

ebenen und in nur vorübergehend existierenden Seen wurde Schlamm abgelagert. Die hydrothermale Aktivität war an das Störungssystem gebunden. In dessen Nähe wurden die Gesteine unterhalb der Erdoberfläche umgewandelt, während sich oberirdisch an heißen Quellen und Geysiren Sinter bildete. Durch spätere Erdbewegungen wurden die Schichten im Becken nach Nordwesten verkippt. In der Umgebung von Rhynie wurden die cherthatligen Gesteine gefaltet und bilden eine nach Nordosten abtauchende Mulde.

Die Erhaltung der Fossilien ist unterschiedlich und hängt hauptsächlich von zwei Faktoren ab: dem Zustand des Organismus zur Zeit der Fossilisation, also dem Ausmaß der Verwesung, und dem Zeitpunkt und dem Grad der Verkieselung. Im Rhynie Chert gibt es eine beachtliche Zahl unterschiedlicher Erhaltungszustände. Sie reichen von vorzüglich erhaltener dreidimensionaler innerer Anatomie bei Lebewesen, die während oder kurz nach ihrem Tode vollständig verkieselt wurden, bis unbestimmbaren verdrückten und verkohlten Streifen – Reste von Organismen, die erst nach ihrer Verwesung und Bedeckung durch Sediment verkieselt wurden. In wenigen Fällen wurden vollständige Körper bzw. Häutungshemden (Exuvien) von Arthropoden gefunden, sind Darminhalte erhalten und selbst feinste Strukturen wie Fächerlungen vollkommen verkieselt. Einige Arthropodenreste sind eindeutig Exuvi-

en: Abbildung **79** zeigt den Querschnitt des Opisthosomas (Abdomen, Hinterleib) eines Trigonotarbiden mit einem Bein darin! Die Hülle des Beins muss während der Häutung in der abgestreiften Haut des Hinterleibs stecken geblieben sein. Die Orientierung der Pflanzen reicht von aufrechten Stängeln mit Sporangien (Sporenkapseln) am oberen Ende und mit horizontalen Rhizomen – also vermutlich in Lebendstellung – bis zu zerfallenen und umgeknickten Halmen, die eine Strohlage bilden. In einigen Sporangien unter den horizontal liegenden Pflanzenhäckseln wurden Arthropodenreste gefunden (**80**). Man nimmt an, dass die Tiere auf der Suche nach einem geschützten Platz zur Häutung in leere, auf dem Boden liegende Sporangien eindrangen, und dass sie nicht an den Pflanzen emporgeklettert sind, um die Sporen zu fressen.

An heißen Quellen fällt Siliciumdioxid als Sinter aus: eine amorphe, wasserreiche Modifikation, die Opal-A genannt wird. Dringt die an Siliciumdioxid übersättigte, hydrothermale Lösung als Geysir oder heiße Quelle an die Oberfläche, kühlt sie ab und Opal-A fällt aus. Neben dem Temperaturabfall und der Verdunstung der hydrothermalen Flüssigkeit können andere Faktoren, wie der pH-Wert, die Anwesenheit gelöster Minerale, organisches Material und lebende Organismen, etwa Cyanobakterien, die Ausfällung beeinflussen. Die Verkieselung von Pflanzenmaterial ist

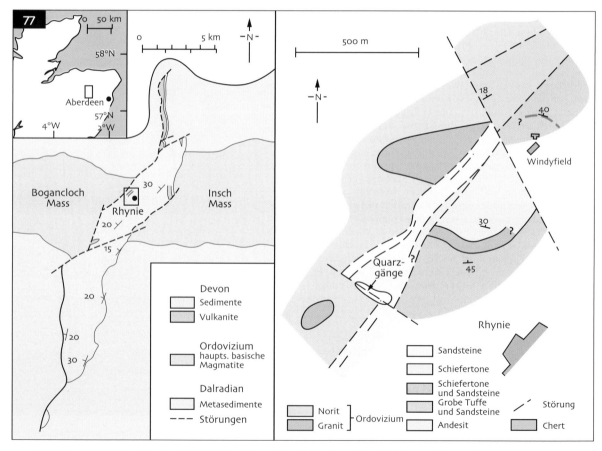

77   Aufschlusskarte des Rhynie Chert in Aberdeenshire, Schottland (nach Rice *et al.*, 2002).

ein Durchdringungsvorgang, bei dem Hohlräume gefüllt werden und den man Permineralisation nennt. Im Gegensatz dazu wirkt bei der direkten Verdrängung der Zellwände (Versteinerung) die organische Struktur als Muster für die Ablagerung von Siliciumdioxid. Kieselsäure (deren Anhydrid das Siliciumdioxid ist) polymerisiert unter Wasserverlust und bildet Opal. An der Keimbildung von amorpher Kieselsäure an Holz und Pflanzenmaterial sind Wasserstoffbrückenbindungen zwischen den Hydroxylgruppen der Kieselsäure einerseits und der Zellulose und dem Lignin des organi-

schen Gewebes andererseits beteiligt. Durch die Ausfällung von Siliciumdioxid innerhalb der Zellen und in den Zellzwischenräumen bleibt die Gewebestruktur der Pflanzen erhalten. Die Anfangsphase der Verkieselung von organischem Material kann sich innerhalb weniger Tage abspielen, für eine vollständige Verkieselung ist jedoch ein regelmäßiger hoher Eintrag von siliciumreichen Lösungen vonnöten. In der hydrothermalen Umgebung von Rhynie bewirkte der regelmäßige Ausfluss von Lösungen aus Geysiren und heißen Quellen die schnelle und weitreichende Verkieselung, bevor

78 Stratigraphie des Rhynie Chert, Aberdeenshire, Schottland (nach Rice *et al.*, 2002).

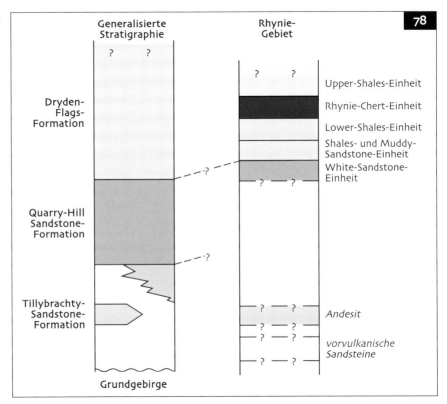

79 In diesem Querschnitt durch das Abdomen eines Trigonotarbiden ist der Häutungsrest eines Beines zu sehen. Das Abdomen misst etwa 1,5 mm.

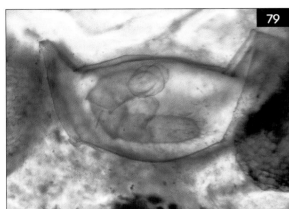

80 Reste eines Trigonotarbiden (bestehend aus Pedipalp, links, und Cheliceren) im Sporangium einer Gefäßpflanze. Die Wand des Sporangiums ist verdickt und etwa 0,5 mm stark.

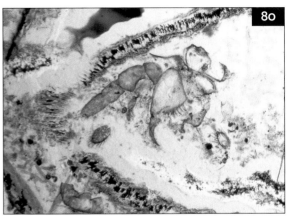

eine merkliche Verwesung einsetzen konnte. Dies führte zu der vorzüglichen Erhaltung der Pflanzen im Rhynie Chert. Sinter ist eine leichte, poröse Substanz, die wenig Ähnlichkeit mit den Cherts hat. Während der Sedimentüberdeckung wurde der amorphe Opal-A jedoch mit der Zeit instabil und wandelte sich allmählich in die stabile kristalline Form des Siliciumdioxids, in Quarz um. Während der Umwandlung wurde aus den durchsickernden kieselsäurereichen Wässern weiteres Material in den Hohlräumen und Spalten des Gesteins ausgefällt, sodass bei dem resultierenden Chert kaum etwas von seiner ursprünglichen Porosität erhalten geblieben ist.

Die Fossilien des Rhynie Chert

In vielen Horizonten des Rhynie Chert sind die Pflanzen so gut erhalten, dass man ihre Zellstrukturen untersuchen kann (**74**). Der Organisationsgrad dieser frühen Landpflanzen ist relativ einfach und umfasst sieben Trachaeophyten, das sind höhere Landpflanzen und Verwandte, zwei Nematophyten, eine rätselhafte Gruppe, und eine Reihe anderer Gruppen, darunter Algen, Pilze und die ältesten bekannten fossilen Flechten.

Die folgenden Merkmale zeigen, dass mindestens sieben dieser Pflanzen echte Landbewohner waren: Kutikula, Stomata (Spaltöffnungen), Interzellularräume (zum Gasaustausch), Gefäßstränge mit Lignin (zur Wasserleitung und -versorgung), geöffnete Sporangien und Sporen. Fünf dieser Pflanzen waren richtige Gefäßpflanzen oder Trachaeophyten mit Tracheiden, Leitgefäßen, in den Wasser leitenden Zellen. Alle waren einfach aufgebaut und nur wenige überschritten eine Höhe von 200 mm. Sie ähneln der lebenden primitiven Pflanze *Psilotum* (**81**, **82**). Es gab zwei Generationen: die ungeschlechtlichen Sporangien tragenden Sporophyten und die geschlechtlichen (haploiden) Gametophyten, die man von einigen dieser Pflanzen kennt.

Aglaophyton major (**83**) hatte kriechende Rhizome und glatte aufrechte Stängel mit bis zu 6 mm Durchmesser. An den Rhizomen waren Verdickungen mit Quasten, die zur Wasser- und Nährstoffaufnahme dienten. Die Pflanzen verzweigten sich dichotom und die Sprossachsen endeten in Paaren von zigarrenförmigen Sporangien. Der männliche Gametophyt ist als *Lyonophyton rhyniensis* bekannt; er war kleiner und die aufrechten Triebe endeten in tassenförmigen Strukturen, die Antheridien, die männlichen Fortpflanzungsorgane trugen. Die systematische Stellung von *Aglaophyton* ist unsicher, da sie eine Mischung von Merkmalen verschiedener Pflanzengruppen aufweist. Sie hat Merkmale der Rhyniophyten, einer primitiven Pflanzengruppe, mit einfach verzweigten nackten Stängeln, die nur fossil bekannt ist. *Rhynia* ist ein Beispiel hierfür. Die Leitbündel (Xyleme) hatten keine Verdickungen und erinnern eher an den Zentralstrang von Bryophyten (Moose und Lebermoose). Das Xylem von *Aglaophyton* weißt keine richtigen Tracheiden auf, was nahe legt, dass sie kein echter Trachaeophyt war. *Aglaophyton* wuchs anscheinend einzeln oder gemeinsam mit anderen Pflanzen hauptsächlich auf trockenen mit Streu bedeckten Substraten, auch wenn wahrscheinlich feuchte Bedingungen zur Keimung nötig waren.

Asteroxylon mackiei (**84**) war eine der höheren und komplexeren Pflanzen von Rhynie. Sie hatte ein ausgedehntes System von verzweigten Rhizomen. Der aufrechte Stängel erreichte eine Höhe von 400 mm und einen Durchmesser von 12 mm. Er verzweigte sich

81 Die primitive, blattlose Gefäßpflanze *Psilotum nudum* mit lateralen, fast kugeligen Sporangien entspricht in ihrem Organisationsgrad den Gefäßpflanzen des Rhynie Chert. Waimangu Valley, Rotorua, Neuseeland. Die Pflanze ist etwa 100 mm hoch.

82 Die Draufsicht auf *Psilotum nudum* zeigt das dichotome Verzweigungsmuster.

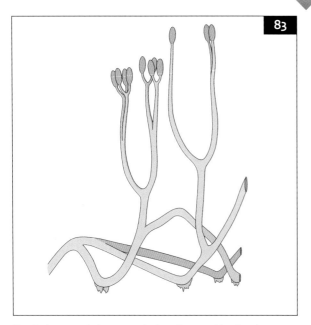

83 Rekonstruktion von *Aglaophyton*. Maximale Höhe um 200 mm.

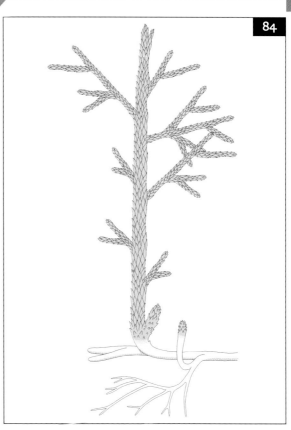

84 Rekonstruktion von *Asteroxylon*. Maximale Höhe um 400 mm.

85 Rekonstruktion von *Horneophyton*. Maximale Höhe um 200 mm.

dichotom und war mit schuppenartigen Enationen („Blättern") bedeckt. An den Sprossachsen waren die nierenförmigen Sporangien mit einem Stiel zwischen einer solchen Enation und dem Trieb befestigt. Das Leitbündel von *Asteroxylon* hatte einen charakteristischen sternförmigen Querschnitt (daher der lateinische Gattungsname). Kleinere Gefäße liefen von den Spitzen des Sterns zur Basis der Enationen. *Asteroxylon* gehörte zu den Lycophyten, zu denen auch die heutigen Bärlappgewächse gehören. Die Pflanze wuchs hauptsächlich auf Böden, die reich an organischem Material waren und bildete zusammen mit anderen Pflanzen eine vielfältige Gemeinschaft. Möglicherweise konnte sie auch trockene Lebensräume tolerieren.

Horneophyton lignieri (**85**) hatte glatte nackte aufrechte Stängel und kugelige Rhizome, die Büschel von Rhizoiden trugen. Die aufrechten Triebe wurde bis zu 200 mm hoch, hatten einen maximalen Durchmesser von 2 mm und gabelten sich mehrmalig dichotom. Die Sprossachsen endeten in verzweigten röhrenförmigen Sporangien mit einer zentralen Columella. Das weibliche Gametophytenstadium von *Horneophyton*, *Langiophyton mackiei* genannt, war viel kleiner, und seine aufrechte Achse endete in einer becherförmigen Struktur, die die Archegonien, die weiblichen Fortpflanzungsorgane, enthielt. Die Gefäßzellen von *Horneophyton* hatten Verdickungen, was diese Pflanze als Trachaeophyt ausweist. Die Anwesenheit einer Columella im Sporangium zeigt jedoch Ähnlichkeiten mit den Bryophyten. *Horneophyton* schien sandige an organischem Material reiche Böden vorzuziehen, wuchs häufig einzeln und gedieh unter feuchten bis nassen Bedingungen.

Die Rhizome von *Nothia aphylla* (**86**) bildeten ein ausgedehntes verzweigtes Netzwerk mit Graten auf der Unterseite, von denen Rhizoidenbüschel ausgingen.

Von den Rhizomen zweigten die oberirdischen Triebe ab, die eine nackte aber unregelmäßige Oberfläche hatten. Wiederholt dichotome Verzweigungen gaben den Pflanzen eine dichte Wuchsform. Die Sprossachsen trugen seitlich nierenförmige auf Stielen sitzende Sporangien. Der männliche Gametophyt, *Kidstonophyton discoides*, war kleiner. Seine aufrechten Stängel trugen becherartige Strukturen mit röhrenförmigen Auswüchsen, in denen sich die Antheridien befanden. Die Gefäßzellen hatten keine Verdickungen und glichen denen moderner Bryophyten. Die Sporangien ähnelten denen der Zosterophyllen, einer primitiven fossilen Gruppe, und die einfach gegabelten nackten Triebe denen der Rhyniophyten, sodass die systematische Position unsicher ist. *Nothia* wuchs allein oder zusammen mit anderen Pflanzen auf sandigen Böden und Pflanzenstreu.

Rhynia gwynne-vaughanii (**87**) war eine der häufigsten Pflanzen im Ökosystem von Rhynie. Wie *Aglaophyton* hatte sie kriechende, verzweigte Rhizome und glatte nackte aufrechte bis zu 3 mm dicke Triebe mit dichotomen Verzweigungen. Sie konnte 200 mm hoch werden. *Rhynia* trug seltsame halbkugelförmige Erhebungen auf den Stängeln und Büschel von Rhizoiden an den Rhizomem. Die Sprossachsen endeten in zigarrenförmigen Sporangien. *Rhynia* ist ein typischer Vertreter einer ausgestorbenen Gruppe primitiver Pflanzen, den Rhyniophyten, die durch einfache Gabelungen und nackte Stämme gekennzeichnet waren. *Rhynia* bildete oft Dickichte und war ein früher Siedler auf gut entwässertem Sinter und sandigen Böden. Man findet sie auch zusammen mit anderen Pflanzen in einer Reihe unterschiedlicher Lebensräume.

Trichopherophyton teuchansii ist eine seltene Pflanze im Rhynie Chert. Ihre Höhe ist unbekannt, doch ihre dichotom gegabelten Triebe hatten einen maximalen Durchmesser von 2,5 mm. Die unterirdischen Rhizome waren glatt, mit kleinen plumpen Strukturen, die möglicherweise als Rhizoide fungierten. Die Stängel trugen stachelige Vorsprünge, fertile Sprossachsen seitliche auf Stielen sitzende nierenförmige Sporangien, ebenfalls mit stacheligen Vorsprünge. Die Gefäßzellen von *Trichopherophyton* wiesen Verdickungen auf, die zusammen mit der Form und der Position der Sporangien vermuten lassen, dass diese Pflanze zu den Zosterophyllen gehörte. *Trichopherophyton* war ein später Besiedler von Substraten, die reich an organischem Material waren und wuchs immer zusammen mit anderen Pflanzen in einer vielfältigen Flora.

Ventarura lyonii ist eine kürzlich entdeckte höhere Landpflanze aus dem Windyfield Chert. Die Höhe ist unbekannt, betrug aber mindestens 120 mm. Die wiederholt dichotom gegabelten Triebe hatten einen maximalen Durchmesser von 7,2 mm. Die unterirdischen Rhizome waren glatt mit kleinen stumpf endenden Strukturen, die als Rhizoide dienten. Die Stängel hatten hakenähnliche Vorsprünge. Innen, zur Rinde hin, lag eine mittlere Schicht aus Lignin, das Sclerenchym. Sprossachsen trugen seitliche, auf Stielen sitzende, nierenförmige Sporangien. Die Gefäßzellen wiesen Verdickungen auf, die zusammen mit der Art der Sporangien, andeuten, dass *Ventarura* zu den Zosterophyllen gehörte. Die Paläoökologie von *Ventarura* ist weitgehend unbekannt, doch wuchs sie wahrscheinlich in der Nähe von Süßwassertümpeln, in sandigen und an organischem Material reichen Substraten.

Andere Pflanzen. Nematophyten sind eine ausgestorbene Pflanzengruppe, deren Vertreter aus einem inneren Gitterwerk von spiralig gewundenen Röhren bestand, die glatt oder spiralig verdickt waren. Die Röhren waren am Rand des Flechtwerks dicht gepackt und konnten senkrecht zu einer äußeren kutikularen

86 Rekonstruktion von *Nothia*. Maximale Höhe um 200 mm.

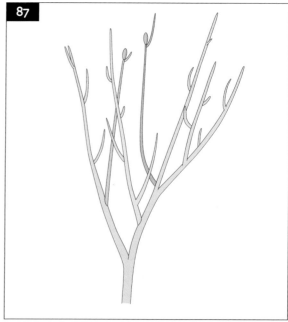

87 Rekonstruktion von *Rhynia*. Maximale Höhe um 200 mm.

Hülle ausgerichtet sein. Ihre interne Struktur zeigt Ähnlichkeiten mit bestimmten Algen, und die spiralig verdickten Röhren gleichen den Tracheiden von Gefäßpflanzen. Der Lebensraum von Nematophyten ist unbekannt, möglicherweise waren es halbaquatische Pflanzen mit über die Wasseroberfläche aufragenden Wedeln.

Cyanobakterien sind einfache, Photosynthese treibende Bakterien. Sie sind Prokaryoten, d. h., haben keine Zellkerne. Sie sind einzellig, können aber fadenförmige Zellketten bilden. Im Rhynie Chert kommen verschiedene Cyanobakterien vor, von denen einige stromatolithische Lagen bildeten, die wahrscheinlich aus Bakterienrasen auf Sinteroberflächen emporwuchsen. Andere Formen kommen in eher aquatischen Abschnitten des Chert vor, und wieder andere innerhalb verrottender Pflanzen. Die Cyanobakterien des Rhynie Chert könnten eine wichtige Rolle bei der Bindung von atmosphärischem Stickstoff im Boden gespielt haben.

Chlorophyten oder Grünalgen sind Photosynthese treibende Eukaryoten – ihre Zellen haben Kerne. Sie können einzellig sein, fadenförmige Zellketten bilden oder, wie die Armleuchteralgen (siehe unten), komplexere Strukturen haben. Besonders in den Lagen des Rhynie Chert, die sich unter aquatischen Bedingungen gebildet haben, findet man eine Reihe von einzelligen und fadenförmigen Grünalgen. Sie sind zwar häufig, wegen ihrer schlechten Erhaltung aber schwer zu bestimmen.

Charophyten (Armleuchteralgen) sind große, komplex gebaute Grünalgen, die aus einer Reihe von vielzelligen Knoten und dazwischen liegenden länglichen Einzelzellen bestehen. Gabelung findet an den Knoten statt und kann wiederholt auftreten. Ein möglicher Charophyt, *Palaeonitella*, wurde aus dem Rhynie Chert beschrieben, doch fand man keine Fortpflanzungsorgane, womit die Zugehörigkeit unsicher bleibt. *Palaeonitella* kommt in den aquatischen Abschnitten des Chert häufig zusammen mit dem Krebs *Lepidocaris* vor.

Pilze sind vielzellige, nicht Photosynthese treibende Eukaryoten. Sie ernähren sich saprophytisch, d. h. von totem organischem Material, parasitisch, also von lebenden Organismen oder sie leben als Flechten in Symbiose mit Algen oder Cyanobakterien. Aus dem Rhynie Chert wurden viele Pilze beschrieben, darunter die ältesten gut erhaltenen Exemplare von endotrophen Mykorhizzen in Pflanzengewebe.

Flechten haben keine Gefäße und sind das Ergebnis einer Symbiose von einem Pilz mit einer Alge oder einem Cyanobakterium. Der Flechtenthallus besteht aus unterschiedlichen Lagen von Pilzhyphen (Mykobiont) und der Alge bzw. dem Cyanobakterium (Photobiont). Im Rhynie Chert kommt die älteste bekannte Flechte vor: *Winfrenatia reticulata*. Sie besiedelte wahrscheinlich Hartsubstrate, wie erodierte Sinteroberflächen und könnte Gesteinsoberflächen zersetzt und so zur Bodenbildung beigetragen haben.

Die Faunenliste des Rhynie Chert umfasst Krebse, trigonotarbide Spinnentiere, Milben, Springschwänze, Euthycarcinoiden und Myriapoden.

Krebse. Der häufigste Arthropode im Rhynie Chert ist *Lepidocaris rhyniensis* (**88**). Er wurde erstmals von Scourfield (1926) beschrieben, der anhand des Tieres

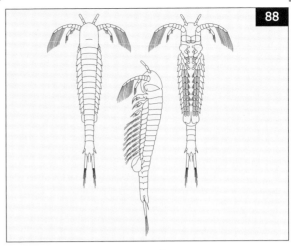

88 Rekonstruktion von *Lepidocaris*. Länge etwa 4 mm (nach Scourfield, 1940).

89 Der Trigonotarbide *Palaeocharinus* in nahezu sagittalem Schnitt (NHM). Das ganze Tier war etwa 2 mm lang.

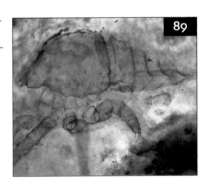

90 Bein von *Palaeocharinus*, etwa 0,5 mm lang.

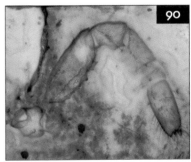

91 Rekonstruktion von *Palaeocharinus*. Körperlänge etwa 3 mm.

eine neue Crustaceenordnung, Lipostraca, aufstellte. Später beschrieb er auch dessen Jugendstadien (Scourfield, 1940). *Lepidocaris* ist ein kleines, stark segmentiertes Tier mit elf Paaren blattförmiger Beine, langen verzweigten Antennen und einem Paar Schwanzfortsätzen. Er lebte aquatisch auf der Sedimentoberfläche von episodisch mit Wasser gefüllten Tümpeln in der Umgebung der heißen Quellen, so wie Feenkrebse es heute tun.

Cheliceraten. Diese Arthropodengruppe hat keine Antennen, sondern ist durch ein Paar Cheliceren, das sind kleine Klauen oder Zangen, vor dem Mund charakterisiert. Trigonotarbiden (**79, 80, 89–91**) sind ausgestorbene Arachniden (Spinnentiere). Sie ähneln Spinnen, haben aber nicht deren Gift- und Spinndrüsen. Außerdem haben sie Merkmale, die für Spinnen primitiv sind, wie die Segmentierung des Hinterleibs (Abdomen). Ihre Reste sind im Rhynie Chert häufig zu finden und als erste Art wurde *Palaeocharinus rhyniensis* von Hirst & Maulik in den 1920er-Jahren beschrieben. Claridge & Lyon (1961) entdeckten gut erhaltene Fächerlungen – das sind innere Atmungsorgane, die über kleine Atemlöcher mit der Außenwelt verbunden sind. Sie konnten damit bestätigen, dass die Trigonotarbiden des Rhynie Cherts auf dem Land lebten und Luft atmeten. *Palaeoctenzia crassipes* wurde von Hirst (1923) als Spinne beschrieben, doch Selden *et al.* (1991) fanden heraus, dass es sich wahrscheinlich um die Hülle eines juvenilen Trigonotarbiden handelt. Trigonotarbiden waren, wie alle Arachniden mit Ausnahme einiger parasitischer Milben, Fleischfresser und jagten andere Tiere. Wie Spinnen könnten sie ihren Opfern mit den Cheliceren Wunden zufügt und durch diese einen Verdauungssaft in ihre Beute gepumpt haben, um danach das verflüssigte Fleisch auszusaugen.

Im Rhynie Chert kommen die ältesten bekannten Milben der Erde vor (**92**). Wie Spinnen und Trigonotarbiden gehören sie zu den Arachniden, sind aber sehr klein und ihr Vorder- bzw. Hinterleib (Prosoma und Opisthosoma) sind nicht klar voneinander abgegrenzt. Hirst glaubte, dass alle Exemplare von Rhynie zur selben Art gehörten, die er *Protacarus crani* nannte und in die moderne Familie Eupodidae einordnete. Dubinin (1962) untersuchte sie erneut und teilte sie in fünf Arten auf, die vier modernen Familien angehören: *Protacarus crani* (Pachygnathidae), *Protospeleorchestes pseudoprotacarus* (Nanorchestidae), *Pseudoprotacarus scotius* (Alicorhagiidae) und *Paraprotacarus hirsti* und *Palaeotydeus devonicus* (Tydeidae). Kürzlich untersuchte John Kethley vom Field Museum of Natural History in Chicago die Exemplare erneut und kam zu dem Schluss, dass alle der Familie Pachygnathidae angehören. Eine Ausnahme bilden die Nanorchestiden, die jedoch auch eng mit den Pachygnathiden verwandt sind und mit diesen zur Überfamilie Pachygnathoidea zusammengefasst werden. Die Milben lebten wahrscheinlich saprophag, d. h. sie ernährten sich von toter organischer Materie in Pflanzenresten und im Boden. Einige könnten auch Saft aus lebenden Pflanzen gesaugt haben.

Collembolen. Springschwänze sind winzige, springende Tiere, die nahezu überall vorkommen. *Rhyniella praecursor* (**93**) wurde von Hirst & Maulik beschrieben (1926). Verschiedene Autoren diskutierten die Iden-

92 Zeichnung einer Milbe von Rhynie. Körperlänge 0,3 mm (nach Hirst, 1923).

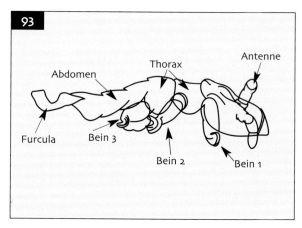

93 Skizze des Collembolen *Rhyniella*. Körperlänge 1 mm (nach Whalley & Jarzembowski, 1981).

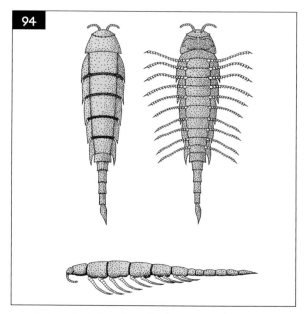

94 Rekonstruktion eines Euthycarcinoiden.

tität von *Rhyniella*, doch erst in den 1980er-Jahren schliffen Whalley & Jarzembowski eines der originalen Exemplare soweit herunter, dass sie das vollständige Abdomen mit dem Springorgan am Schwanz (Furcula) entdeckten. Sie konnten feststellen, dass *Rhyniella* zur Familie Isotomidae gehört. Diese Familie schließt die Gletscher- und Firnflöhe und andere Bewohner unwirtlicher Lebensräumen ein.

Euthycarcinoiden (94). Dies ist eine ausgestorbene Arthropodengruppe, deren Fossilüberlieferung vom späten Silur in die mittlere Trias reicht. Die ersten und letzten Nachweise stammen aus Australien, doch wurden sie ebenso im Oberkarbon von Mazon Creek, USA (Kapitel 6), und Europa dokumentiert. *Heterocrania rhyniensis* wurde von Hirst & Maulik (1926) als Chelicerat beschrieben, doch kürzlich von Anderson & Trewin entdeckte Exemplare aus dem Windyfield Chert, zeigten, dass es sich um einen Euthycarcinoiden handelt. Dies ist der erste Nachweis dieser Gruppe in devonischen Gesteinen. Die systematische Einordnung der Euthycarcinoiden ist problematisch, da sie sowohl zu den Crustaceen als auch zu den Insekten Affinitäten aufweisen. Sie waren möglicherweise Sedimentfresser, die in episodischen Süßwassertümpeln lebten.

Myriapoden. Aus dem Rhynie Chert kennt man zwei Myriapoden. *Crussolum* ist ein Hundertfüßer, der unserem Haushundertfüßer (*Scutigera*) ähnelt, der überall in den warmen Klimazonen der Erde zu Hause ist. Er war ein schneller Räuber mit giftigen Kiefern. *Leverhulmia mariae* ist ein kleiner Myriapode ungeklärter Stellung, der berühmt wurde, weil sein Darminhalt erhalten war. Er war ein Sedimentfresser, der in den Pflanzenresten lebte, die vorübergehende Tümpel eingeschwemmt wurden (das Fossil wurde zusammen mit Exemplaren des aquatischen Krebses *Lepidocaris* gefunden).

Kleine Löcher in einigen Pflanzen wurden von Kevan *et al.* (1975) als Hinweise darauf gedeutet, dass manche Tiere, vielleicht die Milben, Pflanzensäfte saugten. Die meisten Tiere des Rhynie Chert waren jedoch Räuber (Trigonotarbiden und Hundertfüßer), deren Mundwerkzeuge eindeutig für die Jagd ausgelegt waren und deren moderne Vertreter alle räuberisch leben. Dazu kommen einige Sedimentfresser (*Leverhulmia*, *Heterocrania*, *Lepidocaris*). Hinweise darauf lieferten der Darminhalt von *Leverhulmia*, der aus Sporen und Pflanzenresten bestand, außerdem Koprolithen (fossile Kotballen), die in engem Zusammenhang mit den Tieren gefunden wurden, die sie produziert hatten, sowie die Ernährungsweisen ihrer modernen Verwandten.

Paläoökologie des Rhynie Chert

Der Rhynie Chert repräsentiert das erste früh-terrestrische Ökosystem, das beschrieben wurde. Es ist noch immer am besten erforscht und liefert überraschenderweise regelmäßig neue Pflanzen und Tiere sowie andere Informationen. Es handelt sich um Ablagerungen heißer Quellen, was zu der Annahme führte, dass hier eine sehr spezialisierte Flora und Fauna erhalten geblieben ist. Die Vergesellschaftungen anderer früher terrestrischer Fundorte zeigen jedoch ein ähnliches Spektrum von Pflanzen und Tieren. Man könnte annehmen, dass es aufgrund der verschiedenen Erhaltungsumstän-

de Unterschiede zwischen den frühen Gemeinschaften gäbe. Diese gibt es tatsächlich, aber die Unterschiede bestehen hauptsächlich zwischen den nicht terrestrischen Organismen. Wirklich auffällig ist die Ähnlichkeit der Pflanzen und Tiere in diesen unterschiedlichen Lebensräumen. Während frühere Besiedlungsphasen des Landes durch einfache Pflanzen nachgewiesen werden können (Edwards & Selden, 1993), herrschte zur Zeit des Rhynie Chert schon eine bemerkenswerte Vielfalt der Pflanzenmorphologie. Dazu gehörten die ersten Gefäßpflanzen, die einen kurzen normalerweise weniger als 20 cm hohen Rasen bildeten, in und auf dem die ersten Landtiere lebten.

Die Fauna zeigt ein Übergewicht an Fleischfressern, es gibt einige Sedimentfresser, Pflanzenfresser fehlen. Alles weist auf eine Nahrungskette hin, die auf Sedimentfressen gründet. Wie häufig in heutigen Böden wird das Pflanzenmaterial zuerst teilweise von Bakterien und Pilzen zersetzt, bevor es von Sediment fressenden Tieren, wie den Arthropleuriden, aufgenommen wird. Echte Pflanzenfresser brauchen symbiotische Bakterien und Pilze in ihrem Darm, um Pflanzenfasern verdauen zu können. Im Grunde übergehen sie damit die Sedimentfresser und geben Material in Form von Kotballen zurück in den Boden. In Rhynie und anderen frühen terrestrischen Lokalitäten, haben wir es also mit einem Bodenökosystem zu tun oder mit einem, in dem das Sedimentfressen an der Basis der Nahrungskette stand. In Rhynie gibt es Anzeichen für Verletzungen von Pflanzen durch die Mundwerkzeuge von Tieren, auch wenn die Verursacher der Beschädigungen unbekannt sind. Die ersten eindeutigen Beweise für Pflanzen fressende Tiere stammen jedoch erst aus dem späten Karbon. Anscheinend blieb in Rhynie und den anderen hier diskutierten siluro-devonischen ter-restrischen Fundstellen ein einzigartiges Nahrungssystem erhalten, das der Entwicklung des Pflanzenfressens, das in den heutigen Ökosysteme dominiert, vorausging (Shear & Selden, 2001).

Vergleich des Rhynie Chert mit anderen frühen terrestrischen Lebensgemeinschaften

Fünfzig Jahre vergingen zwischen den ersten Berichten über die Pflanzen und Tiere des Rhynie Chert und der nächsten großen Entdeckung einer anderen terrestrischen Lebensgemeinschaft des Devons. Dies geschah in den 1970er-Jahren mit dem Auffinden von Lycopsiden, Rhyniopsiden, Trigonotarbiden und Arthropleuriden (eine Gruppe paläozoischer Tausenfüßer) zusammen mit amphibisch lebenden Eurypteriden und aquatischen Xiphosuren, Krebsen, Mollusken und Fischen bei Alken an der Mosel in Deutschland (Størmer, 1976). Ebenfalls in den frühen 1970er-Jahren gewannen Grierson & Bonamo von der State University of New York in Binghampton fossile Pflanzen aus fast 380 Millionen Jahre alten devonischen Schiefern aus einer Lokalität bei Gilboa, New York, indem sie das Gestein in Flusssäure auflösten. Unter den Pflanzenresten befanden sich auch Tiere – die ältesten bekannten Landtiere in Nordamerika. Über die nächsten drei Jahrzehnte wurden diese Tiere von Wissenschaftlern aus den USA und Großbritannien untersucht. Man fand Trigonotarbiden, Milben, Hundertfüßer, Arthropleuriden, Skorpione, Eurypteriden und möglicherweise einige frühe Insekten.

Im Jahre 1990 fand man eine Lokalität bei Ludford Lane (Ludlow, Shropshire, Großbritannien), die für die Überlieferung einer Mischung aus Brackwassertieren (z. B. Fischschuppen) und Landpflanzen bekannt ist. Sie wurde mit ähnlichen Methoden untersucht, wie sie bei Gilboa angewandt wurden. Obwohl die Überreste aus dieser Lokalität weniger gut erhalten waren, konn-

ten Wissenschaftler von der Universität Manchester Trigonotarbiden, Hundertfüßer, Arthropleuriden, Eurypteriden und Skorpione herauslösen. Die Fundstelle stammt aus dem späten Silur und ist etwa 415 Millionen Jahre alt. Damit hält sie den Rekord für die ältesten bekannt Landtiere der Welt (Jeram *et al.*, 1990). Weitere Lokalitäten wurden in Kanada entdeckt und obwohl nur wenige Fossilien gefunden werden konnten, folgen sie dem gleichen Muster mit Trigonotarbiden, Arthropleuriden und so weiter.

Weiterführende Literatur

Anderson, L.I. & Trewin, N.H. (2003): An Early Devonian arthropod fauna from the Windyfield cherts, Aberdeenshire, Scotland. Palaeontology **46**, 467–509.

Claridge, M.F. & Lyon, A.G. (1961): Book-lungs in the Devonian Palaeocharinidae (Arachnida). Nature **191**, 1190–1191.

Dubinin, V.B. (1962): Class Acaromorpha: mites or gnathosomic chelicerate arthropods? 447–473. In Rodendorf, B. B.: Fundamentals of Palaeontology Volume 9. Academy of Sciences of the USSR, Moscow, xxxi + 894 S.

Edwards, D. & Selden, P.A. (1993): The development of early terrestrial ecosystems. Botanical Journal of Scotland **46**, 337–366.

Hirst, S. (1923): On some arachnid remains from the Old Red Sandstone (Rhynie Chert Bed, Aberdeenshire). Annals and Magazine of Natural History 9th Series **70**, 455–474.

Hirst, S. & Maulik, S. (1926): On some arthropod remains from the Rhynie Chert (Old Red Sandstone). Geological Magazine **63**, 69–71.

Jeram, A.J., Selden, P.A. & Edwards, D. (1990): Land animals in the Silurian: arachnids and myriapods from Shropshire, England. Science **250**, 658–661.

Kevan, P.G., Chaloner, W.G. & Savile, D.B.O. (1975): Interrelationships of early terrestrial arthropods and plants. Palaeontology **18**, 391–417.

Kidston, R. & Lang, W.H. (1917): On Old Red Sandstone plants showing structure, from the Rhynie Chert bed, Aberdeenshire. Part I. *Rhynia gwynne-vaughani* Kidston and Lang. Transactions of the Royal Society of Edinburgh **51**, 761–784.

Kidston, R. & Lang, W.H. (1920): On Old Red Sandstone plants showing structure, from the Rhynie Chert bed, Aberdeenshire. Part II. Additional notes on *Rhynia gwynne-vaughani*, Kidston & Lang; with descriptions of *Rhynia major*, n.sp., and *Hornia lignieri*, n, g., n. sp. Transactions of the Royal Society of Edinburgh **52**, 603–627.

Kidston, R. & Lang, W.H. (1920): On Old Red Sandstone plants showing structure, from the Rhynie Chert bed, Aberdeenshire. Part III. *Asteroxlon mackiei*, Kidston and Lang. Transactions of the Royal Society of Edinburgh **52**, 643–680.

Kidston, R. & Lang, W.H. (1921a): On Old Red Sandstone plants showing structure, from the Rhynie Chert bed, Aberdeenshire. Part IV. Restorations of the vascular cryptogams, and discussion of their bearing on the general morphology of the Pteridophyta and the origin of the organisation of land-plants. Transactions of the Royal Society of Edinburgh **52**, 831–854.

Kidston, R. & Lang, W.H. (1921b): On Old Red Sandstone plants showing structure, from the Rhynie Chert bed, Aberdeenshire. Part V. The Thallophyta occuring in the peat-bed; the succession of the plants throughout a vertical section of the bed, and the conditions of accumulation and preservation of the deposit. Transactions of the Royal Society of Edinburgh **52**, 855–902.

Remy, W., Selden, P.A. & Trewin, N.H. (1999): Gli strati di Rhynie. 28–35. In Pinna, G.: Alle radici della storia naturale d'Europa. Jaca Book, Mailand, 254 S.

Remy, W., Selden, P.A. & Trewin, N.H. (2000): Der Rhynie Chert, Unter-Devon, Schottland. 28–35. In Pinna, G. & Meischner, D.: Europäische Fossillagerstätten. Springer, Berlin, 264 S.

Rice, C.M., Trewin, N.H. & Anderson, L.I. (2002): Geological setting of the Early Devonian Rhynie cherts, Aberdeenshire, Scotland: an early terrestrial hot spring system. Journal of the Geological Society of London **159**, 203–214.

Rolfe, W.D.I. (1980): Early invertebrate terrestrial faunas. 117–157. In Panchen, A.L.: The terrestrial environment and the origin of land vertebrates. Systematics Association Special Volume **15**. Academic Press, London and New York, 633 S.

Scourfield, D.J. (1926): On a new type of crustacean from the old Red Sandstone (Rhynie Chert Bed, Aberdeenshire) – Lepidocaris rhyniensis, gen. et sp. nov. Philosophical Transactions of the Royal Society of London, Series B **214**, 153–187.

Scourfield, D.J. (1940): Two new and nearly complete specimens of young stages of the Devonian fossil crustacean *Lepidocaris rhyniensis*. Proceedings of the Linnean Society **152**, 290–298.

Selden, P.A. & Edwards, D. (1989): Colonisation of the land. 122–152. In Allen, K.C. & Briggs, D.E.G.: Evolution and the fossil record. Belhaven Press, London, xiii + 265 S.

Selden, P.A., Shear, W.A. & Bonamo, P.M. (1991): A spider and other arachnids from the Devonian of New York, and reinterpretations of Devonian Araneae. Palaeontology **34**, 241–281.

Shear, W.A. (1991): The early development of terrestrial ecosystems. Nature **351**, 283–289.

Shear, W.A. & Selden, P.A. (2001): Rustling in the undergrowth: animals in early terrestrial ecosystems. 29–51. In Gensel, P.G. & Edwards, D.: Plants invade the land: evolutionary and environmental perspectives. Columbia University Press, New York, x + 304 S.

Størmer, L. (1976): Arthropods from the Lower Devonian (Lower Emsian) of Alken-an-der-Mosel, Germany. Part 5. Myriapoda and additional forms, with general remarks on fauna and problems regarding invasion of land by arthropods. Senckenbergiana Lethaea **57**, 87–183.

Trewin, N.H. (1994): Depositional environment and preservation of biota in the Lower Devonian hot-springs of Rhynie, Aberdeenshire, Scotland. Transactions of the Royal Society of Edinburgh: Earth Sciences **84**, 433–442.

Whalley, P.E. & Jarzembowski, E.A. (1981): A new assessment of *Rhyniella*, the earliest known insect, from the Devonian of Rhynie, Scotland. Nature **291**, 317.

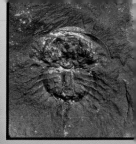

MAZON CREEK

Kapitel Sechs

Kohleflöze

Nachdem sich das Leben auf dem Festland etabliert hatte, entstanden rasch komplexere Ökosysteme. Mit der Entfaltung der Pflanzen entwickelten sich im späten Devon Wälder und damit einhergehend eine große Vielfalt tierischen Lebens. Im frühen Karbon begann die Evolution der Tetrapoden – der vierbeinigen Wirbeltiere. Sie breiteten sich auf dem Land aus und begannen die Wirbellosen zu jagen, die dort bereits Fuß gefasst hatten. Im späten Karbon existierten ausgedehnte Wälder in den Äquatorialgebieten. Dazu gehörten Regionen, die heute in Nordwest- und Mitteleuropa, in den östlichen und mittleren USA und in anderen Gegenden, wie Südchina und Südamerika liegen. Die Reste dieser Wälder finden wir heute in Form von Kohleflözen. Sie sind erhalten geblieben, weil sie in Sümpfen wuchsen, in denen die Pflanzenreste unter Sauerstoffabschluss nicht verwesen konnten und sich daher Torf bildete. Der Torf wurde später unter der Auflast mächtiger Sedimente verdichtet und wandelte sich dabei in Kohle um. Es waren diese gewaltigen Kohlelager, die zusammen mit Eisenerzen, Tonen und anderen Bodenschätzen die Industrielle Revolution in Europa beförderten.

Ein Stapel von Kohleflözen besteht nicht nur aus den Resten eines Sumpfwaldes, sondern aus einer komplexen und interessanten Abfolge unterschiedlicher Milieus. Denn die meisten Kohleflöze des Oberkarbons sind in Deltabereichen mit so verschiedenen Lebensräumen wie Meeresbuchten, brackischen Lagunen, Sandbänken, Süßwasserseen, Dämmen und Sumpfwäldern entstanden. Deltas sind geologisch kurzlebig. Wird ihre Sedimentzufuhr unterbrochen, versinken sie rasch und Meerwasser überflutet die Landoberfläche. Auf diese Weise werden Wälder zu Sümpfen, in denen Überschwemmungen alltäglich sind. Daher findet man in vielen Abfolgen direkt über einem Kohleflöz eine Tonschicht mit marinen Fossilien. Das Gebiet kann viele Jahrzehnte oder Jahrhunderte vom Meer bedeckt sein, bevor sich ein neues Delta vorschiebt und neue Silt- und Sandböden bildet, auf denen sich wieder Wälder ausbreiten können. Als Folge dieser wechselnden Milieus zeigen Kohleabfolgen ein charakteristisches Muster aus dünnen Lagen von Tonsteinen oder Tonschiefern, Siltsteinen (oft regelmäßig gebändert), gröberen Sandsteinen und Kohleflözen.

Einige der in Kapitel 5 beschriebenen Gefäßpflanzen, z. B. die Bryophyten (Moose), lebten ohne größere morphologische Veränderungen im Karbon und darüber hinaus fort. Aus anderen, etwa den Psilophyten, gingen die Schachtelhalme, die Bärlappgewächse und die Farne hervor, die im Karbon riesige Formen entwickelten. Viele von ihnen bildeten zusammen mit Palmfarnen, Cordaiten und frühen Koniferen das Unterholz. Auch Tiere breiteten sich aus und besetzten die neuen Nischen, die von den Pflanzen bereitgestellt wurden. Insekten tauchten auf und entwickelten Flügel. Einige frühe Libellen des Karbons hatten Spannweiten von 0,75 m (die von Mazon Creek waren aber kleiner). Auch Myriapoden entwickelten riesige Formen, darunter große, gepanzerte Tausendfüßer und die gewaltigen mehr als 2 m langen Arthropleuriden – die größten bekannten Land bewohnenden Arthropoden. Die Wirbeltiere folgten den Arthropoden an Land. Amphibische Tetrapoden erreichten beträchtliche Größen (bis zu 1 m Länge) und in Süßwasserseen gab es Haie mit bizarren Rückenstacheln.

Namensgeber der Lagerstätte ist der Mazon Creek, ein kleiner Nebenfluss des Illinois River, etwa 190 km südwestlich von Chicago (**95**) gelegen. Fossilien findet man vor allem in den Abraumhalden des Kohletagebaus, der in den letzten hundert Jahren in diesem Gebiet tätig war. Die Lagerstätte wurde extrem gut durchsucht, hauptsächlich von eifrigen Amateurpaläontologen, sodass sie die vollständigsten Belege für das Leben im Flachmeer, im Süßwasser und auf dem Land des späten Paläozoikums geliefert hat. Mehr als 200 Pflanzen- und 300 Tierarten, die zu elf Tierstämmen gehören, wurden beschrieben.

Entdeckungsgeschichte von Mazon Creek

Lange bevor der große Tagebau Pit 11 in den 1950er-Jahren den Betrieb aufnahm, wurden aus der Gegend von Mazon Creek Pflanzenfossilien beschrieben, die aus natürlichen Aufschlüssen und kleinen Grabungen stammten. Im Tagebau selbst wird das überlagernde Gestein (in diesem Fall der fossilreiche Francis Creek Shale) mit riesigen Schaufelbaggern abgetragen, um die Kohle darunter freizulegen. Diese wird dann mit kleineren Baggern ausgehoben, auf LKWs verladen und zur Sortieranlage transportiert. Die Kohle wird in langen Streifen ausgebaggert und mit dem Abraum füllt man die ausgekohlten Streifen wieder auf. Gegen Ende der 1950er-Jahre übernahm die Peabody Coal die Northern Illinois Coal Company und erlaubte örtlichen Fossilsammlern, die Grube zu betreten und im Abraum zu suchen. Nachdem sich die Nachricht von der Großzügigkeit der Kohlegesellschaft verbreitet hatte, gab es einen beständigen Strom von Sammlern.

Die Fossilien kommen bei Mazon Creek in Toneisensteinknollen (Konkretionen) vor. Waren sie einen oder mehrere Winter der Verwitterung ausgesetzt, lassen sie sich mit einem einfachen Hammerschlag spalten. Normalerweise öffnen sie sich an der schwächsten Stelle, nämlich entlang des Fossils. Um diesen Prozess zu beschleunigen, frieren einige Sammler die Knollen künstlich ein und tauen sie wieder auf. Viele Konkretionen enthalten Wedel von Palmfarnen und in einigen findet man unbestimmbare Formen, die meist weggeworfen wurden. Spätere Untersuchungen haben gezeigt, dass viele dieser Formen in Wahrheit fossile Quallen waren, was die besondere Weichkörpererhaltung von Mazon Creek bestätigte. Der Andrang von Sammlern in Pit 11 hätte dazu führen können, dass die besten Fossilien in privaten Schubladen verschwunden wären und Experten diese niemals hätten untersuchen können. Doch Dr. E. S. („Gene") Richardson ermunterte die Sammler zu regelmäßigen Treffen im Field Museum von Chicago, um ihre Funde zu zeigen. Hier konnten sie ihre Fossilien von den Wissenschaftlern bestimmen lassen und Informationen über die besten Fundorte austauschen. Sie konnten tauschen und die

besten Exemplare dem Museum zur Untersuchung überlassen. Bis heute gibt es den jährlichen Tag der offenen Tür für Fossilien von Mazon Creek.

Vor etwa 20 Jahren verkaufte die Peabody Coal Company den Pit 11 für den Bau eines Atomkraftwerks. Obwohl kein Abbau mehr stattfindet, werden die noch bestehenden Halden immer noch abgesammelt. Außerdem teufte man während des Baus des Kraftwerks Bohrungen ab, die durch den Francis Creek Shale gingen und eine Reihe wichtiger Informationen zu seinem Ablagerungsmilieu lieferten.

Stratigraphischer Rahmen und Taphonomie der Fossilien von Mazon Creek

Die meisten Fossilien von Mazon Creek stammen aus Siderit-Konkretionen (Eisenspat, $FeCO_3$) der Francis-Creek-Shale-Subformation der Carbondale-Formation aus dem Westphal D (Oberkarbon). Der Francis Creek Shale liegt über der etwa 1 m mächtigen Colchester-No 2-Coal-Subformation und wird selbst von der Mecca-Quarry-Shale-Subformation überlagert (**96**, **97**). Der Francis Creek Shale ist ein grauer, toniger Siltstein mit wenigen Sandsteinpartien und einer variablen Mächtigkeit von 0 bis 25 m oder mehr. Die Siderit-Konkretionen treten nur in den untersten 3–5 m der Subformation auf, und nur an Stellen, wo dieses mehr als 15 m mächtig ist. Nach oben wird der Francis Creek Shale gröber und nahe seiner Oberkante treten Sandsteine auf. Der Mecca Quarry Shale ist ein Schwarzschiefer, der leicht zu Platten spaltet. Er enthält eine reiche Fauna von Haifischen sowie deren Koprolithen, die Zangerl & Richardson (1963) ausführlich beschrieben haben. Er ist normalerweise 0,5 m mächtig, fehlt jedoch in Gegenden, in denen der Francis Creek Shale mehr als 10 m mächtig ist, und damit auch über dem Abschnitt, der die Knollen enthält.

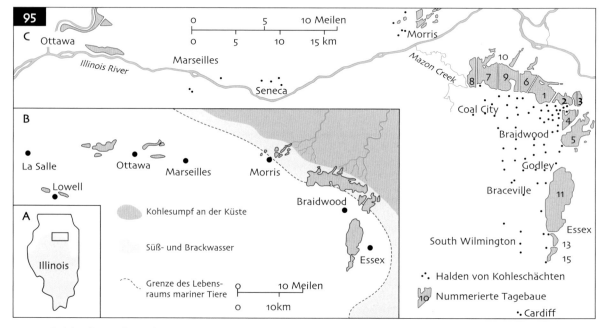

95 Aufschlusskarte des Gebietes von Mazon Creek (nach Baird *et al.*, 1986).

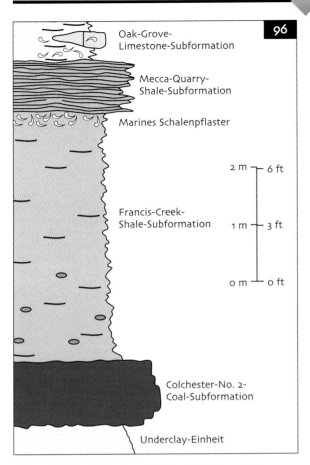

Oak-Grove-Limestone-Subformation

Mecca-Quarry-Shale-Subformation

Marines Schalenpflaster

Francis-Creek-Shale-Subformation

2 m — 6 ft

1 m — 3 ft

0 m — 0 ft

Colchester-No. 2-Coal-Subformation

Underclay-Einheit

96 Profil durch den Francis Creek Shale und die über- und unterlagernden Subformationen der Carbondale-Formation, Illinois (nach Baird et al., 1986).

97 Aufgelassene Grube 8 in der Colchester-No 2-Kohle. Aus dem Damm, der das erhöhte Ufer bildet, stammen die Knollen mit den Fossilien.

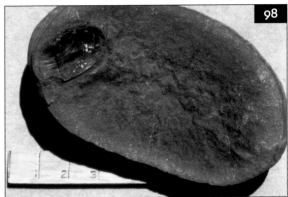

98 Spur und Körperfossil einer noch nicht beschriebenen solemyiden Muschel. Die Muschel war noch am Leben und versuchte zu entkommen, während sich die Siderit-Konkretion bildete (CFM). Maßstab in cm.

Die Fossilien kommen fast ausschließlich in den Siderit-Konkretionen vor. Bricht man diese auf, kommt ein nahezu dreidimensional erhaltener Organismus zum Vorschein, auch wenn das Fossil zum Rand der Knolle hin etwas stärker zusammengedrückt ist. Die Fossilien sind im Allgemeinen als Abdruck erhalten und die Pflanzen haben häufig einen kohligen Überzug. Auch Kristalle, wie Pyrit, Calcit oder Sphalerit (Zinkblende), können auf den Abdrücken sichtbar sein. Das häufigste Mineral ist jedoch Kaolinit – ein weißes, seifiges Tonmineral, das den Raum zwischen den Oberflächen der Abdrücke vollständig ausfüllt, d. h., es bildet einen Ausguss. Es ist weich und daher mechanisch einfach zu entfernen. Fossilien mit wenigen Hartteilen oder geringer Festigkeit, wie z. B. Quallen, können kollabiert sein. Dabei überlagern sich dorsale und ventrale Merkmale, was jedoch auch bei Arthropoden vorkommen kann.

Die meisten Fossilien zeigen nur geringe Verwesungserscheinungen. Die Größe und die Form der Konkretionen sind von dem eingeschlossenen Lebewesen abhängig und da große Tiere selten sind, gibt es auch nur wenige Knollen, die mehr als 300 mm messen. Alles deutet darauf hin, dass sich die Konkretionen rasch nach dem Tod der Organismen gebildet haben: Muscheln, die zusammen mit ihrer Kriechspur erhalten

blieben (**98**); Blätter von Palmfarnen, die senkrecht zur Schichtung stehen; der geringe Verwesungsgrad der Organismen (**99**). Man nimmt an, dass große Fische und Amphibien nicht vorkommen, weil sie diesem Milieu entkommen konnten. Die Organismen sind zumindest im Kern der Knollen dreidimensional erhalten geblieben, während die umgebenden Siltsteine stark komprimiert sind. Dies spricht dafür, dass sich die Konkretionen gebildet hatten, bevor eine erwähnenswerte Verdichtung eintrat. Tatsächlich weiten sich die Siltsteinlagen fortschreitend zum Zentrum der Knollen, was nahe legt, dass die Konkretionen während der Kompaktion wuchsen (**100**). Risse in den Konkretionen, normalerweise mit Kaolinit gefüllt, werden auf die Entwässerung des Sediments während ihrer Bildung zurückgeführt.

Da die Konkretionen die Form des Fossils widerspiegeln, das sich meist in etwa im Zentrum einer Knolle befindet, nimmt man an, dass die Organismen beträchtlichen Anteil an ihrer Bildung hatten. Vermeintlich leere Knollen lassen sich meist damit erklären, dass sie schlecht erhaltene Fossilien, undefinierbare organische Masse, Spurenfossilien oder Ähnliches enthalten. Die Knollen bestehen zu etwa 80 % aus Sideritzement, was bedeutet, dass zur Zeit ihrer Bil-

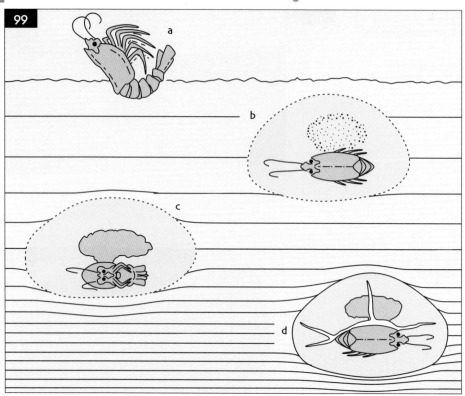

99 Die Abbildung zeigt die rasche Bildung einer Siderit-Knolle um eine tote Garnele. a. Tote Garnele sinkt auf den Meeresgrund; b. teilweise Zersetzung durch Bakterien, Flüssigkeiten steigen auf; c. Sideritfällung, während die Kompaktion beginnt; d. weitere Kompaktion der umgebenden Sedimente, durch die Entwässerung entstehen Risse, die vom Zentrum der Knolle nach außen gehen (nach Baird *et al.*, 1986).

dung, vor der Kompaktion, mindestens 80 % Wasser im Sediment gewesen sein muss. Unter dem Einfluss anaerober Bakterien, die unter Luftabschluss leben, reagiert Eisen in Anwesenheit von verwesendem organischem Material normalerweise mit Schwefel. Dabei bildet sich wie im Hunsrückschiefer (Kapitel 4) Pyrit (FeS_2) und kein Siderit. Doch wenn der Schwefel durch diesen Vorgang aufgebraucht ist – in den Knollen kommt Pyrit vor – unterstützen methanerzeugende Bakterien die Bildung von Siderit. Bei Mazon Creek könnte dies durch einen hohen Eisengehalt und eine geringe Verfügbarkeit von Sulfat begünstigt worden sein.

Durch den Einfluss der Schwerkraft sind die Konkretionen von Mazon Creek meist asymmetrisch, mit abgeflachten Böden und spitz zulaufenden Oberseiten. Denn das Gewicht des Kadavers drückt auf das Sediment darunter. Dadurch kann die Konkretion leichter nach oben wachsen, weil dort die Kompaktion geringer ist. Auch steigen leichte Fluide, die bei der Zersetzung entstehen, bevorzugt nach oben.

100 Schnitt durch laminierten Francis Creek Shale und einen Teil einer Knolle. Die Laminae werden in Richtung auf die Knolle weiter. Dies zeigt, dass die umgebenden Silt-/Tonlagen stärker kompaktiert wurden als die Knolle selbst und dass die Kompaktion während des Wachstums der Knolle begann. Der dickste Teil des Stückes (links) beträgt 4 cm.

Die Lebensgemeinschaft von Mazon Creek

Mazon Creek besteht eigentlich aus zwei Lebensgemeinschaften, der Braidwood- und der Essex-Gemeinschaft. Die Erstere kommt hauptsächlich im Norden der Gegend vor, die Letztere im Süden. Etwa 83 % der Knollen von Braidwood enthalten Pflanzen, die zweithäufigsten Einschlüsse sind Koprolithen (7,8 %). Weiterhin werden gefunden: Süßwassermuscheln (1,8 %), Süßwasserkrebse (0,5 %), andere Mollusken (0,4 %), Schwertschwänze (0,3 %), Tausendfüßer (0,1 %), Fisch-

schuppen (0,1 %), danach Insekten, Spinnentiere, Fische und Hundertfüßer im Rest (< 0,1 %). Andererseits sind nur 29 % der Essex-Fossilien Pflanzen. Das häufigste Tier ist die Meduse *Essexella* (42 %) gefolgt von Bauten und Spuren (5,9 %), marinen solemyiden Muscheln (5,5 %), Koprolithen (4,8 %), Würmern (2,8 %), diversen Mollusken (1,9 %), der marinen Garnele *Belotelson* (1,8 %), der Meeresmuschel *Myalinella* (1,4 %), diversen anderen Garnelen (0,5 %), dem Krebs *Cyclus* (0,5 %), dem rätselhafte „Tully-Monster"

(0,4 %), der Kammmuschel *Pecten* (0,3 %), der Meduse *Octomedusa* (0,3 %), verschiedenen Fischen (0,2 %), und schließlich Insekten, Tausend- und Hundertfüßern, Hydrozoen, Schwertschwänzen, Spinnentieren und Amphibien (zusammen unter 0,1 %). Der Liste kann man entnehmen, dass es sich bei den Fossilien von Braidwood um terrestrische und Süßwasserorganismen handelt, während in Essex marine Formen dominieren und daneben einige eingeschwemmte Pflanzen und Tiere vorkommen. Marine Lebewesen können nicht ins Süßwasser gelangen, wohl aber Süßwasser und Land bewohnende Organismen ins Meer. Bemerkenswert ist, dass die Lebensgemeinschaft von Essex nicht typisch marin ist, so gibt es keine Brachiopoden, Korallen, Seelilien usw., sodass wir es hier mit einem verminderten Salzgehalt und vielleicht schlammigen Bedingungen zu tun haben, was echte Meeresbewohnern nicht tolerieren können.

Pflanzen. Die Knollen enthalten eine typische Kohleflöz-Flora, die nur deswegen außergewöhnlich ist, weil sie in den Konkretionen besser erhalten geblieben ist als in anderen oberkarbonischen Tonsteinen. Große Fossilien sind im Francis Creek Shale nicht überliefert, doch kann man aus Funden von Rinde (*Lepidodendron* bzw. *Calamites*) und Laub (*Lepidophylloides* bzw. *Annularia*) auf die Anwesenheit von baumgroßen Bärlappgewächsen und Schachtelhalmen schließen. Wedel von Palmfarnen, zum Beispiel *Neuropteris* (101), *Pecopteris* (102) und *Alethopteris* (103), sind die häufigsten Fossilien in den Knollen. Der Vergleich mit modernen Küstensumpfwäldern zeigt, dass ein Großteil der Pflanzenreste in den Knollen nicht aus dem Wald selbst stammten, sondern von Flüssen weit aus dem Binnenland herantransportiert worden sind. Sie stellen damit eine Mischung aus Küsten- und Hochlandwäldern dar. Die Pflanzenreste sind sowohl in Braidwood als auch in Essex allochthon, d. h., sie wurden aus ihren ursprünglichen Lebensräumen verdriftet.

Nesseltiere. Zum Stamm Cnidaria gehören Korallen und Seeanemonen (Anthozoa), Hydrozoen, Scyphozoen (Schirmquallen) und Cubozoen (Würfelquallen), und einige andere Gruppen. Nur Korallen besitzen mineralisierte Skelette, einige Medusen haben jedoch versteifte Körperteile, und man erkennt bei ihnen Tentakel und andere Strukturen. *Essexella* (104) erinnert zum Beispiel an eine Glocke, unter der ein zylindrisches Blatt herabhängt. *Essexella* gehört zu den Scyphozoa, während *Anthracomedusa* (105), mit vier Bündeln zahlloser Tentakel, zu den Cubozoa gerechnet wird.

Muscheln. Wegen ihrer harten, kalkigen Schalen sind Muscheln häufige Fossilien im Karbon. Doch die von Mazon Creek sind besonders wichtig, weil sie häufig Weichteilerhaltung zeigen und mit zwölf Überfamilien sehr vielfältig sind. Zweckmäßigerweise unterteilt man sie in Süßwasser- und Meeresbewohner, also in diejenigen, die in Braidwood, und diejenigen, die in Essex vorkommen. Die häufigste Meeresmuschel kommt mit zusammenhängenden Klappen vor und wird manchmal am Ende einer Fluchtspur gefunden (98). Sie wurde

101 Der Palmfarn *Neuropteris* (MU). Die Länge beträgt 6 cm.

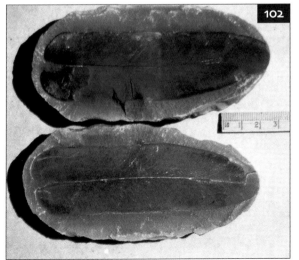

102 Der Palmfarn *Pecopteris* (MU). Maßstab in cm.

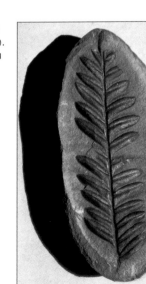

103 Der Palmfarn *Alethopteris* (MU). Die Knolle ist 7 cm lang.

früher fälschlich als *Edmondia* bestimmt, erst kürzlich stellte sich heraus, dass es sich um eine bisher noch nicht beschriebene Solemyide handelt. Echte *Edmondia* sind in Mazon Creek sehr selten. Die Solemyiden lebten eingegraben (Infauna), andere häufige Muscheln von Essex sind die dünnschaligen, schwimmfähigen *Myalinella* und *Aviculopecten* (**106**). Die Familie Myalinidae schließt auch Süßwasserformen wie *Anthraconaia* ein, die in Braidwood vorkommt.

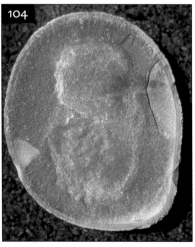

104 Die Meduse *Essexella asherae* (MU). Die Knolle ist 6 cm lang.

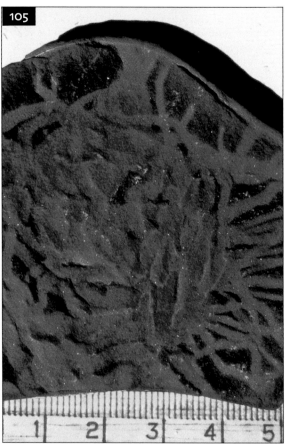

105 Die Meduse *Anthracomedusa turnbulli* (MU). Maßstab in cm.

Andere Mollusken. Drei weitere Molluskenklassen kommen in Mazon Creek vor: Polyplacophoren (Käferschnecken), Gastropoden (Schnecken) und Cephalopoden (Kopffüßer). Obwohl es heute viele Süßwasserschnecken gibt, stammen alle Gastropoden in Mazon Creek aus dem marinen Essex-Lebensraum. Polyplacophoren sind ausschließlich marine Tiere. Da sie Felsküsten besiedeln, bleiben sie nur selten fossil erhalten. Eine Gattung, *Glaphurochiton* (**107**), kommt jedoch in Essex vor. Cephalopoden leben ebenfalls ausschließlich im Meer und sind normalerweise häufig in marinen Gesteinen des Karbons zu finden. Auch wenn sie im Lebensraum von Essex recht vielfältig waren, sind sie in Mazon Creek seltener als Käferschnecken. Neben den orthoconen, d. h. geradegestreckten, Bactritoiden kommen eingerollte Ammonoideen, Nautiloideen sowie Coleoideen, deren Gehäuse vom Weichkörper umgeben ist, vor. *Jeletzkya* ist ein kleiner kalmarähnlicher Coleoidee, dessen innere Schale einem Schulp ähnelt.

Würmer. Da sie sonst keine Hartteile haben, werden polychaete Anneliden (Borstenwürmer) selten fossil überliefert – mit Ausnahme ihrer kleinen Kiefer, den sog. Scolecodonten. Aus diesem Grund ist die große Vielfalt an Polychaeten in Mazon Creek ein wichtiger Beitrag zur Fossilüberlieferung dieser bedeutenden marinen Tiergruppe. Einer der häufigsten Polychaeten ist *Astreptoscolex* (**108**) mit einem gegliederten Körper und kurzen Chaetae (Stacheln) entlang jeder Körperseite.

Garnelen. In Mazon Creek kommen eine Reihe von Krebsen vor, von denen viele eine garnelenähnliche Körperform haben. Es gibt sowohl Süßwasser- als auch Meeresgarnelen, sodass sie in beiden Habitaten, Braidwood bzw. Essex, auftreten. Der kräftige *Belotelson magister* ist die bei weitem häufigste Art in Essex. Die zweithäufigste marine Garnele ist *Kallidecthes*. *Acanthotelson* (**109**) und *Palaeocaris* bewohnten das Süßwasser des Braidwood-Lebensraumes, werden bisweilen aber auch in den Knollen von Essex gefunden, wohin sie wahrscheinlich von der Strömung gespült wurden.

106 Die Muschel *Aviculopecten mazonensis* (MU). Maßstab in cm.

Andere Krebse. In Mazon Creek kommen auch einige gedrungene, langustenartige Formen vor: *Anthracaris* in Braidwood und *Mamayocaris* in Essex. Daneben gibt es Blattfußkrebse (Phyllocariden, *Dithyrocaris*) in Essex, Conchostraka (Krebse, die nahezu vollständig von einem zweiklappigen Panzer umschlossen waren), einige Ostrakoden und Cirripedier (Seepocken). Ein Krebs, der häufig in oberkarbonischen Knollen, so auch in Essex vorkommt, ist *Cyclus*. Wie der Name sagt, hatte er einen runden, tellerförmigen Panzer. Man nimmt an, dass er ein Fischparasit war, doch könnte er auch frei gelebt haben.

Cheliceraten. Der Arthropoden-Unterstamm Chelicerata umfasst die Schwertschwänze (Xiphosura), Eurypteriden, Skorpione, Spinnen, Milben und andere Spinnentiere. Mazon Creek hat einige außergewöhnlich gute Fossilien dieser Tiere und damit wichtige Informationen über die Evolution der Cheliceraten geliefert. *Euproops danae* (**110**) ist einer der bekanntesten fossilen Schwertschwänze. Dan Fisher (1979) von der Universität von Michigan erkannte die amphibische Lebensweise dieser Tiere, die hauptsächlich in Braidwood gefunden werden.

Eurypteriden wurden in Kapitel 3 in Zusammenhang mit dem Soom Shale diskutiert. Im Oberkarbon lebten sie meist amphibisch und wurden hauptsächlich durch die Gattung *Adelophthalmus* vertreten, von der man viele Exemplare in den Knollen von Mazon Creek gefunden hat.

Terrestrische Spinnentiere (Arachnida) sind in Braidwood häufig, die meisten gehören zu der ausgestorbenen Gruppe Phalangiotarbida; auch Trigonotarbiden sind gut vertreten. Die Letzteren stehen von ihrem Körperbau her den Spinnen nahe, haben jedoch keine Gift- und Spinndrüsen und sind in jungpaläozoischen terrestrischen Ökosystemen recht häufig. Zwei heute noch lebende Spinnenordnungen, Uropygi (Geißelskorpione) und Amblypygi (Geißelspinnen), sind mit einigen gut erhaltenen Exemplaren in Braidwood vertreten (**111**). Eine interessante bis heute vorkommende Spinnenordnung, Ricinulei, kommt in Mazon Creek mit drei Gattungen vor. Selbst heutzutage trifft man selten auf Ricinulei, die auf tropische Gebiete und Höhlen beschränkt sind. Man kennt sie nur aus dem Oberkarbon und rezent, doch scheinen sie sich dazwischen wenig verändert zu haben. Drei weitere

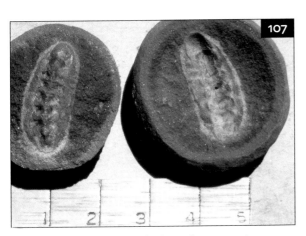

107 Die Käferschnecke *Glaphurochiton concinnus* (MU). Maßstab in cm.

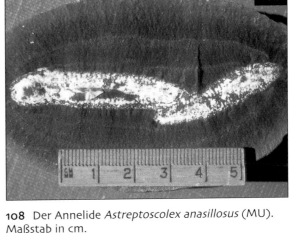

108 Der Annelide *Astreptoscolex anasillosus* (MU). Maßstab in cm.

109 Die Garnele *Acanthotelson stimpsoni* (MU). Maßstab in cm.

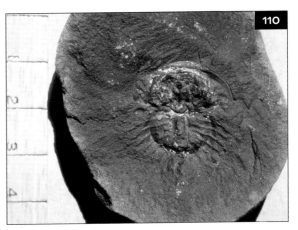

110 Der Schwertschwanz *Euproops danae* (MU). Maßstab in cm.

Spinnenordnungen, die in Mazon Creek vorkommen sind: Opilionida (Weberknechte), Solpugida (Walzenspinnen) und Scorpionida. Skorpione sind die ältesten Arachniden und wurden, obwohl heute ausschließlich an Land lebend, in aquatischen Milieus des Silurs gefunden. Im Oberkarbon waren sie rein terrestrisch. In Braidwood sind sie die zweithäufigste Arachnidengruppe.

Insekten. Sechs Insektenordnungen, von denen heute nur noch eine, die Blattodea (Schaben) existiert, kommen in Mazon Creek vor. Ein Großteil unseres Wissens über oberkarbonische Insekten stammt von den 150 Arten, die hier gefunden wurden. Palaeodictyoptera waren mittelgroße bis große fliegende Formen mit gemusterten Flügeln. Sowohl die Nymphen als auch die erwachsenen Tiere hatten saugende Mundwerkzeuge und lebten terrestrisch. Megasecoptera ähnelten den Palaeodictyoptera, hatten jedoch schlankere, oft auf dünnen Stielen sitzende Flügel. Diaphanopterodea ähnelten den Megasecoptera mit der einen Ausnahme, dass sie ihre Flügel über dem Rücken wie moderne Schmetterlinge und Kleinlibellen zusammenfalten konnten. Protodonata waren, wie ihr Name sagt, verwandt mit modernen Odonata (Libellen). Im Oberkarbon erreichten einige von ihnen riesige Körpermaße. Wahrscheinlich lebten die Nymphen aquatisch, wie bei heutigen Odonata, man hat jedoch bisher keine gefunden. Protorthoptera standen den heutigen Orthoptera (Grashüpfer und Verwandte) nahe, hatten aber keine Springbeine. Mit mehr als 50 Familien, die man aus dem Oberkarbon und dem Perm kennt, sind die Protorthoptera die größte ausgestorbene Insektenordnung. In Mazon Creek kommen zwölf Familien vor und *Gerarus* ist das häufigste hier vorkommende Insekt. Blattodea (Schaben) (**112**), anderswo die häufigsten Insekten in oberkarbonischen Knollen, sind in Mazon Creek recht selten. Ihre geäderten Flügel werden oft mit Blättern von Palmfarnen verwechselt.

Myriapoden. Myriapoden sind vielbeinige Arthropoden, zu denen die Hundertfüßer (Chilopoda), die Tausendfüßer (Diplopoda), zwei weitere rezente Klassen (Symphyla und Pauropoda) und die paläozoischen Arthropleurida gehören. Myriapoden gehörten zu den ersten bekannten Landtieren (Kapitel 5). Im Oberkarbon gab es einige riesige Formen und viele trugen, anscheinend zum Schutz gegen Räuber, gefährliche Stacheln. In Braidwood gab es kurze Tausendfüßer (Oniscomorpha: *Amynilyspes*), die sich zu einer Kugel zusammenrollen konnten, doch die spektakulärsten Formen gehörten der ausgestorbenen Ordnung Euphoberiida an. *Myriacantherpestes* (**113**) erreichte eine Länge von 30 cm und hatte lange gegabelte seitliche Stacheln und kürzere Rückenstacheln. *Xyloiulus* (**114**) war ein eher typischer, zylindrischer spiroboliler Tausendfüßer. Tausendfüßer sind im allgemeinen Sedimentfresser, während Hundertfüßer räuberisch leben. Zu den Hundertfüßern von Mazon Creek gehören die scolopendromorphe *Mazoscolopendra* und die schnell laufende scutigeromorphe *Latzelia*. Die Arthropleuriden reichen von winzigen Formen im Silur bis in das Oberkarbon, wo sie mit bis zu 2 m Länge die größten bekannten Landtiere waren. Trotzdem waren sie, wie Tausendfüßer, wahrscheinlich Sedimentfresser. In Mazon Creek kommen isolierte Beine und Platten von *Arthropleura* vor.

Onychophora (Stummelfüßer) sollen hier ebenfalls erwähnt werden. Man kennt sie vom Kambrium (z. B. *Aysheaia*, Kapitel 2), als sie im Meer lebten, bis heute, wo sie ausschließlich terrestrisch sind. In Mazon Creek wurde *Ilyodes* in natürlichen Aufschlüssen gefunden, es ist nicht klar, ob er aus der terrestrischen Braidwood-Fauna oder dem marinen Essex-Habitat stammt.

Andere Arthropoden. Euthycarcinoiden sind eine merkwürdige Gruppe von anscheinend uniramen Arthropoden (mit unverzweigten Körperanhängen, z. B. Beinen, wie Myriapoden), die vom Silur bis in die Trias vorkamen. In Mazon Creek sind sie mit drei Arten vertreten.

Eine Arthropodengruppe unbekannter Zugehörigkeit sind die ausgestorbenen Thylacocephala, die vom Kambrium bis in die Kreide vorkamen. Es sind rätselhafte Tiere, die zu den Krebsen gehört haben könnten. Sie haben einen zweiklappigen Panzer, der den Groß-

111 Der uropygide Arachnide *Geralinura carbonaria* (CFM). Die Knolle ist 6 cm lang.

112 Eine Schabe (Blattodea) (MU). Maßstab in cm.

teil des Körpers umschließt, und große Augen. *Concavicaris* ist in den Knollen von Essex recht häufig.

Andere Invertebraten. Brachiopoden sind in marinen Sedimenten mit normaler Salinität weit verbreitet, dagegen sind sie in den Knollen von Mazon Creek selten. Nur inarticulate Formen wie *Lingula*, die bekanntermaßen Brackwasser bevorzugt, kommen vor. *Lingula* lebt als einziger eingegrabener Brachiopode in vertikalen Bauten, in die er sich mit einem langen, fleischigen Stiel zurückziehen kann. In Grube 11 sind zahlreiche Exemplare in Lebendstellung, mit intaktem Bau und Stiel, erhalten geblieben.

Wie Brachiopoden findet man Echinodermen (Stachelhäuter) normalerweise nur in marinen Milieus. Abgesehen von einem einzigen Exemplar einer Seelilie wurde in Mazon Creek nur ein Stachelhäuter gefunden, die Holothurie (Seegurke) *Achistrum*, die sogar recht häufig in den Knollen von Essex vorkommt. Man kann sie von anderen wurmartigen Kreaturen an dem

Ring aus Kalkplatten unterscheiden, der einen Teil des Schließmuskels bildet.

Das vielleicht interessanteste der Tiere von Mazon Creek ist allgemein als „Tully-Monster" bekannt. Seinen Namen erhielt es nach seinem Entdecker, dem leidenschaftlichen Sammler Francis Tully. *Tullimonstrum gregarium*, wie es wissenschaftlich richtig heißt, wird bis zu 30 cm lang. Es hat einen gegliederten wulstförmigen Körper mit einem langen Rüssel am Vorderende, der in einem Kiefer mit bis zu 14 kleinen Zähnchen endet (**115**). Das Hinterende läuft in einer rautenförmigen Schwanzflosse aus. Nahe der Ansatzstelle des Rüssels befindet sich eine sichelförmige Struktur und direkt dahinter eine Querleiste, mit einem Auge an beiden Enden. Über die Zugehörigkeit von *Tullimonstrum* wurden eine Reihe von Theorien aufgestellt: Conodonten-Tier, Annelide, Schnurwurm, Mollusk oder eine eigene Gruppe. Es lebte eindeutig schwimmend und räuberisch und seine allgemeine Erscheinung – Rüssel, Augen, Zahnstruktur – erinnern stark an eine Gruppe von Nacktschnecken, die Heteropoden. Der Ruhm des Tully-Monsters wurde vor einigen Jahren gesichert, als es zum Wappenfossil von Illinois gewählt wurde.

Fische. Von Mazon Creek kennt man mehr als 30 Fischarten. Ihre Bestimmung ist jedoch manchmal schwierig, da es sich bei vielen der Fossilien um Jungtiere oder einzelne Schuppen handelt. Agnathen sind durch ein Neunauge, einen Schleimaal und zwei Formen, die keiner bekannten Gruppe zugeordnet werden können, vertreten. Knorpelfische (Chondrichthyes) sind selten, bilden aber eine vielfältige Fauna, die hauptsächlich durch Jungfische repräsentiert wird. Interessanterweise scheinen sie nicht die Jugendstadien der bekannten von Zangerl & Richardson (1963) beschriebenen Haie des Mecca Quarry Shale darzustellen. Zwar lebten diese etwa zur gleichen Zeit wie die Formen aus dem Francis Creek Shale, sie waren aber wahrscheinlich die Jungtiere von Haien, die später in einem anderen, weiter entfernten Habitat lebten. *Pa-*

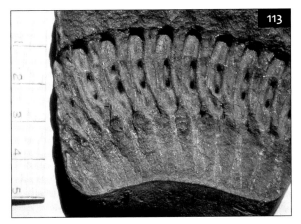

113 Der große Tausendfüßer *Myriacantherpestes* (CFM). Maßstab in cm.

114 Der Tausendfüßer *Xyloiulus* (CFM). Die Knolle ist 7 cm lang.

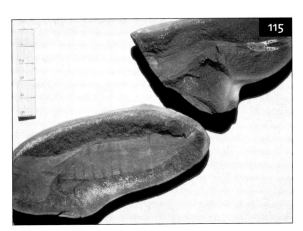

115 Das "Tully-Monster" *Tullimonstrum gregarium* (MU). Maßstab in cm.

laeoxyris, anscheinend die Eitasche eines Hais, ist häufig in Braidwood und etwas seltener in Essex. In Mazon Creek kommen etwa 15 Gattungen von Knochenfischen (Osteichthyes) vor. Die meisten Exemplare sind klein und nicht einfach zu bestimmen. Es gibt aber eine große Anzahl verschiedener Typen aus unterschiedlichen Lebensräumen, vom Süß- über das Brackwasser bis zu reinem Salzwasser. Palaeonisciden, einschließlich hochrückiger und spindelförmigen Arten, die meist als „*Elonichthys*" bezeichnet werden, sind sowohl in Braidwood als auch in Essex häufig. Von den Sarcopterygiern kommen Rhipidistier – aus denen sich die Tetrapoden entwickelt haben, Coelacanthier und Lungenfische vor.

Tetrapoden. Tetrapoden sind selten aber mit 23 Exemplaren von Amphibien und einem Reptil recht divers. Temnospondyle Amphibien sind durch Larven von *Saurerpeton* vertreten, sowie durch larvale und adulte *Amphibamus* und einen möglichen Branchiosaurier. Man kennt ein einzelnes Fragment (vier Wirbel) eines Anthracosauriers. Aïstopoden – beinlose, schlangenartige Amphibien – kommen mit zwei Arten und zahlreichen Exemplaren vor. Die Ordnungen Nectridae, Lysorophia und Microsauria sind alle durch einzelne Exemplare vertreten. Daneben kennt man ein einzelnes, nicht ausgewachsenes Exemplar eines eidechsenähnlichen captorhinomorphen Reptils.

Koprolithen sind fossile Kotballen, die in Braidwood und in Essex vorkommen. Auch wenn sie ästhetisch nicht besonders ansprechend sind, sagen Koprolithen viel darüber aus, was die Tiere gefressen haben. Spiralige Koprolithen, die Fischreste enthalten, sprechen beispielsweise dafür, dass in der Gegend von Mazon Creek große Haie umherstreiften, die durch Körperfossilien nicht belegt sind.

116 Zyklen aus Silt-Ton-Paaren in Laminiten des Francis Creek Shale. (MU). Maßstab in mm.

Paläoökologie der Lebensgemeinschaft von Mazon Creek

Es gibt Hinweise, dass die Gegend von Mazon Creek durch eine Vielzahl unterschiedlicher Milieus gekennzeichnet war, wie es für ein Delta typisch ist: terrestrisch, fluviatil, limnisch, brackisch und eingeschränkt marin. Die Colchester Coal repräsentiert einen Sumpfwald, der von baumgroßen Bärlappgewächsen und Schachtelhalmen beherrscht wurde und dessen Unterholz aus Palmfarnen und anderen Pflanzen bestand. Farne, Palmfarne und die Reste von Schachtelhalmen dominieren die Flora des Francis Creek Shales, was darauf deutet, dass sie eher von weiter landeinwärts stammt. Die terrestrische Fauna, mit Myriapoden, Arachniden und Insekten, lebte wahrscheinlich zwischen diesen Pflanzen.

Der Francis Creek Shale wird nach oben hin gröber, daraus schließt man, dass die anfängliche Überflutung des Sumpfwaldes schnell erfolgt sein muss. Später haben Sedimente aus dem Delta die Meeresbucht wieder aufgefüllt. Viele sedimentologische und paläontologische Hinweise sprechen für eine rasche Ablagerung, z. B. Fluchtspuren von Muscheln, die Einbettung von *Lingula* in Lebendstellung und aufrecht stehende Blätter von Palmfarnen. Schnelle Sedimentation ist typisch für die Verhältnisse in der Nähe eines Deltas. Bohrkerne aus dem Untergrund des Atomkraftwerks in der Umgebung von Pit 11 lieferten vollständige Profile. Die Ton-Silt-Lagen treten in diesen Kernen paarweise auf, wobei dünnere und mächtigere Paare in einem zyklischen Muster abwechseln (**116**). Kuecher *et al.* (1990) untersuchten die Zyklizität der paarigen Lagen und folgerten, dass sie auf den Einfluss der Gezeiten zurückgeht. Die dünnen Tonbänder repräsentieren Stillstand, also das Nachlassen von Ebbe oder Flut beim Wechsel der Gezeiten (**117**). Die Siltlagen stellen Perioden mit erhöhtem Sedimenteintrag vom Land dar. Die dickeren Siltlagen haben sich während der Ebbe abgesetzt, als das ablaufende Wasser einen höheren Zustrom von Wasser in das Becken zuließ. Die dünneren Siltlagen bildeten sich während der Flutphasen, als das auflaufende Wasser den Zufluss bis zu einem gewissen Grad unterband. Ein einzelner Tidenzyklus besteht somit aus zwei Tonlagen und zwei Siltlagen. Die mächtigsten Zyklen korrespondieren mit Springtiden, wenn die Gezeitenunterschiede am höchsten sind, und die dünnsten mit Nipptiden. Kuecher *et al.* (1990) fanden heraus, dass es 15–16 Tiden in einem Zyklus von einer Springflut bis zur nächsten gab. Dies entspricht einem halben Mondzyklus, denn ein kompletter Mondzyklus hat zwei Springtiden (wenn Mond und Sonne mit der Erde in einer Linie stehen) und zwei Nipptiden (wenn die Achse Sonne–Erde senkrecht zur Achse Mond–Erde steht). Hinweise aus der Zyklizität des Korallenwachstums (Johnson & Nudds, 1975) zeigen, dass ein Mondzyklus im Karbon 30 Tage dauerte, d. h. das System Erde–Mond hat sich in den letzten 350 Millionen Jahre auf den heutigen Mondzyklus von 28 Tagen eingestellt. Der Gezeitenzyklus von Mazon Creek war also ein eintägiger Zyklus, wie man ihn heute an einigen Stellen der Erde, etwa im Golf von Mexiko findet. Die Gezeiten an der Nordsee sind dagegen halbtägig, d. h., es gibt zwei Hoch- und zwei Niedrigphasen während einer Periode von 24 Stunden.

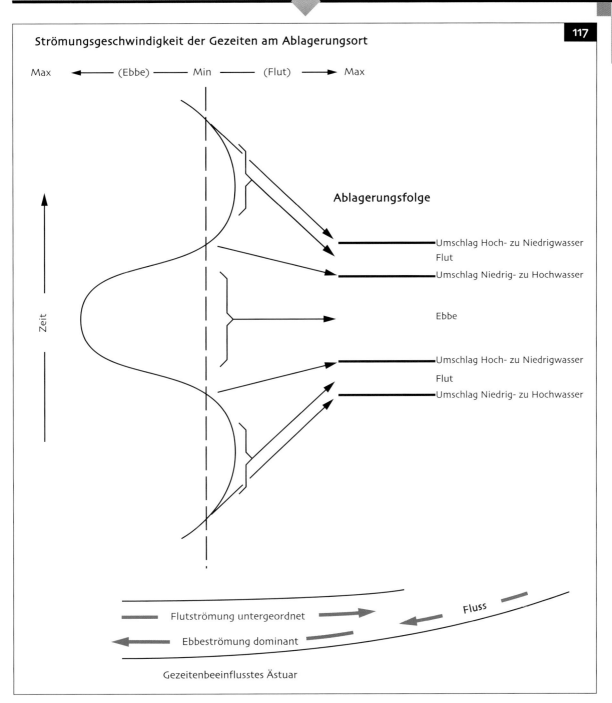

117

Strömungsgeschwindigkeit der Gezeiten am Ablagerungsort

Max ◄─── (Ebbe) ─── Min ─── (Flut) ───► Max

Zeit

Ablagerungsfolge

Umschlag Hoch- zu Niedrigwasser
Flut
Umschlag Niedrig- zu Hochwasser

Ebbe

Umschlag Hoch- zu Niedrigwasser
Flut
Umschlag Niedrig- zu Hochwasser

Flutströmung untergeordnet

Ebbeströmung dominant

Fluss

Gezeitenbeeinflusstes Ästuar

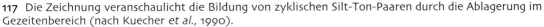

117 Die Zeichnung veranschaulicht die Bildung von zyklischen Silt-Ton-Paaren durch die Ablagerung im Gezeitenbereich (nach Kuecher *et al.*, 1990).

Die Gezeitenzyklen liefern einen direkten Maßstab für die Sedimentationsrate. Jeder 14-tägige Zyklus ist zwischen 19 und 85 mm mächtig. Dies ergibt eine Ablagerungsrate von 0,5–2,0 mm kompaktiertem Sediment pro Jahr. Der gesamte Francis Creek Shale wurde demzufolge in 10 bis 50 Jahren abgelagert. Die Gezeitenzyklen sind ein unabhängiger, quantitativer Beweis für eine rasche Sedimentation, die man aufgrund von qualitativen Hinweisen durch Sedimente und Fossilien bereits vermutet hatte.

Vergleich von Mazon Creek mit anderen jungpaläozoischen Lebensgemeinschaften

Calver (1968) erkannte eine Abfolge von küstennahen und -fernen Lebensgemeinschaften in den Schichten des Westphals von Nordengland. Seine Estherien-Gemeinschaft entspricht in groben Zügen der von Braidwood, und seine Myaliniden-Gesellschaft, die vor allem aus *Edmondia* und myaliniden Muscheln besteht, stimmt mit der von Essex überein. Es scheint, dass sich die Faunen oberkarbonischer Deltabereiche stark ähnelten, dass aber in Mazon Creek die weichen Lebewesen, die anderswo durch Vorgänge bei der Einbettung verloren gingen, aufgrund außergewöhnlicher Prozesse erhalten blieben.

Lebensgemeinschaften vom Mazon-Creek-Typ wurden auch in Eisenstein-Konkretionen in anderen Teilen der Erde gefunden, doch hat man sie nirgendwo so genau untersucht. Eine Reihe von Fundstellen in den Britischen Kohlegebieten lieferten gut erhaltene Faunen in ähnlichen Knollen, z. B. Sparth Bottoms (Rochdale), Coseley (West Midlands) und Bickershaw (Lancashire) (Anderson *et al.*, 1997). Eine ähnliche Fauna kommt bei Montceau-les-Mines in Frankreich vor (Poplin & Heyler, 1994). Andere oberkarbonische Lokalitäten steuern weitere Informationen zu unserem Wissen vom Leben in dieser Zeit bei. So ist beispielsweise Nyrany (Tschechien), wo es keine Konkretionen gibt, berühmt für seine außergewöhnlichen Tetrapoden. Schram (1979) argumentierte in einer Arbeit, in der es hauptsächlich um Krebse in nichtmarinen Habitaten des Karbon geht, dass sich stabile, vorhersagbare Vergesellschaftungen kontinuierlich durch diese Zeitperiode hindurch hielten. Die Lebensgemeinschaft des Voltziensandsteins (Kapitel 7) ist eine Verlängerung von Schrams Kontinuum in die Trias hinein (Briggs & Gall, 1990). Es scheint daher, dass die randlich marinen Ökosysteme wenig von dem großen permo-triassischen Aussterbeereignis betroffen waren.

Weiterführende Literatur

Anderson, L.I., Dunlop, J.A., Horrocks, C.A., Winkelmann, H.M. & Eagar, R.M.C. (1997): Exceptionally preserved fossils from Bickershaw, Lancashire, UK (Upper Carboniferous, Westphalian A (Langsettian)). Geological Journal **32**, 197–210.

Baird, G.C., Sroka, S.D., Shabica, C.W. & Kuecher, G.J. (1986): Taphonomy of Middle Pennsylvanian Mazon Creek area fossil localities, northeast Illinois: significance of exceptional fossil preservation in syngenetic concretions. Palaios **1**, 271–285.

Briggs, D.E.G. & Gall, J.-C. (1990): The continuum in soft-bodied biotas from transitional environments: a quantitative comparison of Triassic and Carboniferous Konservat-Lagerstätten. Paleobiology **16**, 204–218.

Calver, M.A. (1968): Distribution of Westphalian marine faunas in northern England and adjoining areas. Proceedings of the Yorkshire Geological Society **37**, 1–72.

Johnson, G.A.L. & Nudds, J.R. (1975): Carboniferous coral geochronometers. 27–42. In Rosenberg, G.D. & Runcorn, S.K.: Growth rhythms and the history of the Earth's rotation. John Wiley, London, 559 S.

Kuecher, G.J., Woodland, B.G. & Broadhurst, F. M. (1990): Evidence of deposition from individual tides and of tidal cycles from the Francis Creek Shale (host rock to the Mazon Creek Biota), Westphalian D (Pennsylvanian), northeastern Illinois. Sedimentary Geology **68**, 211–221.

Nitecki, M.H. (1979): Mazon Creek fossils. Academic Press, New York, 581 S.

Poplin, C. & Heyler, D. (1994): Quand le Massif Central était sous l'Équateur. Un Écosystème Carbonifère à Montceau-les-Mines. Comité des Travaux Historiques et Scientifiques, Paris, 341 S.

Richardson, E.S. & Johnson, R.G. (1971): The Mazon Creek faunas. Proceedings of the North American Paleontological Convention, 5–7 September 1969, Field Museum of Natural History **1**, 1222–1235.

Schram, F.R. (1979): The Mazon Creek biotas in the context of a Carboniferous faunal continuum. 159–190. In Nitecki, M. H.: Mazon Creek fossils. Academic Press, New York, 581 S.

Shabica, C.W. & Hay, A.A. (1997): Richardson's guide to the fossil fauna of Mazon Creek. Northeastern Illinois University, Chicago, xvii + 308 S.

Zangerl, R. & Richardson, E.S. (1963): The paleoecological history of two Pennsylvanian black shales. Fieldiana Geology Memoir **4**, 1–352.

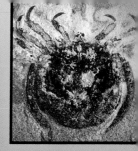

DER VOLTZIEN-SANDSTEIN

Die Perm–Trias-Grenze

In den letzten beiden Kapiteln haben wir erlebt, wie Pflanzen das Land ergrünen ließen, dicht gefolgt von Tieren, die durch das Unterholz huschten. Bis zum Karbon waren üppige tropische Wälder, in denen Bärlappbäume (Lycopodiophytina) und Palmfarne (Cycadopsida) die Flora beherrschten, bereits weit verbreitet. Die Fauna umfasste Amphibien, Insekten und Spinnentiere. Die paläozoischen Ozeane sahen den Aufstieg der Arthropoden (z. B. Trilobiten und Eurypteriden), der planktonischen Graptolithen und der Brachiopoden, und in den tropischen Regionen breiteten sich Korallenriffe aus. Am Ende des Perms, und damit des Paläozoikums, kam es nach einem großen Massenaussterbe-Ereignis – dem größten, das die Erde jemals sah – zu einem plötzlichen Wandel in der Flora und Fauna. Mit dem Übergang zur Trias, und damit zum Mesozoikum, hatte sich das Leben auf der Erde stark verändert. Trilobiten, Eurypteriden und Graptolithen waren ausgestorben; Muscheln und nicht mehr Brachiopoden waren die dominierenden Schalen tragenden Tiere auf dem Meeresboden; Riffe wurden von neuen Korallengruppen aufgebaut; und Gymnospermen (Nacktsamer) beherrschten die Landflora.

Aus dem Perm gibt es nur wenige Fossillagerstätten. In einer Lokalität in Nevada (Buck Mountain) sind Cephalopoden mit Weichteilen erhalten, und für Fossilien von Landtieren ist die südafrikanische Karoo-Supergruppe berechtigterweise berühmt, insbesondere für die Erhaltung von Reptilien, die zu den Säugetieren führten. Die Karoo ist jedoch eine mächtige Gesteinsfolge, die das Perm und die Trias umfasst und deshalb nicht als einzelne Fossillagerstätte betrachtet werden kann. Dieses Kapitel beschreibt die berühmte Lagerstätte des Voltziensandsteins in den nördlichen Vogesen (**118**). Wie in Kapitel 6 erwähnt, zeigen sich einige Ähnlichkeiten zu Mazon Creek – auch der Voltziensandstein wurde in einem Deltabereich abgelagert – doch gibt es

Abweichungen in der Erhaltungsweise, und die Lebewelt der Trias unterschied sich natürlich von der des Karbon.

Entdeckungsgeschichte des Voltziensandsteins

Seit Jahrhunderten baut man in den nördlichen Vogesen triassische Sandsteine als Bausteine (z. B. für das Straßburger Münster, **119**) und zur Herstellung von Mühlsteinen ab. Zusammen mit den Sandsteinen, den Grès à Meules („Mühlstein-Sandsteinen") kommen Tonsteine vor, die den Steinbruchbetreibern lästig sind, die aber viele Fossilien enthalten. Auch in Großbritannien

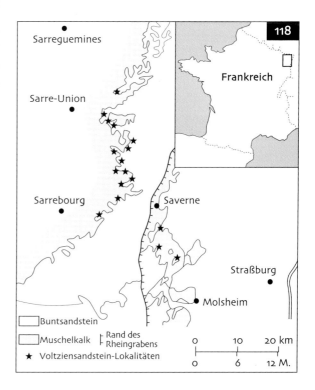

118 Karte mit den Fossilfundstellen im Voltziensandstein in den nördlichen Vogesen, nordwestlich von Straßburg, Frankreich (nach Gall, 1985).

werden triassische Sandsteine (Millstone Grit) großflächig als Bausteine abgebaut, aber nur wenige sind gute Werksteine ohne hervorstechende Körnung, aus denen man in jede Richtung verschlungenes Maßwerk meißeln kann. Außerdem sind die Tongallen, das sind Linsen aus Ton und Silt, die in die Sandsteine eingeschaltet sind, in der britischen Trias stark oxidiert, sodass die Fossilien schlecht erhalten sind. In den Vogesen dagegen herrschten besondere Bedingungen, die eine ausgezeichnete Erhaltung erlaubte. Die systematische Aufsammlung begann Mitte des 20. Jahrhunderts durch Louis Grauvogel von der Louis-Pasteur-Universität in Straßburg. Seine Tochter, die Paläobotanikerin Léa Grauvogel-Stamm, und Jean-Claude Gall waren weitere Mitglieder seiner Forschungsgruppe, die bis heute über den Voltziensandstein und seine Paläoökologie arbeitet.

119 Das gotische Münster von Straßburg wurde aus dem Voltziensandstein der nördlichen Vogesen erbaut.

Stratigraphischer Rahmen und Taphonomie des Voltziensandsteins

Alberti (1834) benannte die Trias nach der Dreigliederung dieser Gesteine in Zentraleuropa: unten der Buntsandstein (Sandstein), in der Mitte der Muschelkalk (ein mariner Kalkstein) und oben der Keuper (Sandstein). In Großbritannien fehlt der Muschelkalk, doch der Name Trias wurde für den internationalen stratigraphischen Gebrauch akzeptiert. Der Voltziensandstein (französisch Grès à Voltzia) liegt in den oberen Abschnitten des Buntsandsteins. Seine untere Einheit, der Grès à Meules, ist ein Feinsandstein. Der obere Abschnitt, der Grès Argileux, ist siltig und kennzeichnet den Beginn der Transgression des Muschelkalkmeers über den Kontinent. Dieses Kapitel beschäftigt sich ausschließlich mit dem Grès à Meules, in dem sich drei verschiedene Fazies unterscheiden lassen (Gall, 1971, 1983, 1985; **120**): (a) dicke Linsen aus feinkörnigen Sandsteinen, manchmal grau oder rosa, meist jedoch bunt, mit Resten von Landpflanzen und Bruchstücken von Amphibienknochen; (b) grüne oder rote Silt- oder Tonlinsen, die aus einer Folge von nur einige Millimeter dicken Lagen bestehen (Laminite) und – hauptsächlich in den grünlichen Lagen – gut erhaltene Fossilien von aquatischen und terrestrischen Organismen enthalten; (c) Bänke aus Kalksandstein (oder einer kalkreichen Breccie) mit einer spärlichen marinen Fauna.

Die Sedimente und die Fossilien deuten auf die Ablagerung in einem Deltabereich hin (Gall, 1971, 1983). Die Sandsteine wurden an Gleithängen stark mäandrierender Flüsse abgelagert; die Tonlinsen ent-

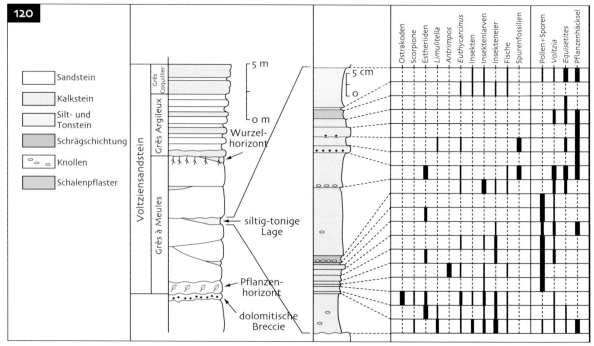

120 Profil des Voltziensandsteins, mit Details eines fossilreichen Horizonts in den Grès à Meules und der relativen Häufigkeit der Fossilien (nach Gall, 1971).

standen durch das Absetzen feinen Materials in brackischen Tümpeln; und die Kalksandsteine waren das Ergebnis von kurzzeitigen Meerwassereinbrüchen bei Stürmen. Die paläogeographische Lage, die roten Sedimente und die Trockenheit tolerierende Landflora deuten auf ein semiarides Klima hin, auch wenn die geringe Meereshöhe dafür spricht, dass das Delta nicht allzu trocken war. Das Klima schwankte wahrscheinlich mit den Jahreszeiten, sodass die Tümpel in der Regenzeit aufgefüllt wurden und während der Trockenzeit austrockneten. Trockenrisse, Reptilienspuren, Steinsalzpseudomorphosen und Landpflanzen in Lebendstellung im oberen Bereich der Tonlinsen zeigen ein vollständiges Verdunsten der Tümpel an. Geht man von unten nach oben durch die Tonlinsen, erkennt man einen Übergang von aquatischen zu terrestrischen Lebensgemeinschaften (Gall, 1983).

Durch das Trockenfallen der Tümpel starb die darin lebende Fauna. Bemerkenswert ist die Häufigkeit von Estherien, denn diese Krebse sind an einen raschen Abbruch ihres Lebenszyklus in episodischen Gewässern angepasst. Die hohen Verdunstungsraten der Gewässer führten zu einer Unterversorgung mit Sauerstoff und damit zum Massensterben der aquatischen Tiere. Die starke Ausbreitung von Mikrobenmatten („Schleier“, Gall, 1990) schützte die Kadaver vor Aasfressern und erzeugte durch die Bildung eines Schleims ein abgeschlossenes Milieu, das die Zersetzung des organischen Materials verhinderte. Die spätere Ablagerung von Schwebstoffen (Ton und Silt) überdeckte die Mikrobenmatten und die Organismen (Gall, 1990).

Durch die Verdichtung der Sedimente wurden viele Fossilien bis zu einem gewissen Grad verdrückt, andere jedoch wurden mit Calciumphosphat ausgefüllt, sodass sie dreidimensional erhalten blieben, was bei Wirbellosen sonst selten passiert. Calciumphosphat kommt in organischem Gewebe vor, nach der Freisetzung wird es schnell von anderen Organismen wieder verwendet. Wegen der besonderen taphonomischen Bedingungen setzte in den Grès à Meules jedoch eine schnelle Phosphatisierung ein. Dafür wird eine Umgebung benötigt, in der wenig Sauerstoff aber viel organisches Material anwesend ist. Die Mikrobenrasen versiegelten das Phosphat, das aus dem organischen Material der verwesenden Tiere freigesetzt wurde und verhinderten so ihre Nutzung durch andere Organismen. Die Zersetzung des organischen Materials führte zu sauren Bedingungen. Dadurch wurden Calciumionen freigesetzt, die mit dem Phosphat zu Apatit reagierten. Hatte sich eine Phosphatknolle gebildet, verhinderte sie ein weiteres Verdrücken des Fossils während der Sedimentverdichtung.

Die Taphonomie des Voltziensandsteins unterscheidet sich damit stark von anderen Fossillagerstätten. Obwohl es zwischen dem Voltziensandstein und Mazon Creek einige Gemeinsamkeiten gibt – zum Beispiel rasche Einbettung, reduzierende Bedingungen und feinkörniges Sediment –, wurden dort weder Mikrobenmatten noch Phosphatisierung beobachtet. Phosphatisierung kommt auch in einigen anderen Lagerstätten vor, z. B. Santana (Kapitel 11), doch lief der Prozess dort anders ab als im Voltziensandstein.

Die Lebensgemeinschaften des Voltziensandsteins

Pflanzen. Der Voltziensandstein wurde nach den häufig vorkommenden Resten der Konifere *Voltzia heterophylla* (**121**) benannt. Das war eine buschige Konifere, die zusammen mit anderen Gymnospermen, etwa *Albertina* (**122**), *Aethophyllum* und *Yuccites*, Dickichte zwischen den Deltaarmen bildete. An den Ufern der Flussläufe wuchs wahrscheinlich eine dichte Vegetation, die an Treibsand und regelmäßige Überflutungen angepasst war, z. B. Schachtelhalme (*Equisetum*, *Schizoneura*). Daneben gab es Farne, wie *Anomopteris* (**123**) und *Neuropteridium*, Palmfarne und Ginkgos. Zusammengeschwemmte Pflanzenhäcksel findet man zwar auch in den Silt-Ton-Laminiten, Reste von Großpflanzen sind aber – ebenso wie Amphibienreste – in den bunten Sandsteinlinsen der Fazies (a) verbreitet.

Cnidaria. Von der Meduse *Progonionemus vogesiacus* kennt man zehn junge bis ausgewachsene Exemplare (Grauvogel & Gall, 1962). Sie hat einen glockenartigen Schirm von 8–40 mm Durchmesser und viele 9–40 mm

121 Die Konifere *Voltzia heterophylla* (GGUS). Maßstab 10 mm.

122 Die Gymnosperme *Albertia*. (GGUS). Die Skala nahe der Basis des Zweiges misst 10 mm.

lange Tentakel. Man kann primäre und sekundäre Tentakel unterscheiden und bei den ausgewachsenen Exemplaren kann man sogar die Gonaden erkennen. *Progonionemus* ist nah mit *Gonionemus* verwandt und gehört zur Gruppe Limnomedusae, die sowohl Süßwasser- als auch Brackwasserformen umfasst.

Brachiopoden. Der inarticulate Brachiopode *Lingula tenuissima* kommt im Grès à Meules vor. *Lingula* lebt eingegraben und besiedelt normalerweise flache Brackwasser-Bereiche, wo articulate Brachiopoden nicht überleben können. Interessanterweise ist *Lingula* in ihrer aufrechten Lebendstellung erhalten. Sie ist also nicht verdriftet worden, sondern hat da gelebt, wo sie gestorben ist (autochthon).

Anneliden. Gall & Grauvogel (1967) haben einige Anneliden beschrieben, darunter die Polychaeten *Eunicites* und *Homaphrodite*. Auch diese marinen Würmer kommen in Gewässern mit schwankenden Salzgehalten vor.

Mollusken. Eine Reihe von Muscheln und Schnecken wurde aus dem Grès à Meules beschrieben, darunter die frei schwimmende Kammmuschel „*Pecten*" und *Myophoria*, die zu den Trigonioiden gehört. Im Allgemeinen sind diese Tiere in den Brackwasser-Tümpeln selten, sie zeigen jedoch an, dass es in zeitlicher und räumlicher Nachbarschaft Salzwasser gab.

Arthropoden. Dies sind die häufigsten Fossilien in den Laminiten. Mit ihren braunen Kutikulen wirken sie bemerkenswert frisch, auch wenn dies wahrscheinlich nicht ihre ursprüngliche Färbung ist. Am zahlreichsten sind solche Arthropoden, die irgendwann in ihrem Lebenszyklus mit Wasser zu tun hatten. Der Schwertschwanz (Pfeilschwanzkrebs, Limulidae) *Limulitella bronni* (**124**) ist häufig in der Fauna des Grès à Meules vertreten. Man findet sowohl seine Spuren (*Kouphichnium*) als auch Reste toter Tiere und Häutungshemden. Schwertschwänze sind vornehmlich marin, werden aber auch weit flussaufwärts gefunden, insbesondere wenn sie zur Paarung in großer Zahl an die Küste kommen. Im Oberkarbon (z. B. Mazon Creek, Kapitel 6) haben sie anscheinend sowohl Süß- als auch Salzwasser toleriert und lebten möglicherweise amphibisch.

Heute sind Schwertschwänze die einzigen vorwiegend im Wasser lebenden Vertreter des Arthropoden-Unterstammes Chelicerata. Im mittleren Paläozoikum lebte eine weitere Cheliceratengruppe, die Skorpione, ebenfalls aquatisch, doch zu Beginn des Karbons hatten sie das Wasser verlassen und sind seitdem terrestrisch. Skorpione aus der urtümlichen, nur fossil bekannten Familie Eoscorpiidae kommen im Grès à Meules vor (**125**), sie sind dort Teil der Landfauna. Eine weitere, vielleicht vertrautere Gruppe von Cheliceraten sind die Araneae, die Spinnen (**126**). Über ein dutzend Arten kennt man aus dem Grès à Meules, die Selden & Gall (1992) als die ältesten Vertreter der mygalomorphen Spinnen (Falltürspinnen, Trichternetzspinnen und

123 Der Farn *Anomopteris* (GGUS). Der Farnwedel ist etwa 140 mm breit.

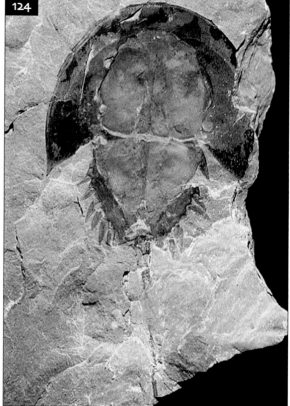

124 Der Schwertschwanz *Limulitella bronni* (GGUS). Die Länge des Tieres beträgt inklusive Schwanzstachel 55 mm.

Taranteln) beschrieben haben. Eine einzige Art, *Rosamygale grauvogeli*, wurde der modernen Familie Hexathelidae zugeordnet. Das ist eine vornehmlich auf der Südhalbkugel heimische Familie, auch wenn einige Arten im Mittelmeerraum vorkommen.

Unter den Krebsen tritt der Notostrake *Triops cacriformis* im Grès à Meules auf. Heutzutage sind diese Tiere charakteristisch für episodische Tümpel und so

überrascht ihr Vorkommen in den temporären Gewässern der Grès-à-Voltzia-Umgebung nicht. Conchostraken (Estherien) sind ebenfalls zahlreich. Diese kleinen doppelklappigen Krebse werden häufig in Seen und anderen nichtmarinen Habitaten gefunden. Weitere Krebse des Grès à Meules sind die myside Garnele *Schimperella*, die isopode *Palaega pumila* (Gall & Grauvogel, 1971) und einige Flusskrebse: *Antrimpos* (**127**), eine vorwiegend nektonische Form, und der benthische *Clytiopsis*. Diese Krebse, von denen viele erstmalig von Bill (1914) beschrieben wurden, sind häufige Vertreter der Fauna in den episodischen Tümpeln.

Eine Gruppe recht merkwürdiger Krebse sind die ausgestorbenen Cycloidea. Sie waren vom frühen Karbon bis in die Kreide weltweit verbreitet. Im Grès à Meules kommt die Gattung *Halicyne* (**128**) vor. Cycloide ähneln modernen Fischläusen und werden von einigen Paläontologen für externe Fischparasiten gehalten. Sie haben einen nahezu runden Panzer und kleine Beinchen, die unter diesem hervorstehen.

Myriapoden sind durch einige recht schön erhaltene Tausendfüßer (**129**) vertreten, die erst noch formal beschrieben werden müssen. Tausendfüßer sind heute wichtige Verwerter von Pflanzenresten.

125 Ein Skorpion aus den Grès à Meules (GGUS). Die Körperlänge beträgt 60 mm.

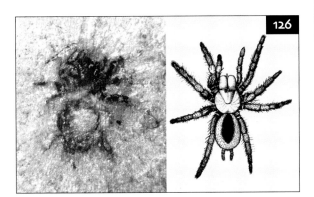

126 Die Trichternetzspinne *Rosamygale grauvogeli*. Foto (links) und Rekonstruktion (rechts) (GGUS). Länge etwa 6 mm (nach Selden & Gall, 1992).

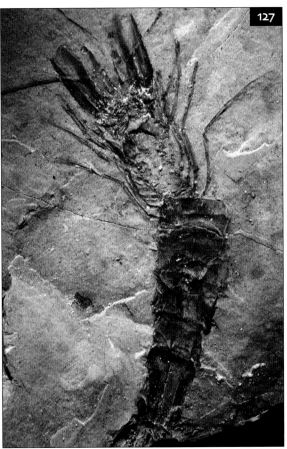

127 Der Flusskrebs *Antrimpos* (GGUS). Länge (ohne Antennen) 50 mm.

Die Euthycarcinoidea (siehe **94**) waren eine Arthropodengruppe, die wahrscheinlich vom Kambrium, wo man nur einige Spuren gefunden hat, bis in die Trias vorkam. Sie sahen zwar krebsartig aus, hatten aber auch einige Gemeinsamkeiten mit den Insekten. Die Tiere hatten einen Kopf mit Antennen, einen langen Körper mit vielen Beinen, einen kurzen Hinterleib und einen stachelartigen Schwanz. Aus dem Grès à Meules kennt man ein einzelnes Exemplar von *Euthycarcinus*. Sie waren die ersten Euthycarcinoiden, die je beschrieben worden sind, und gehören zu den jüngsten bekannten Vertretern dieser Gruppe (Wilson & Almond, 2001).

Insekten sind im Grès à Meules mit aquatischen und terrestrischen Formen vertreten. Viele terrestrische Insekten haben aquatische Larvenstadien. Diese sind in den Schichten zahlreich (**130, 131**) und sprechen eher für Süß- als für Brackwasser. Zu den Insekten gehören: Ephemeroptera (Eintagsfliegen), Odonata (Libellen, mit einer großen Art), Blattodea (Schaben), Coleoptera (Käfer), Mecoptera (Schnabelfliegen), Diptera (eigentliche Fliegen) und Hemiptera (Wanzen).

Neben ausgewachsenen Tieren und Larven von Insekten und Krebsen wurden im Grès à Meules massenweise Eier dieser Arthropoden gefunden. Gall & Grauvogel (1966) haben eine ganze Reihe verschiedener Arten von Eiern (*Monilipartus, Clavapartus, Furcapartus*) beschrieben, die am ehesten denen von chironomiden Mücken gleichen. Sie sehen aus wie kleine dunkle runde oder ovale Punkte und kommen in Ketten (*Monilipartus*) oder in kompakten Paketen vor (*Clavapartus, Furcapartus*), so als wären sie zu Lebzeiten von Schleim ummantelt gewesen. Einige Eier kommen auch innerhalb oder zusammen mit Conchostraken vor und könnten deren Gelege sein.

Fische. Im Grès à Meules kommen einige Fische vor, besonders häufig als Jungtiere. Actinopterygier sind durch ein einzelnes Exemplar von *Saurichthys*, viele Exemplare (v. a. Jungtiere) von *Dipteronotus* (**132**) und einige dutzend Exemplare des Holostiers *Pericentrophorus* vertreten. Auch Schuppen von Coelacanthiern kommen vor. All diese Fische waren nektonische, d. h. eher frei schwimmende als am Boden lebende Formen. Die Eiertaschen von Haien, *Palaeoxyris*, die auch in Mazon Creek vorkommen, sind im Grès à Meules ebenso häufig wie die Gelege anderer Fische.

Tetrapoden. Die Reste von Amphibien sind in der Sandsteinfazies (a) recht häufig. Sie wurden den capitosauriden *Odontosaurus* und *Eocyclotosaurus* zugeordnet. Dies waren aquatische Tiere mit abgeflachten dreieckigen Köpfen, die vollständig auf die Trias beschränkt waren. Reptilienreste sind selten im Voltziensandstein, doch Chirotherien-Spuren, die in der Trias von England und Deutschland häufig sind, liefern Hinweise auf die Anwesenheit relativ großer Tiere.

Paläoökologie des Voltziensandsteins

Viele Lebewesen des Voltziensandsteins müssen noch systematisch beschrieben werden. Im Gegensatz dazu ist die Paläoökologie der Lagerstätte gut erforscht. Das Gesamtbild wurde vor allem von Jean-Claude Gall von der Universität Straßburg (Gall, 1971) erarbeitet. Das Ineinandergreifen der drei Faziesbereiche im unteren Voltziensandstein deutet auf eine Ablagerung in einem komplexen Deltabereich in Meeresnähe hin. Folgt man der wechselnden Fazies nach oben, erkennt man den langsamen Übergang von einer Überschwemmungsebene zu einem Delta und schließlich die marine Transgression durch das Muschelkalkmeer.

Die Fazies (a) des Grès à Meules stellt Flussarme im Deltabereich dar. Einige Meter dicke Linsen aus rosa oder grauen Sandsteinen mit einer erosiven Basis repräsentieren Sandbänke. Dagegen werden gröbere, schlecht sortierte Sandsteine mit Resten von Pflanzen und Amphibien sowie Tonflatschenkonglomeraten als Ablagerungen an Durchbruchsfächern gedeutet. Landnah abgelagerte Sandsteine enthalten gröbere Knochen- und Vegetationsreste als die landferneren.

Die Fazies (b) zeigt Merkmale episodischer Tümpel. In den Sandsteinen kommen Linsen aus grünen und roten siltigen Tonen vor. Sie bestehen aus einer Abfolge gradierter Schichten, die gewöhnlich nur wenige Millimeter dick sind. Das Sediment wurde nach Überschwemmungen durch Flüsse oder durch besonders hohe Gezeiten abgelagert. Steinsalzpseudomorphosen und Trockenrisse sprechen für Austrocknung, d. h. periodisches Auftauchen; erhöhte Salzgehalte schlagen sich in den hohen Bor-Gehalten der Tonminerale nieder (Gall, 1985). Einzelne Tümpel bestanden wahrscheinlich nur für sehr kurze Zeit – wenige Wochen bis mehrere Monate. In einer 60 cm mächtigen Linse

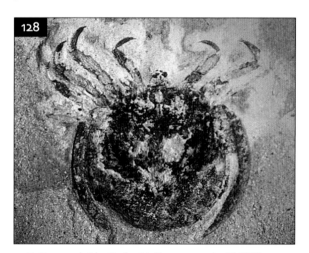

128 Der cycloide Krebs *Halicyne ornata* (GGUS). Breite des Körpers 15 mm.

129 Ein juliformer Tausendfüßer (GGUS). Länge etwa 50 mm.

wurde anscheinend ein ganzer Jahreszyklus eines Gymnospermen, vom Blütenstand bis zum Samen, überliefert (Gall, 1971). Die oberen Bereiche der feinkörnigen Linsen zeigen meist Anzeichen für Trockenfallen, wie Trockenrisse oder Spuren von Pflanzenwurzeln (Gall, 1971, 1985). Aquatische Organismen sind nahe der Linsenbasis konzentriert, was Zeiten widerspiegelt, in denen das Wasser tiefer und beständiger war. Innerhalb der Linsen zeigen dramatische Wechsel in der Faunenzusammensetzung von einer Lage zur nächsten (Gall, 1971), dass mit jedem Wassereinbruch – und dem dazugehörigen Sediment – eine neue Gemeinschaft aufblühte. Es ist sicher, dass die aquatische Fauna autochthon ist und die terrestrischen Lebewesen aus der unmittelbaren Umgebung der stehenden Tümpel stammten. Hinweise darauf sind die Erhaltung von Organismen in Lebendstellung (z. B. *Lingula*), die Abwesenheit von jeglicher Einregelung durch Strömungen, die Anwesenheit von Larven und adulten Formen in einer Vergesellschaftung und die Konzentration von Lebewesen in vormaligen Resttümpeln. Die durch euryhaline, d. h. unterschiedliche Salzgehalte tolerierende, Organismen geprägte Fauna ging später wahrscheinlich durch Veränderungen des Sauerstoffgehalts zugrunde, die durch eine abnehmende Gewässergröße

durch Verdunstung bedingt waren. Es gibt manchmal deutliche Hinweise auf Massensterben.

Die Fazies (c), Kalksandsteine oder karbonatische Breccien, stellt kurzzeitige Meereseinbrüche dar. Die karbonatischen Breccien sind Sturmablagerungen, die selteneren Linsen von Kalksandsteinen, in denen Schnecken vorkommen, deuten auf gelegentliche kleinere marine Transgressionen hin.

Das Szenario, das man sich für das Delta des Voltziensandsteins vorstellen kann, besteht aus Dickichten von Nacktsamern (z. B. *Voltzia*, *Yuccites*) und Bärlappgewächsen (z. B. *Pleuromeia*) auf sandigen Substraten. Dazwischen wuchsen Schachtelhalme und Farne (z. B. *Neuropteridium*, *Anomopteris*). Die Vegetation war offenbar auf wenige Arten beschränkt nämlich solche, die auf relativ instabilem Sand wurzeln und Überflutungen überleben oder sich danach wenigstens schnell wieder ansiedeln konnten. In dieser Vegetation lebte eine ebenfalls artenarme Fauna aus Insekten (meist solche mit aquatischen Larven), Tausendfüßern, Skorpionen, Spinnen (*Rosamygale*), Amphibien und Reptilien. In den Brackwasser-Tümpeln herrschte reges Leben, doch die Vielfalt war gering und viele Tiere waren euryhalin. Die Fauna umschloss Medusen (*Progonionemus*), polychaete Anneliden, *Lingula*, einige Muscheln, *Limulitella*, Krebse (z. B. Conchostraken, *Triops*, *Schimperella*, *Antrimpos*, *Clytiopsis*, *Halicyne*), Euthycarcinoiden, Fische (z. B. *Dipteronotus*), sowie Insekteneier (z. B. *Monilipartus*) und -larven. Gall (1985, Abb. 8, 9) rekonstruierte die Paläoökologie der Grès à Meules.

Eine geringe Vielfalt ist sowohl für die semiariden, terrestrischen Gemeinschaften als auch für die des Brackwassers typisch, und es scheint, dass dank der außergewöhnlichen Erhaltung der weichen Organismen, nur wenige Lebewesen in dieser Rekonstruktion fehlen. Außerdem war das gering diverse, sandige, semiaride Ökosystem ab der Trias weit verbreitet und kommt, wenn auch mit einer etwas anderen Artenzusammensetzung, bis heute vor.

Vergleich des Voltziensandsteins mit anderen Lebensgemeinschaften

Briggs & Gall (1990) führten einen quantitativen Vergleich der Lebensgemeinschaft des Voltziensandsteins mit vier wichtigen karbonischen Lagerstätten durch, um Schrams (1979) Konzept des faunistischen Kontinuums innerhalb der Karbon-Lagerstätten zu überprüfen und zu erweitern. Ein wichtiger Aspekt dieser

130 Insektenlarve (GGUS). Körperlänge etwa 17 mm.

131 Insektenlarve (GGUS). Länge (mit Schwanz) etwa 15 mm.

132 Jungtier von *Dipteronotus* (GGUS). Länge 35 mm.

Arbeit war, nicht nur die Zusammensetzung der Faunen, sondern auch die stratigraphische Position – besonders beim Vergleich von Gemeinschaften vor und nach einem Aussterbeereignis –, Unterschiede in der Paläoumwelt und Erhaltungseffekte zu bewerten. Die Autoren verglichen den Voltziensandstein mit der namurischen Bear-Gulch-Subformation der Heath-Formation aus Montana, der stephanischen Montceau-les-Mines-Lagerstätte aus Frankreich, den unterkarbonischen Glencartholm-Volcanic-Beds aus Schottland und der westphalischen Mazon-Creek-Fauna aus Illinois und benutzten dabei einen neuen Ähnlichkeitskoeffizienten. Es zeigte sich, dass der Voltziensandstein Mazon Creek ähnlicher war als anderen Lagerstätten. Die Reihenfolge ist (mit absteigender Ähnlichkeit): Glencartholm, Bear Gulch und Montceau-les-Mines.

Das stratigraphische Alter hatte nur wenig Einfluss auf das Ergebnis: Glencartholm ist stratigraphisch am weitesten vom Voltziensandstein entfernt, hat aber die zweitähnlichste Fauna. Dagegen ist die jüngste (und geografisch nächstgelegene) Fauna am unähnlichsten. Die Taphonomie ist wichtig, da mit besserer Erhaltung mehr Taxa erhalten blieben. So ist zum Beispiel die Erhaltung von Glencartholm nicht gut genug, um Organismen ohne irgendeine Art von Kutikulen zu überliefern. Medusen, Polychaeten und viele terrestrische Formen, wie Spinnen und Insekten, fehlen daher in dieser Lagerstätte. Der Faktor, der sich als der einflussreichste bei der Ermittlung der Ähnlichkeit herausstellte, war die Paläoumwelt. Sedimentologische Hinweise aus Mazon Creek (Kapitel 6) und dem Voltziensandstein deuten auf Umweltbedingungen hin, die von einem terrestrischen zu einem marin beeinflussten Delta überleiten. Taxonomische Gruppen, die in beiden Lagerstätten häufig vorkommen, sind Medusen, Brachiopoden, Polychaeten, Muscheln und Gastropoden, Schwertschwänze, Skorpione, Spinnen, Ostrakoden, Krabben, Cycloiden, Euthycarcinoiden, Tausendfüßer, Insekten, Fische und Tetrapoden. Organismen, die gut an sich verändernde Bedingungen angepasst waren, z. B. euryhaline Arten oder Pflanzen, die auf instabilen Böden lebten, zeigen auf dem Familienniveau oder auf niedrigeren systematischen Stufen starke Übereinstimmungen zwischen den Lagerstätten. Sie waren nur wenig von dem Massenaussterbeereignis am Ende des Perms betroffen. Die Hauptunterschiede zwischen Mazon Creek und dem Voltziensandstein liegen bei den höheren Krebsen und den Insekten. Viele von ihnen scheinen Formen zu sein, die erst im Perm auftraten und sich über die Perm–Trias-Grenze hinweg in verschiedene Richtungen entwickelten, als viele paläozoische Formen ausstarben. Briggs & Gall (1990) folgerten daher, dass es eine auffällige Kontinuität zwischen den Faunen und Floren in den Übergangsumgebungen des Karbon und der Trias gibt.

Weiterführende Literatur

Bill, P.C. (1914): Über Crustaceen aus dem Voltziensandstein des Elsasses. Mitteilungen der Geologisches Landesanstalt von Elsass-Lothringen **8**, 289–338.

Briggs, D.E.G. & Gall, J.-C. (1990): The continuum in soft-bodied biotas from transitional environments: a quantitative comparison of Triassic and Carboniferous Konservat-Lagerstätten. Paleobiology **16**, 204–218.

Gall, J.-C. (1971): Faunes et paysages du Grès à Voltzia du nord des Vosges. Essai paléoécologique sur le Buntsandstein supérieur. Mémoires du Service de la Carte Géologique d'Alsace et de Lorraine **34**, 1–318.

Gall, J.-C. (1972): Fossil-Lagerstätten aus dem Buntsandstein der Vogesen (Frankreich) und ihre ökologische Deutung. Neues Jahrbuch für Geologie und Paläontologie, Monatshefte 1972, 285–293.

Gall, J.-C. (1983): The Grès à Voltzia delta. 134–148. In Gall, J.-C.: Ancient sedimentary environments and the habitats of living organisms. Springer-Verlag, Berlin, xxii + 219 S.

Gall, J.-C. (1985): Fluvial depositional environment evolving into deltaic setting with marine influences in the Buntsandstein of northern Vosges. 449–477. In Mader, D.: Aspects of fluvial sedimentation in the Lower Triassic Buntsandstein of Europe. Lecture Notes in Earth Sciences 4. Springer-Verlag, Berlin, viii + 626 S.

Gall, J.-C. (1990): Les voiles microbiens. Leur contribution à la fossilisation des organismes au corps mou. Lethaia **23**, 21–28.

Gall, J.-C. & Grauvogel, L. (1966): Ponts d'invertébrés du Buntsandstein supérieur. Annales de Paléontologie (Invertébrés) **52**, 155–161.

Gall, J.-C. & Grauvogel, L. (1967): Faune du Buntsandstein. III. Quelques annélides du Grès à Voltzia des Vosges. Annales de Paléontologie (Invertébrés) **53**, 105–110.

Gall, J.-C. & Grauvogel, L. (1971): Faune du Buntsandstein. IV. Palaega pumila sp. nov., un isopode (Crustacé Eumalacostracé) du Buntsandstein des Vosges (France). Annales de Paléontologie (Invertébrés) **57**, 77–89.

Gall, J.-C. & Grauvogel-Stamm, L. (1984): Genèse des gisements fossilifères du Grès à Voltzia (Anisien) du nord du Vosges (France). Géobios, Mémoire Special **8**, 293–297.

Grauvogel, L. & Gall, J.-C. (1962): *Progonionemus vogesiacus* nov. gen., nov. sp., une méduse du Grès à Voltzia des Vosges septentrionales. Bulletin du Service de la Carte Géologique d'Alsace et de Lorraine **15**, 17–27.

Grauvogel-Stamm, L. (1978): La flore du Grès à Voltzia (Buntsandstein supérieur) des Vosges du Nord (France): morphologie, anatomie, interprétations phylogénique et paléogéographique. Mémoires des Sciences Géologiques, n. 50. Institut de Géologie de l'Université Louis Pasteur, Strasbourg.

Schram, F.R. (1979): The Mazon Creek biotas in the context of a Carboniferous faunal continuum. 159–190. In Nitecki, M.H.: Mazon Creek Fossils. Academic Press, New York, 581 S.

Selden, P.A. & Gall, J.-C. (1992): A Triassic mygalomorph spider from the northern Vosges, France. Palaeontology **35**, 211–235.

Wilson, H.M. & Almond, J.E. (2001): New euthycarcinoids and an enigmatic arthropod from the British Coal Measures. Palaeontology **44**, 143–156.

HOLZ-MADEN

Kapitel Acht

Revolution in den mesozoischen Meeren

Seit der späten Trias, als an Land die Dinosaurier dominierten und die Pterosaurier die Luft eroberten, fand in den Meeren eine Revolution statt. Als der Superkontinent Pangaea zu zerbrechen begann, stieg der Meeresspiegel an, und weite Bereiche wurden von epikontinentalen Meeren eingenommen, die tief liegende Landflächen überfluteten und in denen Korallenriffe vor Leben strotzten. In solchen Lebensräumen voll potenzieller Beute breiteten sich rasch Meeresreptilien wie Ichthyosaurier, Plesiosaurier, Krokodile und Schildkröten aus und beherrschten die Ozeane.

Ichthyosaurier und Plesiosaurier sind nicht nah miteinander verwandt, gehörten aber beide vermutlich zu einer Gruppe von diapsiden Reptilien (mit zwei Schläfenfenstern), den Schuppenechsen (Lepidosauria), zu denen auch die heutigen Echsen und Schlangen zählen. Krokodile sind diapside Archosaurier (zusammen mit Pterosauriern und Dinosauriern), während Schildkröten zu den primitiveren anapsiden Reptilien (ohne Schläfenfenster) gehören.

Ichthyosaurier (Fischechsen) hatten Fischgestalt (**138**) und waren mit ihren stromlinienförmigen Körpern und paddelartigen Gliedmaßen vollständig an das Leben im Wasser angepasst. Sie ähnelten modernen Haien, die zu den Fischen gehören, und Delfinen, bei denen es sich um Säugetiere handelt. Ihre langen, spitzen Schnauzen waren mit scharfen, kegelförmigen Zähnen besetzt. Die Hauptnahrung bildeten Fische und Cephalopoden (Kopffüßer). Nach ihren großen Augenhöhlen zu urteilen konnten sie gut sehen – vielleicht notwendig in den trüben Jurameeren. Ein Ring aus knöchernen Platten um die Augen, der sklerotische Ring, könnte dazu gedient haben, wie bei einem Zoomobjektiv die Brennweite zu verändern. Sie schwammen wie Haie durch Seitwärtsbewegungen ihres flexiblen Körpers und des kräftigen Schwanzes. Die kleinen Vorderflossen dienten zur Steuerung, die Rückenflosse zur Lagestabilisierung. Sie waren so gut an das Leben im Meer angepasst, dass sie im Unterschied zu den meisten anderen Meeresreptilien nicht an Land gehen mussten, um ihre Eier abzulegen. Stattdessen brachten sie lebende Junge zur Welt (wie Wale und die meisten Haie).

Plesiosaurier (Ruderechsen) waren wahre Giganten der mesozoischen Ozeane mit breitem, abgeflachtem Körper (**141**) und zwei Paaren paddelartiger Gliedmaßen, mit denen sie durchs Wasser ruderten oder ähnlich wie Meeresschildkröten und Pinguine unter Wasser „flogen". Der Schwanz diente lediglich als Steuer.

Es gab zwei Gruppen. Die echten Plesiosaurier hatten lange, biegsame Hälse (mit bis zu 72 Halswirbeln) und sehr kleine Köpfe. Sie ernährten sich hauptsächlich von kleinen Fischen in küstennahen Gewässern und stießen dazu mit ihrem Hals wie eine Schlange nach ihrer Beute. Die schlanken, spitzen Zähne waren homodont, d. h. alle gleichförmig. Die zweite Gruppe, die Pliosaurier, unterschied sich durch größere Köpfe (bis 4 m) und kürzere Hälse (nur bis zu 13 Halswirbel), v. a. aber durch ihre heterodonte Bezahnung, d. h. sie hatten verschiedene Zähne. Die gigantischen, bis zu 13 m langen Pliosaurier waren die größten Raubtiere in den jurassischen Ozeanen und jagten in der offenen See nach anderen Meeresreptilien, ähnlich wie sich Schwertwale heute von kleineren Walen und Robben ernähren. Möglicherweise krochen die Plesiosaurier zur Eiablage mit ihren kräftigen Paddeln an Land.

Archosaurier drangen nur ein einziges Mal ins Meer vor: mit der kurzlebigen Gruppe der Meereskrokodile im Jura. Krokodile und Alligatoren sind wohl die erfolgreichsten vierbeinigen Jäger, die jemals auf der Erde gelebt haben. Sie können sehr gut laufen und schwimmen und ihre Beute sowohl im Wasser als auch an Land jagen. Viele Krokodile des Jura gehörten zur semiaquatischen Gruppe der Teleosaurier, die den heutigen Gavialen des Ganges in Indien ähnelten. Aus den Teleosauriern ging eine hoch spezialisierte marine Gruppe hervor, die Metriorhynchiden, die im späten Jura aufblühten und bis in die frühe Kreidezeit existierten. Sie zeigen so charakteristische Anpassungen an die marine Lebensweise, dass sie von einigen Experten als eigene Gruppe betrachtet werden: die Thalattosuchier oder Meereskrokodile. Sie waren ungepanzert, ihre Gliedmaßen waren zu Schwimmpaddeln umgebildet und der Schwanz bildete eine fischartige Flosse, die der von Ichthyosauriern glich. Die Metriorhynchiden waren Jäger der offenen Meere. In ihren Mägen fand man unverdaute Flugsaurierknochen und Tentakelhaken von Belemniten oder Kalmaren.

Neben den vorherrschenden Ichthyosauriern, Plesiosauriern und Krokodilen gab es in den Ozeanen des Jura auch Schildkröten und eine Vielzahl von Fischen, die ihre eigene Radiation, d. h. eine explosionsartige Evolution, durchliefen. Hierzu gehören die Actinopterygier (Strahlenflosser), die Sarcopterygier (Fleischflosser) und die Chondrichthyer (Knorpelfische) (siehe Kapitel 4). Während die meisten Actinopterygier des frühen Jura zu den ursprünglichen Gruppen der Holostei (Knochenganoiden, d. h. Knochenfische mit Ganoidschuppen) oder der Chondrostei (Knorpelganoiden wie Störe) gehörten, übernahm am Ende des Jura eine neue Gruppe fortschrittlicher Fische die Vorherrschaft: die Teleostei (moderne Knochenfische).

Unterjurassische Ökosysteme kennt man von vielen Stellen in Europa. Doch in der Umgebung des kleinen Ortes Holzmaden auf der Schwäbischen Alb in Baden-Württemberg (**133**) ist in den dunklen, bitumenreichen Mergeln des Posidonienschiefers eine vielfältige und oft vollständig erhaltene Lebensgemeinschaft überliefert. Alle Hauptgruppen von Meeresreptilien und Fischen sind vorzüglich erhalten geblieben, und häufig sind die Umrisse von Haut und weichem Körpergewebe deutlich erkennbar. Außerdem finden sich vereinzelt Flugsaurier und Dinosaurier sowie eine ganze Reihe von marinen Wirbellosen. Unter Letzteren sind besonders die Cephalopoden der Gruppe Coleoidea wie Kalmare und Belemniten zu erwähnen, die manchmal vollständig mit Tintenbeutel und Tentakeln erhalten sind.

Erkundungsgeschichte und Abbau des Posidonienschiefers

In der Umgebung von Holzmaden, Ohmden, Zell und Bad Boll südwestlich von Stuttgart, wird seit dem Ende des 16. Jahrhunderts Schieferton abgebaut. Anfänglich wurde der auch „Fleins" genannte Schieferton zum Dachdecken und Pflastern benutzt, doch wegen seiner geringen Verwitterungsbeständigkeit beschränkte man seine Verwendung auf das Hausinnere, beispielsweise für Feuerstellen, Kamine, Fenstersimse, Wandverkleidungen, Bodenbeläge und Labortische. Bei Holzmaden bildet der Fleins eine regelmäßige 18 cm mächtige Schicht, die sich auf vier gleichmächtige Lagen aufteilt. Innerhalb der Abfolge wurde auch Kalkstein als Baumaterial für Keller abgebaut.

Der Schieferton selbst ist reich an Bitumen, er enthält bis zu 15 % organisches Material. Das führte in der Vergangenheit zu einigen gefährlichen Feuern in vernachlässigten Tagebauen. Im Jahre 1668 brannte eine Schiefergrube bei Bad Boll über sechs Jahre. Während dieser Zeit trat Öl aus dem brennenden Schieferton aus, das man vor Ort verkaufte. Das letzte große Feuer im Fleins brannte von 1937 bis 1939 bei Holzmaden.

In Notzeiten und insbesondere während des Ersten Weltkriegs wurde der Schieferton, der bis zu 8 % Öl enthält, von Firmen wie dem Jura-Ölschieferwerk in Göppingen als alternative Energiequelle genutzt. Nach dem Krieg hat man die Produktion eingestellt, doch bis heute dient der Schieferton in den Portland-Zementwerken bei Balingen als Heizquelle bei der Herstellung von Zement aus Weißjura-Kalksteinen und Lias-Mergeln. Kurz vor dem Zweiten Weltkrieg produzierte man dort auch Öl als Nebenprodukt, und während des Krieges wurde erneut eine Fabrik zur Rohölproduktion aus Schieferton errichtet. Öl und Teer aus dem Posidonien-schiefer werden heute in der pharmazeutischen Industrie verwendet, und bei Bad Boll wird der Schieferton fein gemahlen und als medizinischer Schlamm vermarktet.

Der manuelle Abbau früherer Jahre förderte viele bemerkenswerte Fossilien aus dem Posidonienschiefer zutage. Im Jahre 1939 waren 30 Steinbrüche in Betrieb, doch während des Zweiten Weltkriegs kam die Arbeit fast vollständig zum Erliegen. Im Jahre 1950 wurden rund 20 Steinbrüche wieder eröffnet, doch seitdem litt

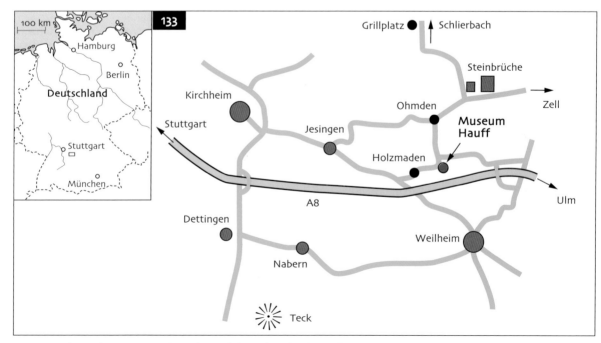

133 Umgebungskarte von Holzmaden auf der Schwäbischen Alb in Süddeutschland.

134 Steinbruch im Posidonienschiefer (Schieferbruch Kromer) bei Ohmden auf der Schwäbische Alb in Süddeutschland.

135 Laminierte bituminöse Mergel mit zwischengelagerten Kalksteinen im Schieferbruch Kromer, Ohmden.

die Industrie unter der Konkurrenz von importiertem Schiefer, Marmor und synthetischen Materialien. Heutzutage bestehen nur noch eine Hand voll Steinbrüche (**134**). Da deren Arbeitsabläufe weitgehend automatisiert sind, werden weniger Fossilien geborgen. Das Gebiet steht heute unter Naturschutz, doch einige Steinbrüche stehen Sammlern offen.

Die ersten Fossilien wurden im Jahre 1595 bei Aushüben in der Gegend von Bad Boll gefunden, doch erst ein sensationeller Fund im Jahre 1892 erregte die Aufmerksamkeit einer breiteren wissenschaftlichen Öffentlichkeit. Bernhard Hauff (1866–1950), Sohn eines Chemikers, der wegen seines Interesses an der Ölgewinnung aus Schieferton nach Holzmaden gekommen war, fand viele neue Fossilien im Steinbruch seines Vaters und präparierte diese akribisch. Im Jahre 1892 gelang es ihm, einen vollständigen fossilen Ichthyosaurier mit Haut freizuzegen. Vorherige Rekonstruktionen zeigten Ichthyosaurier ohne Rückenflosse und mit einem langen, dünnen Schwanz. Doch das Exemplar von Hauff bewies das Vorhandensein einer dreieckigen Rückenflosse und eines fleischigen oberen Lappens der Schwanzflosse, die beide nicht von Skelettmaterial gestützt wurden.

Um die besten Fossilien dieser außergewöhnlichen Lagerstätten auszustellen, errichteten Bernhard Hauff und sein Sohn Bernhard Hauff junior (1912–1990) bei Holzmaden das Urweltmuseum Hauff (Hauff & Hauff, 1981).

Stratigraphischer Rahmen und Taphonomie des Posidonienschiefers

Der Posidonienschiefer besteht bei Holzmaden aus 6–8 m mächtigen schwarzen, bitumenreichen Mergeln (**135**), in die Kalksteine eingeschaltet sind. Das Alter wird mit frühem Toarc angegeben (Unterjura, Lias; *Dactylioceras tenuicostatum*-, *Harpoceras falcifer*- und *Hildoceras bifrons*-Zonen; etwa 180 Millionen Jahre vor heute). Der Tübinger Geologe August Quenstedt gliederte den Unterjura der Schwäbischen Alb in sechs Einheiten, die er alpha bis zeta nannte. Der Schieferton von Holzmaden fällt in den Lias epsilon (ε).

Er wurde weiter in eine untere (εI), eine mittlere (εII) und eine obere (εIII) Einheit unterteilt (Hauff & Hauff, 1981, S. 10) (**136**). Der Fleins tritt im mittleren

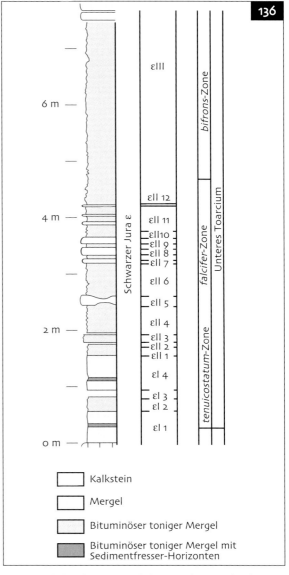

Kalkstein

Mergel

Bituminöser toniger Mergel

Bituminöser toniger Mergel mit Sedimentfresser-Horizonten

136 Profil durch einen Teil der Posidonienschiefer-Folge bei Holzmaden (nach Wild, 1990).

Lias ε (εII 3) auf. Darüber folgt der „Untere Schiefer" (εII 4), aus dem das Öl gewonnen wurde; aus dessen unteren Abschnitten stammen auch die besten Fossilien, einschließlich der Ichthyosaurier mit Weichteilerhaltung von Haut und Muskeln. Darüber folgt der „Untere Stein" (εII 5), ein harter und verwitterungsbeständiger Kalkstein, der früher als Baustein genutzt wurde und gut erhaltene fossile Fische enthält. Der „Obere Stein" (εII 8) ist ein weiterer Kalksteinhorizont und zwischen diesen beiden liegt der „Schieferklotz" (εII 6), in dem die meisten Krokodile gefunden wurden. Über diesen Schichten werden die einzelnen Lagen unregelmäßiger. Der „Wilde Schiefer" (εIII) besteht aus weichen graublauen Tonsteinen, die von West nach Ost auf bis zu 7 m Mächtigkeit ansteigen. In seinen unteren Abschnitten findet man eine große Zahl zusammengedrückter Ammoniten, während Wirbeltiere sehr selten sind.

Zu Beginn des Jura war die Schwäbische Alb von einem ausgedehnten Epikontinentalmeer bedeckt, das nach und nach eine Verbindung zum Tethysmeer im Süden erlangte. Das große Meer überflutete weite Teile Nordeuropas, es war durch flache Bereiche und Inseln in eine Reihe von Becken gegliedert. Der Posidonienschiefer aus der Gegend von Holzmaden lag im Süddeutschen Becken zwischen der Ardennischen Insel im Westen und dem Vindelizischen Land bzw. der Böhmischen Masse im Süden und Osten (Hauff & Hauff, 1981, Abb. 4).

Die dunkle Farbe des feinkörnigen Mergels rührt zum einen von fein verteiltem Pyrit her und zum anderen von einem hohen Anteil (bis 15 %) an fester organischer Substanz (Kerogen und Polybitumen). Zusammen deuten sie auf die Ablagerung in einem stagnierenden Becken hin, in dem ein Mangel an Sauerstoff und ein Überschuss an Schwefelwasserstoff (H_2S) herrschte. Wie der Burgess Shale (Kapitel 2) und der Plattenkalk von Solnhofen (Kapitel 10) sind die Mergel fein laminiert, wobei einzelne Lagen über weite Strecken

aushalten, was ebenfalls für eine Ablagerung im Stillwasser spricht. Im Sediment gibt es keine Anzeichen für Bioturbation (Durchmischung durch Tiere). Benthische Lebewesen sind extrem selten und beschränken sich auf einige Seeigel, Krebse und grabende Muscheln.

Am Grund herrschten eindeutig lebensfeindliche Bedingungen. Das Fehlen von Bodenströmungen führte zu anoxischen Bedingungen mit so wenig Sauerstoff, dass Leben außer für anaerobe Bakterien, die ohne Sauerstoff existieren können, unmöglich war. Die Zersetzung von totem organischem Gewebe durch aerobe Bakterien wurde somit verhindert. Eine Zufuhr von Süßwasser gab es im Süddeutschen Becken nur in den oberen Wasserschichten. Diese gut durchlüfteten und nährstoffreichen Oberflächenwässer sorgten für eine reiche Fauna aus nektonischen, d. h. frei schwimmenden, und planktonischen, d. h. im Wasser schwebenden Organismen. Einige durchmischte Horizonte (εI 3, εI 4, oberer Abschnitt von εIII) sprechen für Episoden, in denen epibenthisches Leben möglich war, und die Ausrichtung von Fossilien in bestimmten Lagen weist auf Bodenströmungen hin, doch in der Regel gab es nahe dem Meeresboden keinen Wasseraustausch.

Auf den Meeresgrund abgesunkene Mikroorganismen begannen zu verwesen. Dadurch wurde der zur Verfügung stehende Sauerstoff rasch aufgebraucht, sodass die organischen Partikel stattdessen dem Sediment einverleibt wurden. Die Kadaver von Makroorganismen wie Meeresreptilien und Fischen wurden in den anoxischen Schlamm eingebettet, und die Verwesung ihrer Weichteile wurde gestoppt. Auch Aasfresser hielt die giftige Umgebung fern, sodass die Kadaver unversehrt erhalten blieben. Dieses Modell mit stagnierenden Wässern während der Ablagerung des Posidonienschiefers lässt sich mit den Bedingungen vergleichen, wie sie heute im Schwarzen Meer herrschen, einem Epikontinentalbecken mit einem schmalen Durchlass.

Kauffman (1979) zweifelte dieses Modell an und postulierte, einige der mutmaßlich pseudoplanktoni-

137 Beim Ichthyosaurier *Stenopterygius quadriscissus* ist der Körperumriss als schwarzer organischer Film erhalten (UMH). Länge 120 cm.

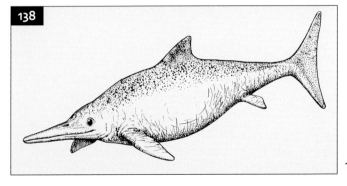

138 Rekonstruktion von *Stenopterygius*.

schen Tiere (insbesondere Muscheln und Seelilien) seien tatsächlich benthisch und ein Großteil der Ablagerungsgeschichte des Schiefertons sei von benthischen Gemeinschaften gekennzeichnet gewesen. Seiner Ansicht nach war nur das Sediment anoxisch und der Wasserkörper direkt über der Sediment-Wasser-Grenze bewohnbar. Diese Idee erlangte keine allgemeine Akzeptanz, führte jedoch zu einer Abwandlung des Stagnations-Modells (Brenner & Seilacher, 1979; Seilacher, 1982). Demnach wurden die stagnierenden Bedingungen zeitweilig von hoch energetischen Ereignissen, etwa schweren Stürmen, unterbrochen, die zu einer kurzzeitigen Sauerstoffanreicherung führten.

Ein interessanter Aspekt von Kauffmans Modell ist die Bildung von „Algenrasen" direkt über der Sediment-Wasser-Grenze, die weidende Tiere und Aasfresser abgehalten hätten. Das Vorhandensein einer solchen Cyanobakterienmatte wurde auch für Ediacara

(Kapitel 1), den Voltziensandstein (Kapitel 7), Solnhofen (Kapitel 10) sowie die Santana- und Crato-Formationen (Kapitel 11) angenommen und kann ein wichtiger Faktor bei der Erhaltung von weichem Gewebe sein.

Die Lebewelt des Posidonienschiefers

Ichthyosaurier. Der Posidonienschiefer ist berühmt für seine vollständigen Wirbeltierskelette, bei denen die Haut häufig als schwarzer Film erhalten geblieben ist, welcher die Umrisse der Tiere nachzeichnet. Dies kann man bei Haien, Knochenfischen, Krokodilen und Flugsauriern, am spektakulärsten aber bei den verschiedenen Arten des Ichthyosauriers *Stenopterygius* beobachten (**137**). Durch die Entdeckung dieses Phänomens konnte Bernhard Hauff zeigen, dass Ichthyosaurier eine Rückenflosse hatten und ihre Schwanzflosse einen

139 Der Ichthyosaurier *Stenopterygius crassicostatus* mit fünf Embryos in dem erwachsenen Tier und einem Jungtier (UMH). Länge 300 cm.

140 Der Plesiosaurier *Plesiosaurus brachypterygius* (UMH). Länge 280 cm.

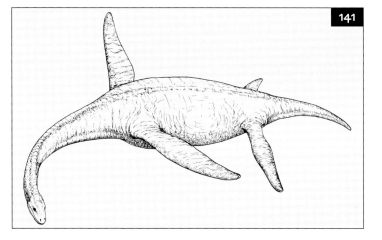

141 Rekonstruktion von *Plesiosaurus*.

oberen Lappen aufwies (**138**). Beide Körperteile wurden nicht durch Skelettmaterial abgestützt und deswegen normalerweise nicht fossil überliefert. Bei vielen Individuen von *Stenopterygius* ist der Mageninhalt erhalten geblieben, darunter die unverdaulichen Tentakelhaken von Cephalopoden und die dicken Ganoidschuppen von Fischen. Noch bemerkenswerter sind die zahlreichen Weibchen, die entweder mit Embryos im Leib oder während des Geburtsvorgangs fossilisiert worden sind (**139**). Der hohe Anteil an trächtigen Weibchen und Jungtieren legt nahe, dass diese Gegend jener Ort war, an dem die Tiere in regelmäßigen Abständen zusammenkamen, um ihre Jungen zu gebären. Hauff (1921) registrierte mehr als 350 Tiere.

Plesiosaurier und Krokodile sind viel seltener. Nur 13 vollständige Plesiosaurier-Skelette wurden bisher gefunden, darunter der langhalsige *Plesiosaurus* (**140**, **141**) und die Pliosaurier *Peloneustes* und *Rhomaleosaurus* mit kürzeren Hälsen. Krokodile (Teleosaurier) sind etwas zahlreicher – Hauff (1921) listete 70 Exemplare auf. Das häufigste, *Steneosaurus* (**142**, **143**), hatte eine lange, schmale Schnauze mit vielen Zähnen und fing wahrscheinlich Fische. Seine Augen sind nach oben und außen gerichtet, sodass es vermutlich unter Fischschwärme tauchte und zum Angriff nach oben schnellte und blitzschnell zuschnappte. Seine Beine und sein Schwanz sind kräftig und deuten an, dass er sowohl an Land gehen konnte als auch ein ausdauernder Schwimmer war. Bei dem viel kleineren *Pelagosaurus* saßen die Augen seitlich am Schädel; er war ein wendiger Schwimmer. Der stärker gepanzerte *Platysuchus* ist viel seltener, weltweit kennt man nur vier Exemplare.

Pterosaurier und Dinosaurier. Zwei Flugsauriergattungen mit Flügelspannweiten von 1 m bzw. 1,75 m

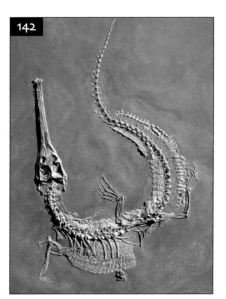

143 Rekonstruktion von *Steneosaurus*.

142 Das Krokodil *Steneosaurus bollensis* (UMH). Länge 270 cm.

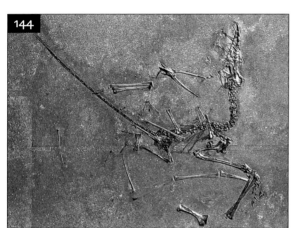

144 Der Flugsaurier *Dorygnathus banthensis* (UMH). Höhe des Blocks 42 cm.

145 Der Holostier *Lepidotes elvensis* (UMH). Länge 60 cm.

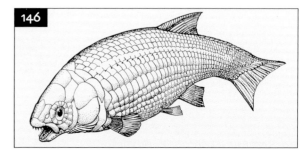

146 Rekonstruktion von *Lepidotes*.

kennt man aus dem Posidonienschiefer: *Dorygnathus* (**144**) und *Campylognathoides*. Von beiden gibt es komplette Skelette, Hauff (1921) listete insgesamt zehn Exemplare auf. Der einzige Dinosaurier, ist *Ohmdenosaurus* – nach dem Dorf Ohmden – aus der Familie Cetiosauridae; bisher hat man von diesem 4 m langen Sauropoden lediglich ein einzelnes Schienbein gefunden.

Fische. Primitive Holostei (Knochenganoiden) sind mit gut bekannten liassischen Gattungen vertreten, etwa *Lepidotes*, ein kräftiger Fisch von bis zu 1 m Länge und mit dicken glänzenden Schuppen (**145**, **146**), *Dape-*dium, ein Knochenhecht mit flachem rundlichem Körper und zapfenförmigen Zähnen zum Aufbrechen von beschalten Wirbellosen (**147**, **148**) und der große Raubfisch *Caturus*. Zu den selteneren Teleostei gehört der sprottenähnliche *Leptolepis*. Bei den vereinzelt vorkommenden Haien wie *Hybodus* (**149**) und *Palaeospinax* ist häufig der schwarze Umriss der Haut erhalten. Sie erreichten Längen bis zu 2,5 m, doch die größten Fische waren Störe wie *Chondrosteus*, der bis zu 3 m lang wurde. Daneben fand man ein einzelnes Exemplar des Quastenflossers *Trachymetopon*.

147 Der Holostier *Dapedium punctatum* (UMH). Länge 33,5 cm.

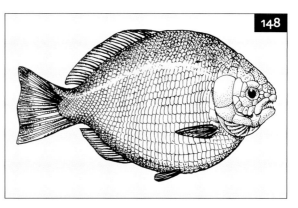

148 Rekonstruktion von *Dapedium*.

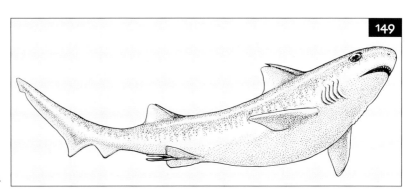

149 Rekonstruktion von *Hybodus*.

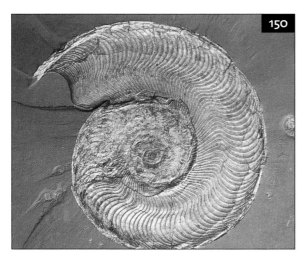

150 Der Ammonit *Harpoceras falcifer* (UMH). Durchmesser 20 cm.

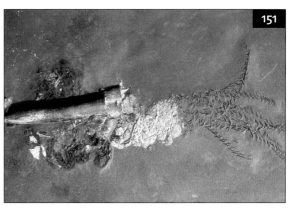

151 Bei dem Belemniten *Passaloteuthis paxillosa* sind die Tentakel und die Haken daran erhalten (UMH). Länge 23 cm.

Cephalopoden. Viele der bekannten Ammoniten-gattungen aus dem Lias wie *Harpoceras* (**150**), *Hildoceras* und *Dactylioceras* sind häufig in der Holzmaden-Fauna. Doch die spektakulärsten Cephalopoden sind Kalmare (z. B. *Phragmoteuthis*) und Belemniten (z. B. *Passaloteuthis*), bei denen oft das weiche Gewebe mit Tintenbeu-teln, Tentakeln und deren Haken erhalten ist (**151**).

Crinoiden (Seelilien). Besonders häufig sind im Posidonienschiefer die Crinoiden *Seirocrinus* und *Pentacrinus*, die in Kolonien an Treibholz gelebt haben (**152**). Im Urweltmuseum Hauff ist ein eindrucksvolles Exemplar von *Seirocrinus* ausgestellt, es ist an ein 12 m langes Stück Treibholz angeheftet und mehr als 18 m lang.

Bivalven. Viele der häufigen liassischen Muscheln, wie *Gervillia*, *Oxytoma*, *Exogyra* und *Liostrea*, waren mit ihren Byssusfäden ebenfalls oft an Treibholz oder Ammonitenschalen angeheftet, aber nur gelegentlich auf dem harten Meeresgrund. Einige wie *Bositra* (früher als *Posidonia* bekannt) lebten nektoplanktonisch, nur wenige wie *Goniomya* waren grabende Formen.

Pflanzen. Die Flora des Posidonienschiefers besteht aus Schachtelhalmen und Gymnospermen (Nackt-samern). Zu den Letzteren gehören Ginkgos, Konife-ren und Palmfarne.

Spurenfossilien. In von Tieren durchwühlten Hori-zonten (εI 3, εI 4, oberer Abschnitt von εIII) findet man vor allem die Spurenfossilien *Chondrites* und *Fucoides*.

Die Fauna und Flora des Posidonienschiefers wur-den von Hauff & Hauff (1981) ausführlich dokumen-tiert und illustriert.

Paläoökologie des Posidonien-schiefers

Die Fauna des Posidonienschiefers lebte in der subtro-pischen Zone bei ungefähr 30° Nord in einem epikonti-nentalen Meeresbecken, dessen Tiefe abhängig von der Beckenabsenkung zwischen 100 und 600 m schwankte. Die meiste Zeit verhinderten stagnierende und anoxi-sche Bodenwässer benthisches Leben. Einige Horizonte sind durch intensive Bioturbation gekennzeichnet, bei-spielsweise der „Seegrasschiefer" (εI 3), der von den Spurenfossilien *Chondrites* und *Fucoides* durchlöchert ist. Sie spiegeln periodisch auftretende besser durchlüftete Bedingungen am Boden wider. Normalerweise jedoch war die benthische Infauna, die im Sediment lebenden Tiere, auf einige grabende Muscheln wie *Solemya* und *Goniomya* beschränkt (Riegraf, 1977). Dagegen bestand die bewegliche benthische Epifauna, die auf der Sedi-mentoberfläche lebenden Tiere, ausschließlich aus win-zigen diademoiden Seeigeln, Schlangensternen, der Schnecke *Coelodiscus* und dem Krebs *Proeryon*. Kauffman (1979) ordnete einige Fische, wie *Dapedium*, die auf dem Sediment ihre Nahrung suchten dem am Boden schwimmenden Nektobenthos zu.

Gut durchlüftete Oberflächenwässer begünstigten dagegen ein blühendes planktonisches und nektoni-sches Leben. Die meisten Seelilien, Muscheln und in-articulaten Brachiopoden lebten pseudoplanktonisch, indem sie sich entweder an Treibholz oder, wie die letz-ten beiden Gruppen, an die Schalen lebender Ammo-niten anhefteten (Seilacher, 1982). Kauffman (1979) bestritt dies jedoch und meinte, diese Tiere seien erst

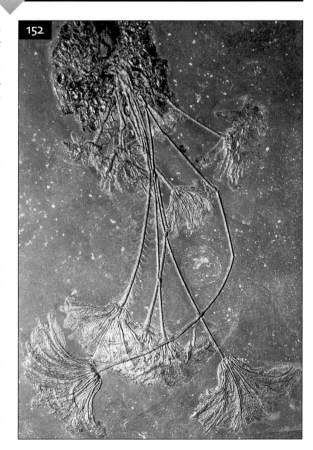

152 Die Seelilie *Pentacrinus subangularis* ist an ein Stück Treibholz angeheftet (UMH). Höhe 170 cm.

dann auf den Gehäusen toter Ammoniten und auf Holzstämmen gewachsen, als diese schon auf den Mee-resboden abgesunken waren. Seiner Meinung nach lebte diese Gruppen benthisch.

Die Muschel *Bositra* (früher *Posidonia*) wurde als nektoplanktische (passiv schwimmende) Muschel inter-pretiert. Echte nektonische Schwimmer waren die zahl-reichen Ammoniten und kleineren Fische. Zu den besten Schwimmern zählten Kalmare, Belemniten, große Fische wie Haie und Störe und natürlich die großen Meeresreptilien. Während Plesiosaurier und Ichthyosaurier die offenen Meere durchstreiften, leb-ten Krokodile in Küstennähe.

Im etwa 100 km weiter südlich gelegenen Vindelizi-schen Land gab es einen großen Pflanzenreichtum, dar-unter Schachtelhalme und Gymnospermen, von denen einige zu großen Bäumen (Ginkgos, Koniferen, Palm-farne) emporwuchsen. Ihre beblätterten Zweige und großen Stämme wurden in das Becken gespült, wo sie zusammen mit den vereinzelten Überresten sauropo-der Dinosaurier als allochthone, also von außen einge-tragene Bestandteile abgelagert wurden. Bisweilen gerieten Pterosaurier, die auf der Jagd nach Fischen über dem Becken segelten, in Stürme und ertranken. Da ihre Skelette vollständig sind, wurden sie sicher nicht transportiert.

Analysen der Nahrungskette weisen als Primärkon-sumenten die Filtrierer (Seelilien und Muscheln) und Sedimentfresser (Schnecken, Seeigel, Schlangensterne) aus. Sie wurden von Sekundärkonsumenten wie kleinen Fischen und verschiedenen Cephalopoden gejagt. Gipfelräuber am Ende der Nahrungskette waren Ichthyosaurier, Plesiosaurier, Krokodile und Haie, wobei die riesigen Plesiosaurier ganz an der Spitze standen.

Vergleich des Posidonienschiefers mit anderen marinen Lebensgemeinschaften des Jura

Die Küste von Yorkshire, England

Die Küstenaufschlüsse in den unterjurassischen (liassischen) marinen Sedimenten von Großbritannien sind seit vielen Jahren berühmt. Die Aufschlüsse an der Küste von Dorset in Südengland erlangten bereits im 19. Jahrhundert durch die bekannte Sammlerin Mary Anning aus Lyme Regis Berühmtheit. Zusammen mit ihrem Bruder entdeckte sie einen der ersten Ichthyosaurier und den ersten vollständigen Plesiosaurier in Gesteinen aus dem unteren Lias (Cadbury, 2000). Eher mit Holzmaden vergleichbar sind aber die Lias-Aufschlüsse an der Küste von Yorkshire im Nordosten des Landes, denn hier treten die meisten Meeresreptilien in einer oberliassischen Abfolge auf.

Benton & Taylor (1984) haben 55 Krokodile, 69 Ichthyosaurier, 33 Plesiosaurier und einen Pterosaurier aus Yorkshire aufgelistet. Die Abfolge stammt wie die bei Holzmaden aus dem unteren Toarc (*Dactylioceras tenuicostatum*-, *Harpoceras falcifer*- und *Hildoceras bifrons*-Zonen). Es gibt jedoch deutliche Unterschiede zwischen den beiden Faunen. Der Großteil der Fossilien stammt aus den Jet-Rock- und Alum-Shale-Formationen. Erstere besteht aus harten grauen bituminösen Tonsteinen, Letztere aus weichen, grauen glimmerreichen Tonsteinen. In beide sind Bänder aus Carbonatkonkretionen eingelagert. Typische Ammoniten sind *Dactylioceras*, *Harpoceras*, *Hildoceras* und *Phylloceras*.

Der erste Ichthyosaurier, der im Jahre 1819 in Yorkshire gefunden wurde, bestand aus einem Schädel und Skelettteilen. Ein vollständigeres Skelett wurde 1821 entdeckt. Interessanterweise ist der Schwanz des zweiten Exemplars in der ursprünglichen Abbildung gerade gestreckt. Diese war die gängige Darstellung, bis Hauff an Exemplaren aus Holzmaden zeigen konnte, dass Ichthyosaurier einen Knick in der Wirbelsäule hatten, um die große Schwanzflosse abzustützen. Die Ichthyosaurier aus Yorkshire gehören zu den Gattungen *Temnodontosaurus* und *Stenopterygius*.

Man kennt aus Yorkshire eine Reihe von Plesiosauriern, darunter Pliosaurier wie *Rhomaleosaurus* und echte Plesiosaurier wie *Microleidus* und *Sthenarosaurus*. Die Krokodile gehören denselben Arten an wie die Teleosauria aus Holzmaden. Die meisten sind Vertreter der Gattung *Steneosaurus*, daneben tritt auch *Pelagosaurus* auf, aber ebenfalls seltener.

Als einziges Exemplar eines Flugsauriers wurde 1888 der Teil eines Schädels eines *Parapsicephalus* gefunden. Im Jahre 1926 wurde ein einzelner Dinosaurierknochen gemeldet und als Oberschenkelknochen eines Theropoden identifiziert. Bedauerlicherweise ist dieses Exemplar verloren gegangen, handelte es sich doch um den einzigen Nachweis eines Theropoden aus dem oberen Lias. Tatsächlich ist der einzige andere bekannte Dinosaurier aus dem Oberlias der sauropode *Ohmdenosaurus* aus Holzmaden.

Die Meeresreptilien von Yorkshire sind etwas jünger als die von Holzmaden. Plesiosaurier und Krokodile sind häufiger, Ichthyosaurier seltener als in Holzmaden. Die Krokodile gehören an beiden Fundstellen denselben Arten an, die Plesiosaurier und Ichthyosaurier, mit der bemerkenswerten Ausnahme von *Stenopterygius acutirostris*, hingegen verschiedenen Spezies.

Viele der Exemplare aus Yorkshire sind gut und vollständig erhalten, ohne dass es Hinweise auf Aasfresser gibt. Insbesondere die Jet-Rock-Formation ist reich an Bitumen (Kerogen), weshalb Benton & Taylor (1984) folgerten, dass auch hier anoxische Bedingungen am Boden geherrscht haben.

Weiterführende Literatur

Benton, M.J. & Taylor, M.A. (1984): Marine reptiles from the Upper Lias (Lower Toarcian, Lower Jurassic) of the Yorkshire coast. Proceedings of the Yorkshire Geological Society **44**, 399–429.

Brenner, K. & Seilacher, A. (1979): New aspects about the origin of the Toarcian Posidonia Shales. Neues Jahrbuch für Geologie und Paläontologie, Abhandlungen **157**, 11–18.

Cadbury, D. (2000): The dinosaur hunters. Fourth Estate, London, x + 374 S.

Hauff, B. (1921): Untersuchung der Fossilfundstätten von Holzmaden im Posidonienschiefer des oberen Lias Württembergs. Palaeontographica **64**, 1–42.

Hauff, B. & Hauff, R.B. (1981): Das Holzmadenbuch. Repro-Druck, Fellbach, 136 S.

Kauffman, E.G. (1979): Benthic environments and paleoecology of the Posidonienschiefer (Toarcian). Neues Jahrbuch für Geologie und Paläontologie, Abhandlungen **157**, 18–36.

Riegraf, W. (1977): *Goniomya rhombifera* (Goldfuss) in der Posidonia Shales (Lias epsilon). Neues Jahrbuch für Geologie und Paläontologie, Monatshefte **1977**, 446–448.

Riegraf, W., Werner, G. & Lörcher, F. (1984): Der Posidonienschiefer – Biostratigraphie, Fauna und Fazies des Südwestdeutschen Untertoarciums (Lias epsilon). Enke, Stuttgart, 195 S. + 12 Taf.

Seilacher, A. (1982): Ammonite shells as habitats in the Posidonia Shales of Holzmaden – floats or benthic islands? Neues Jahrbuch für Geologie und Paläontologie, Monatshefte **1982**, 98–114.

Wild, R. (1990): Holzmaden. 282–285. In Briggs, D.E.G. and Crowther, P.R.: Palaeobiology: a synthesis. Blackwell Scientific Publications, Oxford, xiii + 583 S.

Kapitel Neun

DIE MORRISON-FORMATION

Terrestrisches Leben im mittleren Mesozoikum

Von der Trias bis zum Ende der Kreidezeit beherrschten die Dinosaurier das Leben auf der Erde. Die einzelnen Abschnitte des Mesozoikums waren durch unterschiedliche Dinosaurier-Vergesellschaftungen gekennzeichnet. Daher ist es angebracht, sich ein wenig mit ihrer Klassifikation zu beschäftigen. Die Dinosaurier werden in zwei Hauptgruppen eingeteilt: die Saurischia oder Echsenbeckensaurier und die Ornithischia oder Vogelbeckensaurier.

Bei den Saurischiern sind die Beckenknochen dreistrahlig oder triradiat angeordnet wie bei den meisten anderen Reptilien. Der schaufelförmige obere Knochen, das Darmbein (Ilium), ist über eine Reihe kräftiger Sakralrippen mit der Wirbelsäule verbunden; sein unterer Rand bildet den oberen Teil der Hüftgelenkspfanne. Unter dem Darmbein liegt das schräg nach vorn-unten gerichtete Schambein (Pubis), dahinter das nach hinten verlängerte Sitzbein (Ischium).

Die Saurischia werden in zwei weitere Gruppen untergliedert. Die Theropoden umfassen alle Fleisch fressenden (carnivoren) Dinosaurier. Sie haben meist kräftige Hinterbeine mit krallenbewehrten vogelähnlichen Füßen, feingliedrige Arme, einen langen, muskulösen Schwanz und dolchartige Zähne. Zu ihnen gehören die riesigen *Tyrannosaurus* und *Albertosaurus*, der kleine und flinke *Velociraptor* („schneller Dieb") sowie einige zahnlose Formen wie *Oviraptor* („Eierdieb") und *Struthiomimus* („Strauß-Imitator"), die alle aus der späten Kreide stammen. Weiterhin umfasst diese Gruppe auch die klassischen großen Räuber des Jura wie *Allosaurus* und *Megalosaurus* und den kleinen *Compsognathus* (Kapitel 10).

Die zweite Gruppe von Saurischiern, die Sauropodomorpha, waren Pflanzenfresser (Herbivoren). Ihr Größenspektrum reichte von winzigen Formen (den Prosauropoden wie *Massospondylus*) aus der späten Trias und dem frühen Jura bis zu den gigantischen Sauropoden des späten Jura wie *Diplodocus*, *Apatosaurus* (früher als *Brontosaurus* bekannt), *Brachiosaurus* und *Camarasaurus*. Sie hatten lange schmale Körper, peitschenartige Schwänze, längliche flache Gesichter und dünne stiftartige Zähne.

Bei den Ornithischiern glich die Anordnung der Beckenknochen (vierstrahlig oder tetraradiat) der bei den heutigen Vögeln, obwohl sie verwirrenderweise nicht deren Vorläufer waren. Während Darmbein und Sitzbein wie bei den Saurischiern angeordnet sind, ist das Schambein ein schmaler, stabförmiger Knochen und liegt parallel zum Sitzbein. Außerdem scheinen alle Ornithischier einen kleinen Hornschnabel an der Spitze des Unterkiefers besessen zu haben.

Ornithischier lebten ausschließlich von Pflanzen. Sie werden in fünf große Gruppen unterteilt: Die Ornithopoden (Vogelfuß-Dinosaurier) waren mittelgroße Tiere wie *Iguanodon* und *Tenontosaurus* aus der frühen Kreide und die Hadrosaurier oder Entenschnabel-Dinosaurier wie *Edmontosaurus* aus der späten Kreide; die Ceratopsier waren gehörnte Saurier der Oberkreide wie *Triceratops*; die Stegosaurier wie *Stegosaurus* aus dem Jura trugen Hornplatten; die Pachycephalosaurier wie *Pachycephalosaurus* waren durch ein gewölbtes und verdicktes Schädeldach charakterisiert; die Ankylosaurier wie *Ankylosaurus* waren gepanzerte Tiere, in deren Haut dicke Knochenplatten eingebettet waren.

Für den größten Teil des Jura gibt es nur spärliche fossile Belege für das Leben auf dem Land. In den jüngeren Abschnitten dieser Periode findet man jedoch einige außerordentlich reiche Ablagerungen, insbesondere in China, Tansania und Nordamerika. Dieses Kapitel befasst sich mit den Fossilien der Morrison-Formation, einer ausgedehnten und ergiebigen Gesteinsserie, die seit langem für ihre spektakulären Dinosaurierskelette berühmt ist. Sie ist entlang der Front Range der Rocky Mountains von Montana im Norden bis Arizona und New Mexico im Süden aufgeschlossen (**153**).

Über eine riesige Fläche verteilt findet man in der Morrison-Formation eine ganze Reihe von terrestrischen Lebensräumen, von feuchten Sümpfen mit Kohleablagerungen im Norden bis zu Wüsten im Süden. Die reichsten Funde stammen aus den Staaten des Mittleren Westens, etwa Colorado, Utah und Wyoming, wo die Morrison-Formation hauptsächlich aus Fluss- und Seeablagerungen besteht. Hier wurden durch Überschwemmungen buchstäblich Tonnen von

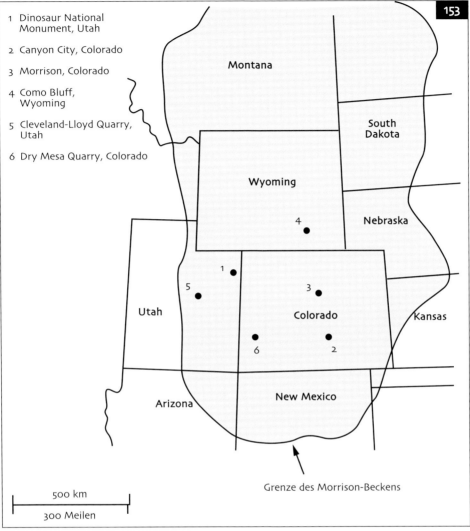

1 Dinosaur National
   Monument, Utah

2 Canyon City, Colorado

3 Morrison, Colorado

4 Como Bluff,
   Wyoming

5 Cleveland-Lloyd Quarry,
   Utah

6 Dry Mesa Quarry, Colorado

153

Montana

South
Dakota

Wyoming

Nebraska

4

1

5

3

Utah

Colorado

Kansas

6   2

Arizona

New Mexico

Grenze des Morrison-Beckens

500 km

300 Meilen

153 Die Verbreitung der Morrison-Formation in Nordamerika.

Knochen in einer Konzentratlagerstätte abgelagert (**154**). Diese erlaubt einen detaillierten Einblick in ein spätjurassisches Ökosystem, in dem nicht nur einige der größten bekannten Dinosaurier lebten, sondern mit den Dinosauriern zusammen auch andere Landtiere, darunter die vielfältigste bislang bekannte mesozoische Säugetierfauna.

Entdeckungsgeschichte der Morrison-Formation

Die Entdeckungsgeschichte der Dinosaurier der Morrison-Formation ist in der populären amerikanischen Literatur über Paläontologie als „The Bone War" („Knochenkrieg") bekannt. Es ist die Geschichte einer erbitterten Rivalität zwischen zwei führenden amerikanischen Paläontologen des späten 19. Jahrhunderts. Sie begann im Jahre 1877, als die beiden Lehrer Arthur Lakes und O. W. Lucas in Colorado unabhängig von-

154 Das Fossil Cabin Museum in Como Bluff, Wyoming. Dinosaurierknochen sind so häufig, dass sie als Baumaterial verwendet wurden.

einander reiche Vorkommen von Dinosaurierknochen entdeckten. Lakes fand seine Knochen in der Nähe der Stadt Morrison und schickte sie an Professor Othniel Charles Marsh vom Peabody Museum der Yale-Universität. Dieser war durch seine Forschungen über Hadrosaurier aus Kansas bekannt. Im selben Jahr fand Lucas Knochen aus demselben Horizont in der Nähe von Canyon City. Er sandte sie an Edward Drinker Cope in Philadelphia, der einige der ersten ceratopsiden Dinosaurier aus Montana beschrieben hatte.

Marsh und Cope waren damals bereits erbitterte Feinde. Begonnen hatte diese Feindschaft mit einer Auseinandersetzung über die Beschreibung eines Reptils durch Cope, die Marsh als fehlerhaft erkannt hatte. Sogleich stürzten sich die beiden Männer in einen hektischen Wettlauf um die Beschreibung der zahlreichen neuen Dinosaurier. Copes Exemplare aus Canyon City waren größer und vollständiger, sodass er zunächst die Oberhand gewann. Doch noch im selben Jahr (1877) gelangen neue Funde in entsprechenden Schichten bei Como Bluff im Bundesstaat Wyoming und diesmal war Marsh als Erster zur Stelle.

Como Bluff in der Nähe von Medicine Bow ist ein niedriger, etwa 16 km langer und 1,6 km breiter Rücken. Er wird von einem Nordost–Südwest streichenden Sattel mit einem flach einfallenden südlichen und einem steil einfallenden nördlichen Schenkel gebildet. Am südlichen Schenkel steht zuoberst die äußerst beständige Cloverly-Formation (Unterkreide) an, während am nördlichen Schenkel die älteren Schichten des obersten Jura aufgeschlossen sind, die nach der klassischen Fundstelle bei Denver als Morrison-Formation bezeichnet werden. In diesen Schichten war die vor allem aus riesigen Sauropoden bestehende reichhaltige Dinosaurier-Fauna erhalten.

Die Funde bei Como Bluff heizten den „Knochenkrieg" weiter an. Entdeckt wurden sie von zwei Arbeitern der transkontinentalen Union-Pacific-Eisenbahnlinie, die zu dieser Zeit durch das südliche Wyoming vorangetrieben wurde, um die ausgedehnten Kohlevorräte der Region zu erschließen (Breithaupt, 1998). Im Juli 1877 verfassten William Edward Carlin, der Stationsvorsteher der nahe gelegenen Carbon Station, und William Harlow Reed, der Vorarbeiter des Abschnitts, ein Schreiben an Marsh. Darin informierten sie ihn über den Fund einiger riesiger Knochen, von denen sie annahmen, sie seien dem pleistozänen Riesenfaultier *Megatherium* zuzuordnen. Sie boten an, ihm die Knochen zu verkaufen und, sofern erwünscht, weitere zu sammeln. Um ihre Identität zu verbergen, unterzeichneten sie den geheimen Brief mit ihren mittleren Namen Edwards und Harlow. Vier Monate später begutachtete der von Marsh gesandte Samuel Wendell Williston die Fundstelle bei Como Bluff und bezahlte Carlin und Reed. Ein früherer Scheck, den Marsh auf „Harlow und Edwards" ausgestellt hatte, konnte wegen der falschen Namen nicht eingelöst werden!

Williston informierte Marsh unverzüglich über den Reichtum von Como Bluff und verlegte seine Sammelmannschaften von Colorado an den neuen Fundort. Carlin und Reed arbeiteten weiter für Marsh; Reed wurde später sogar Kurator des Geologischen Museums der Universität von Wyoming in Laramie und ein angesehener Paläontologe. Um nicht übertrumpft zu werden, brachte auch Cope seine Leute nach Como Bluff und überredete Carlin, für ihn zu arbeiten. Die Fehde dehnte sich auf die Geländearbeit aus, und es kam häufig zu Auseinandersetzungen zwischen den rivalisierenden Camps. Breithaupt (1998) berichtet vom Ausspionieren der Steinbrüche der anderen Seite, von der Zer-

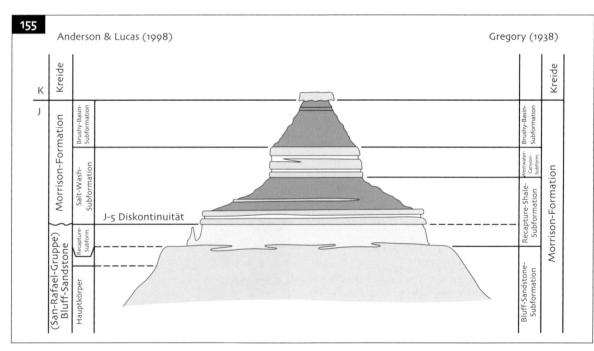

155 Die Stratigraphie der Morrison-Formation in der Gegend von Bluff in Utah (nach Anderson & Lucas, 1998).

störung von Knochen, damit die anderen sie nicht bergen konnten, und sogar von Handgreiflichkeiten.

In den folgenden Jahren wurde trotz alledem eine große Zahl neuer Dinosaurier entdeckt, darunter der Fleischfresser *Allosaurus*, der mit merkwürdigen Platten ausgestattete *Stegosaurus* und die größten bis dahin bekannten Sauropoden wie *Diplodocus* und der berühmte *Brontosaurus* (der heute richtig *Apatosaurus* heißt). Zusammen mit den Dinosauriern offenbarte die Morrison-Formation die wichtigste bislang entdeckte mesozoische Säugetierfauna.

Die Rivalität dauerte bis zum Tod von Cope im Jahre 1897 an. Marsh starb zwei Jahre später. Bis zum Ende seiner Karriere hatte Marsh 75 neue Dinosaurierarten beschrieben, von denen 19 heute noch gültig sind, während Cope 55 Arten beschrieben hat, von denen neun noch Gültigkeit haben. Die Morrison-Formation, mittlerweile aus zwölf verschiedenen Bundesstaaten der USA bekannt (**153**), ist bis heute einer der ergiebigsten „Dinosaurierfriedhöfe" der Erde. Ihre Fossilien werden in den Museen der ganzen Welt ausgestellt.

Stratigraphischer Rahmen und Taphonomie der Morrison-Formation

Traditionell wurde die Morrison-Formation in vier Subformationen gegliedert (Gregory, 1938). Später haben Anderson & Lucas (1998) eine Einteilung in zwei Subformationen vorgenommen: eine obere Brushy-Basin-Subformation und eine untere Salt-Wash-Subformation

(**155**). Sie wurde mit radiometrischen Methoden und anhand von Mikrofossilien auf Kimmeridge bis frühes Tithon (Oberjura, vor ca. 150 Millionen Jahren) datiert. Die entlang der Front Range der Rocky Mountains zutage tretenden Gesteine (**156**) bedecken eine Fläche von 1,5 Millionen km². Ihre Mächtigkeit schwankt stark und beträgt am Dinosaur National Monument in Utah etwa 188 m.

An vielen Stellen wird die Morrison-Formation nach oben von den widerstandsfähigen Gesteinen der Cloverly-Formation (Unterkreide) überlagert und geschützt (**157**). Unter ihr liegt die mitteljurassische Sundance-Formation, die aus marinen Sedimenten des Sundance-Meeres besteht. Am Dinosaur National Monument und am Cleveland-Lloyd Dinosaur Quarry (Utah), zwei der weltweit wichtigsten jurassischen Dinosaurierfundstellen, zeigt die Abfolge im Mitteljura eine Regression, die auf den endgültigen Rückzug des großen flachen Meeres nach Norden hinweist. So gehen in der zweiten Lokalität die im Gezeitenbereich abgelagerten Schichten der Summerville-Formation (entspricht der Sundance-Formation) nach oben in die oberhalb des Gezeitenbereichs entstandene Tidwell-Subformation über, dann in Fluss- und Seeablagerungen der Salt-Wash-Subformation und schließlich in die Brushy-Basin-Subformation mit Ablagerungen von Überflutungsebenen und mäandrierenden Flüssen (Bilbey, 1998; **155**).

Über solch eine riesige Fläche herrschten innerhalb der Morrison-Formation natürlich große Unterschiede in den Ablagerungsbedingungen. Bei den fossilreichsten Schichten handelt es sich jedoch größtenteils um

156 Die Morrison-Formation (Vordergrund) und unterlagernde permo-triassische Rotsedimente liegen auf paläozoischen Gesteinen der Bighorn Mountains (die Front Range der Rocky Mountains); nahe Buffalo, Wyoming.

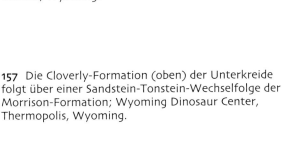

157 Die Cloverly-Formation (oben) der Unterkreide folgt über einer Sandstein-Tonstein-Wechselfolge der Morrison-Formation; Wyoming Dinosaur Center, Thermopolis, Wyoming.

158 Der theropode Dinosaurier *Allosaurus fragilis* (AMNH). Länge 12 m.

schlecht sortierte Sandsteine, die als Ablagerungen katastrophaler, sintflutartiger Überschwemmungen angesehen werden. Das Sundance-Meer hinterließ bei seinem Rückzug weite offene von mäandrierenden Flüssen durchzogene Ebenen. Diese waren die Heimat für Herden von Pflanzen fressenden Dinosauriern, die auf der Suche nach Nahrung an den Ufern der Flüsse und Seen umherstreiften. Wie heute in Kenia kam es in Abständen von fünf, zehn, 40 oder 50 Jahren zu verheerenden Trockenperioden. Diese trieben die Dinosaurierherden und andere Wirbeltiere an die letzten verbliebenen Wasserstellen, wo sie schließlich verdursteten. Nach solchen Massensterben wurden die einzelnen Knochen durch gewaltige Überflutungen über kurze Strecken transportiert und anschließend in einem Sandkörper, etwa dem Sediment eines Flusses, eingebettet. Eine solche Situation haben Richmond & Morris (1998) im Dry Mesa Dinosaur Quarry in Colorado nachgewiesen, wo eine vielfältige Gemeinschaft aus 23 verschiedenen Dinosauriern zusammen mit Flugsauriern, Krokodilen, Schildkröten, Säugern, Amphibien und Lungenfischen erhalten geblieben ist. Berühmtheit erlangte diese Fundstelle wegen ihrer riesigen Sauropoden, insbesondere *Supersaurus* und *Ultrasaurus*.

Solche Massenansammlungen, in der Fossilabfolge als Knochenbreccien überliefert, können auf katastrophale, aber auch auf nichtkatastrophalen Ereignisse zurückgehen. Katastrophen führen zu einem plötzlichen Tod innerhalb von maximal wenigen Stunden, z. B. durch einen giftigen Ascheregen; ihnen fallen alle Altersstufen und Geschlechter zum Opfer. Ein nichtkatastrophales Massensterben, z. B. durch Verhungern, spielt sich über einen längeren Zeitraum von mehreren

159 Der Schädel von *Allosaurus fragilis* mit scharfen Zähnen zum Zerreißen von Fleisch (SMA). Länge des Schädels 1 m.

Stunden bis Monaten ab. Die Todesursache wirkt selektiv nach Alter, Gesundheit, Geschlecht und sozialem Rang der Individuen, sodass Junge, Weibchen und alte Tiere zahlenmäßig überwiegen. Die meisten Knochenanhäufungen in der Morrison-Formation sind wahrscheinlich auf solche nichtkatastrophalen Massensterben zurückzuführen (Evanoff & Carpenter, 1998). Diese sind wegen der längeren Zeitspanne durch einen stärkeren Zerfall der Skelette gekennzeichnet.

160 Rekonstruktion von *Allosaurus*.

161 Der sauropode Dinosaurier *Diplodocus* besaß einen peitschenartigen Schwanz (AMNH). Länge bis zu 27 m.

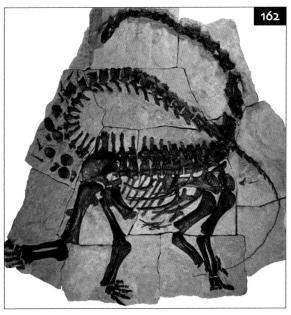

162 Der sauropode Dinosaurier *Diplodocus* im Gestein (SMA). Länge von Kopf bis Schwanz 10,5 m.

163 Rekonstruktion von *Diplodocus*.

Ein arides Klima begünstigt die Erhaltung einzelner Knochen. Nach Ansicht von Dodson *et al.* (1980) sind die Dinosaurierkadaver der Morrison-Formation vor der Einbettung auf trockenem offenem Land oder in Flussbetten verwest. Nach dem Tod trockneten Muskeln, Bänder und Haut in dem heißen Klima aus. Es gibt nur wenige Hinweise auf Aasfresser und man findet kaum gebrochene und abblätternde Knochen. Richmond & Morris (1998) zufolge lagen sie kaum mehr als zehn Jahre an der Oberfläche, bevor sie überflutet und eingebettet wurden.

164 Der große sauropode Dinosaurier *Apatosaurus* (UWGM). Länge 23 m.

165 Der Schädel von *Apatosaurus* (siehe Abb. **164**) (UWGM).

166 Rekonstruktion von *Apatosaurus*.

168 Der Schädel von *Camarasaurus* mit stiftförmigen Zähnen zum Abrupfen von Blättern (WDC). Länge des Schädels etwa 55 cm.

167 Der sauropode Dinosaurier *Camarasaurus* (WDC). Länge etwa 15 m.

169 Kreuzbein von *Camarasaurus* in einer Knochen-breccie der Morrison-Formation; Wyoming Dinosaur Center, Thermopolis, Wyoming.

170 Rekonstruktion von *Camarasaurus*.

Die Lebensgemeinschaft der Morrison-Formation

Allosaurus. Mit einer Länge von bis zu 12 m und einem Gewicht von bis zu 1,5 Tonnen war dies einer der größten räuberischen Theropoden des Jura (**158–160**). Der Schädel war fast einen Meter lang, die Kiefer trugen 70 gebogene scharfe Zähne. Vermutlich griff er in Rudeln Sauropodenherden an. An den Füßen hatte er scharfe Krallen zum Zerreißen von Fleisch.

Diplodocus. Ein Pflanzenfresser, der von Marsh beschrieben wurde. Mit bis zu 27 m ist er einer der längsten bekannten Dinosaurier. Da er recht schlank gebaut war, wog er nur etwa 10–12 Tonnen (**161–163**). Sowohl der Hals als auch der Schwanz wurden mehr oder weniger horizontal gehalten. Der 6 m lange Hals trug einen im Vergleich zum Körper kleinen Schädel, der aus 73 Wirbeln bestehende Schwanz konnte wie eine Peitsche eingesetzt werden. Wie neuere Fossilfunde zeigen, trug *Diplodocus* ähnlich wie die heutigen Leguane auf dem Rücken einen Kamm aus dreieckigen Zacken.

Apatosaurus. Dieser früher als *Brontosaurus* bekannte Verwandte von *Diplodocus* war ein weiterer massiger Pflanzen fressender Sauropode. Bei einer Länge von rund 20 m wog er mit seinem massiven Skelett über 20 Tonnen. Zur Zeit seiner Entdeckung durch Marsh war er der größte Dinosaurier der Morrison-Formation (**164–166**).

Camarasaurus. Er wurde von Cope beschrieben und ist der häufigste Pflanzen fressende Sauropode, weshalb er den Spitznamen „Jurassische Kuh" erhielt (**167–170**). Im Gegensatz zu den beiden vorherigen Gattungen hatte er als Verwandter von *Brachiosaurus* wie dieser eine eher aufrechte, giraffenartige Körperhaltung. Er wurde etwa 18 m lang, wog aber aufgrund seines massigen Skeletts bis zu 18 Tonnen. Sein Schädel war viel größer als der von *Diplodocus*, mit seinen 52 kegelförmigen Zähne konnte er Pflanzen abrupfen (**168**).

Stegosaurus. Ein ungewöhnlicher Ornithischier mit großen Rückenplatten, die in zwei Reihen über die gesamte Länge des Körpers verliefen. Diese könnten zur Temperaturregulierung gedient haben, aber noch ist ihre Funktion nicht endgültig geklärt. Da sie nur aus einer dünnen Knochenschicht bestanden, waren sie zur Verteidigung nicht geeignet. Weitere Kennzeichen von *Stegosaurus* waren ein kleiner Schädel, kürzere Vorderals Hinterbeine sowie ein massiger Schwanz mit vier scharfen Stacheln als Verteidigungswaffe gegen große Räuber (**171–173**).

Dinosaurier-Spuren. In der Morrison-Formation fand man Eierschalen von Ornithopoden, Koprolithen von Pflanzenfressern und eine Reihe verschiedener Fährten.

Andere Reptilien und Amphibien waren nicht häufig, doch gibt es vereinzelte Nachweise für Frösche (der älteste Frosch stammt aus dem Unterjura), die eidechsenähnlichen Brückenechsen, die man auch aus dem oberjurassischen Solnhofener Plattenkalk kennt, Kapitel 10), einige echte Echsen, Krokodile und Schildkröten sowie vereinzelte Flugsaurier der Gruppen Pterodactyloidea und Rhamphorhynchoidea. Berichte über Vögel wurden später widerlegt (Padin, 1998).

Säugetiere. Die Morrison-Formation enthält eine der wichtigsten jemals entdeckten jurassischen Säugetierfaunen und öffnet damit ein seltenes Fenster in die frühe Geschichte der Säugetiere. Die primitiven Triconodonten, Docodonten, Symmetrodonten und Dryolestiden kennt man hauptsächlich von isolierten Kieferknochen und Zähnen. Die Multituberculaten waren eine höher entwickelte Gruppe von nagetierähnlichen Allesfressern (Omnivoren), die bis in das Eozän vorkamen (Engelman & Callison, 1998).

Fische. Die zu den Sarcopterygiern (Fleischflossern) gehörenden Lungenfische wurden erstmals von Marsh beschrieben und blieben für lange Zeit die einzigen bekannten Fische aus der Morrison-Formation. In jüngerer Zeit wurden einige Strahlenflosser (Actinopterygier) gefunden, darunter ein primitiver Teleostier (moderner Knochenfisch), eine Anzahl von Holostiern (Knochenganoiden) und ein neuer Chondrostier (Knorpelganoide), der „Morrison-Fisch" *Morrolepis* (Kirkland, 1998).

Invertebraten. Hierzu gehören Süßwassermuscheln und -schnecken, Krebse, darunter Ostrakoden (Muschelkrebse), Conchostraken (Muschelschaler) und Flusskrebse sowie Wohnröhren von Köcherfliegenlarven.

Pflanzen. Die Flora der Brady-Wash-Subformation beinhaltet Moose, Schachtelhalme, Farne, Palmfarne, Ginkgogewächse und Koniferen (Ash & Tidwell, 1998).

Paläoökologie der Morrison-Formation

Die Morrison-Formation wurde nach dem Auseinanderbrechen von Pangaea in einem terrestrischen Becken am westlichen Rand von Laurasia abgelagert. Das Becken lag in den niederen gemäßigten Breiten zwischen 30° und 40° Nord. Das Klima war vermutlich arid bis semiarid mit wenigen Regenfällen in manchen Jahreszeiten (Demko & Parrish, 1998). Eine bergige Region im Westen bildete vermutlich ein Hindernis für Regenwolken, denn Evaporite, äolische Sandsteine und Salzsee-Ablagerungen belegen geringe jährliche Niederschläge. Das Vorkommen von verschiedenen Süßwasserinvertebraten und Fischen zeigt jedoch, dass es auf den weiten offenen Ebenen des Morrison-Beckens auch Flüsse und Seen gab. Die Flora aus Schachtelhalmen, Farnen, Palmfarnen, Ginkgos und verschiedenen Gymnospermen (Nacktsamern) deutet auf zumindest kurze Phasen mit eher feuchtem tropischem Klima hin (Ash & Tidwell, 1998). Anscheinend wurde das fluviatillakrustrine, d. h. durch Flüsse und Seen geprägte Milieu stark von einem periodischen Wechsel von Trockenheit und Überflutung beeinflusst.

Die üppigen Seeufer und sumpfigen Flussläufe waren die Heimat großer Herden von Pflanzen fressenden Dinosauriern, die auf der Suche nach Futter über die Ebenen streiften. Kleinere vierfüßige Pflanzenfresser wie Stegosaurier weideten an niedrigen Schachtelhalmen, Farnen, Palmfarnen und kleinen Koniferen, während sich die riesigen Sauropoden mit ihren langen Hälsen in den Wipfeln der höchsten Bäume, hauptsächlich Koniferen, Ginkgos und Baumfarne, bedienten. Fleisch fressende Arten wie *Allosaurus* jagten die Pflanzenfresser und waren im Rudel in der Lage, selbst die größten Sauropoden zu überwältigen.

171 Der Ornithischier *Stegosaurus* im Gestein eingebettet (UWGM). Länge 4,5 m.

172 *Stegosaurus* mit knöchernen Rückenplatten und Schwanzstacheln (SMA). Länge 4,8 m.

173 Rekonstruktion von *Stegosaurus*.

Die Seen und Flüsse wurden von Krokodilen und Schildkröten bewohnt. In der Nähe dieser Gewässer lebten außerdem Frösche, Brückenechsen und Echsen. Krokodile waren die größten Räuber dieser aquatischen Habitate. Pterosaurier lebten wahrscheinlich an den Seeufern und jagten nach Fischen. Unterdessen führte eine Gruppe von kleinen Tieren ein unauffälliges Leben in Höhlen und auf Bäumen, wo sie darauf warteten, bis ihre Zeit gekommen war. Die kleinen, primitiven Säugetiere waren zumeist rattenähnlich. Einige von ihnen waren echte Fleischfresser, doch musste ihre Nahrung natürlich ebenfalls klein sein und bestand daher überwiegend aus Insekten. Die meisten lebten wahrscheinlich nachtaktiv auf Bäumen, um der Bedrohung durch die großen Fleisch fressenden Dinosaurier zu entgehen.

Vergleich der Lebensgemeinschaft der Morrison-Formation mit anderen Dinosaurier-Fundstellen

Die oberjurassischen Tendaguru-Schichten treten etwa 75 km nordwestlich von Lindi in Tansania zutage und sind die fossilreichsten spätjurassischen Ablagerungen in Afrika. Deutsche Expeditionsteams unter der Leitung von Werner Janensch und Edwin Hennig entdeckten in den Jahren 1910 bis 1913 große Ansammlungen von Dinosaurierknochen, die bezüglich Zahl, Alter und vorkommenden Arten mit der Morrison-Formation vergleichbar waren. Ungefähr 100 zusammenhängende Skelette und viele Tonnen einzelner Knochen wurden gesammelt und zur Untersuchung an das Naturkundemuseum in Berlin geschickt.

Die Tendaguru-Formation des Somali-Beckens unterscheidet sich von der Morrison-Formation durch das Vorhandensein mariner Schichten. Drei Subformationen aus terrestrischen Mergeln sind durch marine Sandsteine getrennt, die Ammoniten des Kimmeridge/Tithon enthalten. Zu dieser Zeit lag die Tendaguru-Region zwischen 30° und 40° Süd. Insgesamt ist die Abfolge etwa 140 m mächtig. Das Ablagerungsmilieu wurde als Lagune oder Ästuar am Rande eines warmen Epikontinentalmeeres interpretiert. Russell et al. (1980) gelangten zu dem Schluss, dass die Dinosaurierknochen wie bei der Morrison-Formation nach Massensterben während Trockenzeiten zusammengeschwemmt worden sind.

Die Fauna gleicht insofern der Morrison-Formation, als große Sauropoden dominieren, insbesondere der riesige Brachiosaurus mit einer Länge bis zu 25 m und einem Gewicht von 50–80 Tonnen. Seine Vorderbeine waren länger als die Hinterbeine, er hatte also eine aufrechte giraffenartige Körperhaltung und wurde bis zu 16 m hoch. Obwohl Brachiosaurus zuerst anhand von Bruchstücken aus der Morrison-Formation beschrieben wurde, ist er in Nordamerika selten. Besser bekannt ist er von den vollständigeren Skeletten aus Tendaguru. Weitere hier gefundene Dinosaurier sind Barosaurus und Dicraeosaurus (beides Diplodociden), Kentrosaurus (ein Stegosaurier), Gigantosaurus (ein weiterer riesiger Sauropode) und der kleine Theropode Elaphrosaurus.

Es gibt einige bemerkenswerte Unterschiede zwischen den Faunen von Tendaguru und Morrison. Der auffälligste ist die relative Seltenheit von großen Theropoden wie Allosaurus. Neben den Dinosauriern sind die Wirbeltiere auch durch Krokodile, Knochenfische, Haie, Flugsaurier und Säugetiere vertreten. Wirbellose schließen Cephalopoden (Kopffüßer), Korallen, Muscheln, Schnecken, Brachiopoden, Arthropoden und Echinodermen (Stachelhäuter) ein, die alle das flache Epikontinentalmeer bewohnten. Eine Flora aus verkieseltem Holz und eine Mikroflora aus Dinoflagellaten, Sporen und Pollen könnten neue paläoökologische Daten liefern.

Weiterführende Literatur

Anderson, O.J. & Lucas, S.G. (1998): Redefinition of Morrison Formation (Upper Jurassic) and related San Rafael Group strata, southwestern U.S. Modern Geology 22, 39–69.

Ash, S.R. & Tidwell, W.D. (1998): Plant megafossils from the Brushy Basin Member of the Morrison Formation near Montezuma Creek Trading Post, southeastern Utah. Modern Geology 22, 321–339.

Bilbey, S.A. (1998): Cleveland-Lloyd dinosaur quarry – age, stratigraphy and depositional environments. Modern Geology 22, 87–120.

Breithaupt, B.H. (1998): Railroads, blizzards, and dinosaurs: a history of collecting in the Morrison Formation of Wyoming during the nineteenth century. Modern Geology 23, 441–463.

Demko, T.M. & Parrish, J.T. (1998): Paleoclimatic setting of the Upper Jurassic Morrison Formation. Modern Geology 22, 283–296.

Dodson, P., Bakker, R.T., Behrensmeyer, A.K. & McIntosh, J.S. (1980): Taphonomy and paleoecology of the dinosaur beds of the Jurassic Morrison Formation. Paleobiology 6, 208–232.

Engelmann, G.F. & Callison, G. (1998): Mammalian faunas of the Morrison Formation. Modern Geology 23, 343–379.

Evanoff, E. & Carpenter, K. (1998): History, sedimentology, and taphonomy of Felch Quarry 1 and associated sandbodies, Morrison Formation, Garden Park, Colorado. Modern Geology 22, 145–169.

Gregory, H.E. (1938): The San Juan Country. United States Geological Survey Professional Paper 188.

Kirkland, J.I. (1998): Morrison fishes. Modern Geology 22, 503–533.

Padian, K. (1998): Pterosaurians and ?avians from the Morrison Formation (Upper Jurassic, western U.S.). Modern Geology 23, 57–68.

Richmond, D.R. & Morris, T.H. (1998): Stratigraphy and cataclysmic deposition of the Dry Mesa Dinosaur Quarry, Mesa County, Colorado. Modern Geology 22, 121–143.

Russell, D., Béland, P. & McIntosh, J.S. (1980): Paleoecology of the dinosaurs of Tendaguru (Tanzania). Mémoires de la Société géologique de France 139, 169–175.

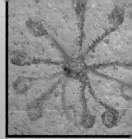

SOLNHOFEN

Kapitel Zehn

Mesozoische Plattenkalke

Bereits in den letzten beiden Kapiteln wurden sowohl terrestrische als auch marine Ökosysteme des Jura beschrieben, und gerade im mittleren bis oberen Jura gibt es eine bemerkenswert große Zahl von Fossillagerstätten. Dies liegt vor allem an den paläogeographischen Verhältnissen während des späten Jura und der frühen Kreide, die zu einer Vielzahl isolierter Meeresbecken führten.

Viele Becken weisen eine typische Fazies aus sehr fein laminierten, mikritischen Kalksteinen auf. Diese sind als „lithographische Schiefer" bekannt, da sich die Platten aus einigen Horizonten ideal für den Steindruck oder die Lithographie eignen. Korrekter ist jedoch die Bezeichnung Plattenkalke für diese Gesteine. Plattenkalke lassen aus einer Reihe von Gründen oft eine vorzügliche Weichteilerhaltung zu. Außerdem überliefern sie häufig vollständigere Ökosysteme mit Wasser und Land bewohnenden Tieren und Pflanzen,

als es beispielsweise unter den eingeschränkten Bedingungen des Posidonienschiefers oder der Morrison-Formation möglich ist.

Die bedeutendste unter den vielen mesozoischen Plattenkalk-Lagerstätten ist der Plattenkalk von Solnhofen in Bayern (**174**). Obwohl Fossilien keineswegs häufig sind, lieferte dieser Kalkstein über die Jahre viele spektakuläre Exemplare, die den Reichtum des Lebens am Ende des Jura dokumentieren. Dazu gehören die Überreste von empfindlichen Gefäßpflanzen und niederen Pflanzen, eine ganze Reihe von marinen und terrestrischen Wirbellosen, Fische und Meeresreptilien, vereinzelte Dinosaurier und fliegende Reptilien. Die weichen Tentakel von Kopffüßern sind ebenso erhalten wie die zarten Flügel von Libellen und die Flughäute von Pterosauriern. Doch am berühmtesten sind die Exemplare von *Archaeopteryx*, dem frühesten bekannten Vogel der Erde, der vollständig mitsamt Federkleid erhalten ist.

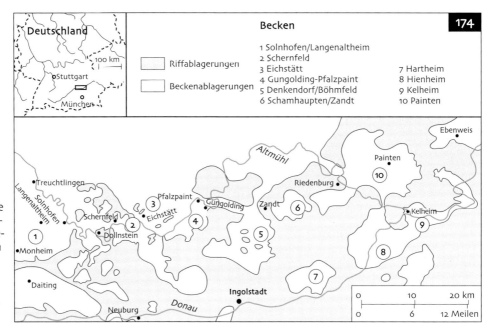

174 Aufschlusskarte mit den Plattenkalkbecken in der Umgebung von Solnhofen auf der südlichen Frankenalb in Bayern, Deutschland (nach Barthel *et al.*, 1990).

Entdeckungsgeschichte und Abbau des Solnhofener Plattenkalks

Der Solnhofener Plattenkalk blickt auf eine lange Abbaugeschichte zurück. Zunächst wurde er als Baumaterial, später für die Herstellung von Lithographien verwendet. Aufgrund seiner gleichmäßigen Schichtung, und weil man ihn entlang der Schichtflächen so leicht in Blöcke oder Platten spalten kann, wurde er bereits in der Römerzeit zum Hausbau, als Dachziegel und zum Fliesen der Böden benutzt. Er wird auch heute noch nahezu ausschließlich in Handarbeit abgebaut und liefert schön gefärbte Boden- und Wandfliesen für den Wohnbereich. Gegen Ende des 18. Jahrhunderts entdeckte man, dass sich bestimmte, feinkörnige, poröse aber harte Lagen des Solnhofener Plattenkalks ideal für den Steindruck eignen. Zur Herstellung von Druckplatten musste man ursprünglich polierte Kalksteinoberflächen mit ölhaltiger Tinte beschreiben und dann den nicht benetzten Stein mit schwacher Säure ätzen. Daher stammt der verbreitete Name „lithographischer Schiefer".

Das Aufschlussgebiet des Solnhofener Plattenkalks ist das Hochplateau der südlichen Frankenalb (**174**). Die Aufschlüsse sind fleckenartig verteilt, massive Riffkalke begrenzen die einzelnen Plattenkalkbecken. Die größten Steinbrüche liegen im westlichen Teil des Gebiets, insbesondere um den kleinen Ort Solnhofen und die alte Barockstadt Eichstätt (**175**, **176**).

Fossilien kennt man aus diesen Kalksteinen schon seit Beginn des Abbaus, doch das große Interesse erwachte erst im Jahre 1860, als in der Nähe von Solnhofen eine einzelne Feder entdeckt wurde. Rasch folgte eine weitere Sensation, als im darauf folgenden Jahr ein nahezu vollständiges Skelett mit fächerartigem Schwanz und gefiederten Schwingen gefunden wurde (**177**). Nur der Kopf fehlte. Trotz einiger Reptilienmerkmale handelte es sich eindeutig um einen fossilen Vogel. Seine Entdeckung kam zur rechten Zeit – nur zwei Jahre nach der Veröffentlichung von Darwins Werk *Die Entstehung der Arten* schien das vorhergesagte fehlende Bindeglied („missing link") zwischen den Reptilien und den Vögeln gefunden zu sein. Zunächst gelangte das später von Meyer (1861) als *Archaeopteryx lithographica* beschriebene Exemplar in den Besitz des örtlichen Arztes Carl Häberlein – anstelle der Bezahlung von Behandlungsgebühren. Dieser verkaufte es als Teil einer Sammlung von Fossilien aus Solnhofen an das British Museum in London (heute Natural History Museum).

Sechzehn Jahre vergingen, bis man am Blumenberg bei Eichstätt ein weiteres Exemplar fand, dieses Mal sogar komplett mit Schädel (**178**). Carl Häberleins Sohn Ernst verkaufte das Exemplar von 1877 an das Berliner Naturkundemuseum. Nur acht weitere Exemplare wurden seitdem entdeckt: das Maxberger Exemplar, gefunden 1955 und seit 1991 verschollen; das Haarlemer Exemplar hat man bereits 1855 gefunden,

175 Abbau der Solnhofener Plattenkalke im Steinbruch Berger bei Harthof, nahe Eichstätt auf der südlichen Frankenalb.

176 Feinlaminierte Kalksteinschichten in den Solnhofener Plattenkalken im Steinbruch Berger.

177 Der „Urvogel" *Archaeopteryx lithographica* – das „Londoner Exemplar" (Abguss im MM; Original im NHM). Spannweite 390 mm.

aber erst 1970 im Teylers Museum in Haarlem, Niederlande, als *Archaeopteryx* erkannt, wo es bis dahin als Flugsaurier ausgestellt worden war; das Eichstätter Exemplar, ein Jungtier, wurde 1950 gefunden und im Jura-Museum Eichstätt als Dinosaurier *Compsognathus* ausgestellt, wo man es erst 1973 als *Archaeopteryx* erkannte; das Solnhofen-Exemplar, gefunden in den 1960er-Jahren befindet sich im Bürgermeister Müller Museum, Solnhofen; das Exemplar des Solnhofer Aktienvereins, gefunden 1992 und als neue Art, *Archaeopteryx bavarica*, beschrieben, wird im Münchener Museum aufbewahrt; das Mörnsheimer Exemplar, das man nur von einem Foto im Bürgermeister Müller Museum, Solnhofen, kennt; das neunte Exemplar ist ein einzelner Flügel, den man im Jahre 2004 auffand und der sich ebenfalls im Bürgermeister Müller Museum in Solnhofen befindet; das zehnte und wohl aufschlussreichste Exemplar, tauchte im Jahre 2005 im Besitz eines Privatsammlers auf und befindet sich heute im Wyoming Dinosaur Center in Thermopolis, Wyoming, USA.

Stratigraphischer Rahmen und Taphonomie des Solnhofener Plattenkalks

Der Solnhofener Kalkstein (genauer die Solnhofen-Formation) wird in einen unteren und einen oberen Plattenkalk gegliedert, die beide in den unteren Abschnitt des Untertithons fallen (Oberjura, *Hybonoticeras hybonotum*-Zone, etwa 150 Millionen Jahre vor heute; **179**). Das Aufschlussgebiet bedeckt eine Fläche von 70 mal 30 km, und die 95 m mächtige Abfolge repräsentiert einen Zeitabschnitt von etwa einer halben Million Jahren (Viohl, 1985).

Zu Beginn des Jura war die gesamte südliche Frankenalb von einem weiten Schelfmeer bedeckt. Im mittleren Jura bestand eine Verbindung zum Tethysmeer im Süden (Barthel *et al.*, 1990, Abb. 2.6). Wahrscheinlich wurde der Solnhofener Kalkstein in einer abgeschlossenen Lagune innerhalb dieses Schelfmeeres abgelagert. Nach Norden wurde sie von der Mitteldeutschen Schwelle (siehe Kapitel 4) geschützt, nach Süden und Osten trennten Korallenriffe die Lagune von der Tethys.

Im späten Jura (Oxford-Stufe) begannen sich Riffkörper aus Schwämmen und Cyanobakterien („Blaugrünalgen") innerhalb der Lagune aufzubauen. In den dazwischen liegenden Becken lagerte sich mikritischer Kalkschlamm ab. Seit dem Kimmeridge kommen in den Beckenablagerungen erste Plattenkalke vor, und im frühen Tithon bildete sich schließlich der Solnhofener Plattenkalk. Die gleichmäßige Lamination bezeugt die Ablagerung in ruhigen, geschützten Gewässern (siehe Burgess Shale, Kapitel 2, und Posidonienschiefer, Kapitel 8).

Die Gewässer in diesen isolierten Lagunen waren stehend, und durch die starke Verdunstung in dem semiariden Klima veränderte sich der Salzgehalt und es kam zu einer Dichteschichtung in der Wassersäule.

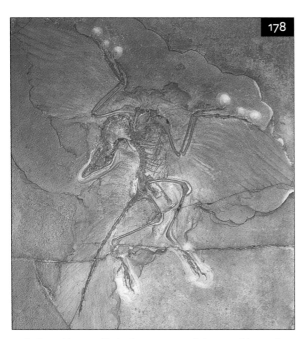

178 Der „Urvogel" *Archaeopteryx lithographica* – das „Berliner Exemplar" (Abguss im MM; Original im HMB). Spannweite 430 mm.

ti$_3$	Mörnsheimer Schichten	
ti$_{2b}$	Hangende Krumme Lage	
	Obere Solnhofener Schichten	
ti$_{2a}$	Trennende Krumme Lage	
	Untere Solnhofener Schichten	
ti$_1$	Röglinger Bankkalke	

179

179 Die Stratigraphie des Oberjura in der Gegend von Solnhofen–Eichstätt (nach Barthel *et al.*, 1990).

Dadurch bildeten sich schwere, hypersaline, d. h. übersalzene, und dadurch lebensfeindliche Bodenwässer (Viohl, 1985, 1996), die eventuell auch anoxisch (sauerstoffarm) und darüber hinaus durch Algenblüten vergiftet waren. Die Kontinuität der Plattenkalke über weite Bereiche und das Fehlen von Bioturbation, d. h. die Durchmischung des Sediments durch kriechende oder grabende Organismen, spricht für die Abwesenheit einer benthischen Fauna in der Lagune. Die Oberflächenwässer waren dagegen besser durchlüftet und durch normalen Salzgehalt gekennzeichnet. Damit konnten einige planktonische (schwebende) und nektonische (schwimmende) Organismen überleben, die man anhand ihrer Koprolithen nachweisen konnte. Auf den Schwamm-Algen-Riffen, die in die durchlüfteten Oberflächenwässer aufragten, konnten dagegen sowohl nektonische als auch benthische Formen existieren (Viohl, 1996).

Das von Barthel (1964, 1970, 1978) vorgeschlagene Ablagerungsmodell legt nahe, dass gewaltige Monsunstürme regelmäßig die Boden- und Oberflächenwässer durchmischt haben. Die plötzlichen Schwankungen im Salzgehalt verursachten den Tod sämtlicher in Oberflächennähe lebenden Organismen. Fossile Belege deuten auf Massensterbeereignisse und plötzlichen Tod hin (beispielsweise Fische, die während der Nahrungsaufnahme gestorben sind). Außerdem wurden Meerestiere von den Riffen und aus dem offenen Ozean in die Lagune geschwemmt, Flugsaurier und *Archaeopteryx* wurden von starken Winden erfasst und ertranken, während fliegende Insekten und Pflanzenteile über die Lagune geweht wurden und untergingen. Die stagnierenden und übersalzenen Bedingungen hielten Aasfresser fern und verlangsamten den mikrobiologischen Abbau der Kadaver. Einige Tiere überlebten offenbar für kurze Zeit, nachdem sie in die Lagune gespült worden waren. So hinterließen zum Beispiel der Schwertschwanz *Mesolimulus* und der Krebs *Mecochirus* Fährten, an deren Ende man das dazugehörigen Tier gefunden hat.

Eine weitere Rolle spielten Stürme, die Carbonatschlamm, der sich um die Riffe herum abgelagert hatte, aufwirbelten und in die Lagune spülten. Die feineren Partikel blieben in dem aufgewühlten Wasser in Schwebe und wurden nach Norden in die Plattenkalkbecken transportiert, wo sie schließlich wieder zu Boden sanken und rasch alle Kadaver auf dem Boden der Lagune begruben. In diesem Modell wird das Sediment als allochthon, d. h. von weiter her transportiert, betrachtet. Das Ablagerungsmodell von Keupp (1977a, b) weicht insofern ab, als es das Sediment als autochthon ansieht, d. h. an Ort und Stelle gebildet und zwar von Cyanobakterien auf dem Lagunenboden.

Durch die rasche Einbettung blieben feinste Details von Weichteilen wie Insektenflügel, Tintenfischtentakel und Vogelfedern als Abdrücke in dem feinen Schlamm erhalten. Gelegentlich ist unverändertes organisches Material überliefert, wie bei Tintenbeutel von Cephalopoden oder die ursprüngliche Einzelfeder von *Archaeopteryx*. Manchmal ist es durch Calciumphosphat (Francolith) ersetzt, besonders bei Muskeln von Fischen und Cephalopoden. Auch Cyanobakterienrasen auf dem Grund der Lagune, die sich durch die Hohlkugeln von kokkoiden Cyanobakterien im Sediment andeuten,

könnten eine Rolle bei der Erhaltung gespielt haben. Sie kapselten die Kadaver ein und hielten den Carbonatschlamm zusammen, wodurch v. a. Fährten und andere Spuren von Organismen konserviert wurden.

Die Lebewelt des Solnhofener Plattenkalks

Archaeopteryx. Der älteste bekannte fossile Vogel hat noch eine Reihe von Reptilienmerkmalen (**177**, **178**, **180**). An den Vorderextremitäten sitzen drei Finger mit scharfen Krallen, die nicht in die Flügel einbezogen sind. Die Kiefer sind mit spitzen Zähnen besetzt. Der lange Schwanz ist verknöchert wie bei Reptilien. Vogelmerkmale sind die langen, schlanken Beine mit vogelartigen Füßen, der von einem Fächer aus Federn umsäumte Schwanz, das kräftige Gabelbein (Furcula) an der Vorderseite der Brust und Schwingen mit asymmetrischen Flugfedern. Dieses letzte Merkmal legt nahe, dass *Archaeopteryx* fliegen konnte (Feduccia & Tordoff, 1979). Nach Ansicht von Ostrom (1974) konnte er jedoch kein leistungsfähiger Flieger gewesen sein, denn am Brustbein (Sternum) fehlt ein Kiel für den Ansatz der großen Brustmuskeln und an den Coracoiden (Rabenbeine) fehlen Fortsätze zum Ansatz der kleinen Brustmuskeln, die zum Anheben der Flügel dienen. Ostrom (1984) betrachtete ihn daher als „kläglichen Flatterer". Martin (1985) und Yalden (1985) zufolge lebte er vermutlich in Bäumen. Yalden zeigte, dass die Krallen der Hand wie bei Baumläufern und Spechten zum Klettern benutzt wurden.

Compsognathus. Der einzige Dinosaurier aus dem Solnhofener Kalkstein war ein lediglich hühnergroßer Theropode aus der Gruppe der Coelurosaurier (**181**, **182**). Der lange Hals und der kleine bewegliche Kopf wurden von einem langen Schwanz ausbalanciert. Die Hinterbeine waren lang und kräftig, die Vordergliedmaßen hingegen kurz mit zweifingerigen Klauen. Das Skelett dieses vogelähnlichen Dinosauriers hat viele Merkmale mit *Archaeopteryx* gemeinsam. Im Magen des einzigen Exemplars von Solnhofen fand sich das Skelett einer Echse. Ein zweites Exemplar wurde 1972 im Tithon der Provence in Frankreich entdeckt. Im Jahre 2006 beschrieb man einen neuen compsognathiden Dinosaurier, *Juravenator*, aus dem Kimmeridge der Plattenkalke von Eichstätt, direkt unterhalb der Solnhofener Plattenkalke.

Pterosaurier. Verglichen mit den Giganten der Santana-Formation (Kapitel 11) waren die Flugsaurier von Solnhofen klein. Es gab langschwänzige Rhamphorhynchoidea wie *Rhamphorhynchus* (**183**) und *Scaphognathus* mit Spannweiten bis zu 1 m sowie kurzschwänzige Pterodactyloidea wie den drosselgroßen *Pterodactylus* (**184**). Die Flughäute und die ruderartigen Schwanzsegel können als Abdruck überliefert sein und zeigen manchmal einen haarartigen Überzug. Einige Exemplare hatten Häute zwischen den Zehen.

Andere Reptilien. Hierzu gehören Ichthyosaurier, Plesiosaurier, Krokodile, Schildkröten, Echsen und Brückenechsen. Ichthyosaurier und Plesiosaurier – letztere nachgewiesen durch einen einzelnen Zahn – sind selten und stets schlecht erhalten. Solche kraftvollen Schwimmer des offenen Ozeans wurden nur durch sehr schwere Stürme in die Lagune geschwemmt. Echsen

180 Rekonstruktion
von *Archaeopteryx.*

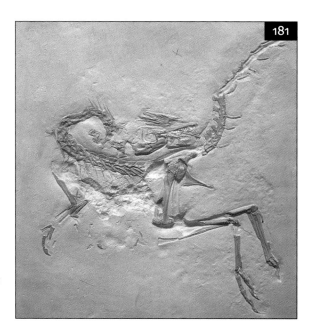

181 Der kleine theropode Dinosaurier *Compsognathus*
longipes (Abguss im MM; Original im BSPGM).
Breite der Platte 310 mm.

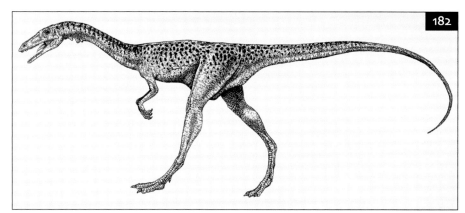

182 Rekonstruktion
von *Compsognathus.*

und Brückenechsen sind ebenfalls selten und lebten wahrscheinlich im Landesinneren, weit entfernt von den Küsten der Lagune. Schildkröten sind mit Süßwasser- und Küstenformen und Krokodile mit marinen und terrestrischen Arten vertreten, aber ebenfalls nur in geringer Zahl.

Fische. Zu den häufigsten Wirbeltieren von Solnhofen zählen Actinopterygier (Strahlenflosser), Sarcopterygier (Fleischflosser) und Chondrichthyer (Knorpelfische). Die meisten Actinopterygier waren Holostei (Knochenganoiden) wie der bis zu 2 m lange *Lepidotes* (**146**), der papageienfischähnliche *Gyrodus*, und *Caturus*, ein riesiger Räuber. Daneben kennt man aber auch einige frühe Teleostier (moderne Knochenfische) wie den sprottenähnlichen *Leptolepides* (**185**), den man normalerweise in Massenansammlungen findet. Seltener sind Sarcopterygier wie der kleine Quastenflosser *Coccoderma*, während die Chondrichthyer durch Haie, Rochen und Chimären vertreten sind.

Krebse und Schwertschwänze. Decapode Krebse (Garnelen, Hummer, Krabben) sind wahrscheinlich die bekanntesten marinen Wirbellosen von Solnhofen; häufige Gattungen sind *Aeger* (**186**, **187**), *Mecochirus* und *Cycleryon. Mecochirus* und den Schwertschwanz *Mesolimulus* findet man oft am Ende einer spiraligen oder chaotischen Spur. Dies deutet darauf hin, dass sie auf dem

183 Rekonstruktion von *Rhamphorhynchus*.

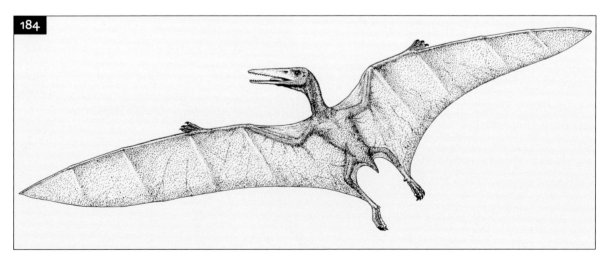

184 Rekonstruktion von *Pterodactylus*.

vergifteten Boden der Lagune landeten, noch einige Schritte ums Überleben kämpften und schließlich starben (**188**).

Insekten. Terrestrische Arthropoden sind häufig als Abdruck erhalten. Man kennt nur geflügelte Insekten, bei denen oft sogar die feine Äderung der Flügel überliefert ist. Hierzu gehören Eintagsfliegen, Libellen (**189**), Schaben und Termiten, Wasserläufer, Heuschrecken und Grillen, Wanzen und Wasserskorpione, Zikaden, Florfliegen, Käfer, Köcherfliegen, echte Fliegen und Wespen.

Andere Invertebraten. Die meisten Gruppen von marinen Wirbellosen sind vertreten, z. B. Schwämme, Quallen, Korallen, Anneliden (Ringelwürmer), Bryozoen, Brachiopoden, Muscheln, Schnecken, Cephalopoden (Kopffüßer wie Kalmare, Belemniten, Nautiliden und Ammoniten) und Echinodermen (Stachelhäuter wie Seelilien, Seesterne, Schlangensterne, Seeigel und Seegurken). Bei den Belemniten (wie *Acanthoteuthis*) sind manchmal die Tentakel und die Tentakel-

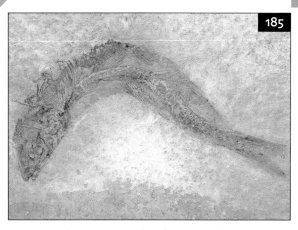

185 Der Teleostier *Leptolepides sprattiformis* (MM). Länge 75 mm.

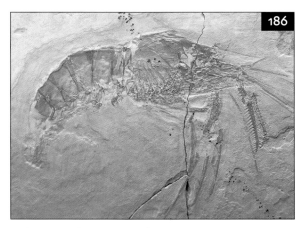

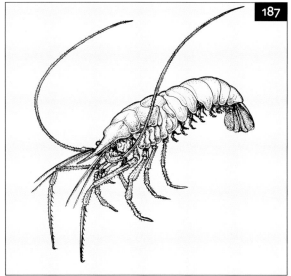

186 Der Krebs *Aeger tipularius* (MM). Länge 65 mm.

187 Rekonstruktion von *Aeger*.

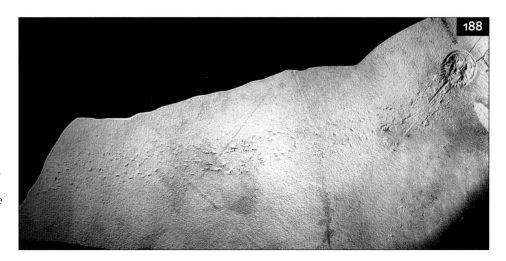

188 Der Schwertschwanz *Mesolimulus* ist am Ende seiner Spur verendet (PS). Länge der Spur 1 m.

haken als Eindrücke (**190, 191**) und die Tintenbeutel als ursprünglicher Kohlenstoff erhalten geblieben. Die planktonische Seelilie *Saccocoma* ist eines der häufigsten Fossilien von Solnhofen (**192**).

Pflanzen. Alle Gefäßpflanzen von Solnhofen sind Gymnospermen (Nacktsamer). Dazu gehören Pteridospermen (Samenfarne oder Farnsamer), Bennettiteen, Ginkgogewächse und Koniferen (Nadelhölzer). Es gibt jedoch keine Hinweise auf größere Bäume.

Spurenfossilien. Spurenfossilien sind im Solnhofener Plattenkalk von großer Bedeutung. Hierunter fallen auch Koprolithen wie die wurmartige *Lumbricaria*, die oft isolierte Skelettelemente von planktonischen Seelilien enthält. Die verschiedenen Formen von *Lumbricaria* repräsentieren wahrscheinlich die Exkremente von Fischen und Kalmaren und beweisen, dass es sehr wohl autochthones Leben in der Lagune gab. Ruhespuren, beispielsweise von Ammoniten, zeigen, dass einige Bodenwässer stagnierten, während Schleifmarken dafür sprechen, dass es an anderen Stellen schwache Strömungen gab. Die Fährten von Krebsen wurden bereits beschrieben.

Frickhinger (1994) hat die Fauna und Flora von Solnhofen ausführlich dokumentiert und illustriert.

Paläoökologie des Solnhofener Plattenkalks

In den Solnhofener Plattenkalken ist die Lebensgemeinschaft einer flachen, salzigen Lagune überliefert. Sie lag in der subtropischen Zone bei etwa 25°–30° Nord und war durch ein semiarides Monsunklima geprägt. Stagnierende und übersalzene Bodenwässer verhinderten eine Besiedelung und hielten Aasfresser fern, sodass es mit Ausnahme der Salz liebenden Cyanobakterienmatten kein autochthones Leben am Boden gab.

Nach Episoden der Wasserdurchmischung war in den besser durchlüfteten Oberflächenwässern mit normalem Salzgehalt für kurze Phasen ein begrenztes planktonisches und nektonisches Leben möglich. So kommen beispielsweise planktonische Seelilien in einigen Horizonten in großer Zahl vor. Sie bildeten die Beute von Fischen und Cephalopoden, deren Kopro-

189 Die Libelle *Tarsophlebia eximia* (MM). Spannweite 75 mm.

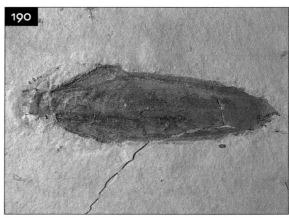

190 Der Tintenfisch *Acanthoteuthis* sp. (MM). Länge 300 mm.

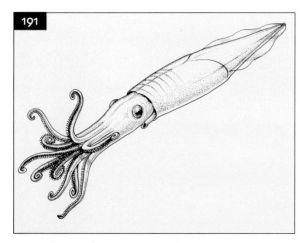

191 Rekonstruktion von *Acanthoteuthis*.

192 Die planktische Crinoide *Saccocoma tenellum* (MM). Breite 35 mm.

lithen, die die Reste dieser Crinoiden enthalten, auf dem Grund der Lagune abgelagert wurden. Viohl (1996) unterscheidet vier Lebensräume, die von Fischen bewohnt wurden. Dazu gehören die sauerstoffreichen Oberflächenwässer wie auch die Oberflächen der Schwamm-Algen-Riffe, die bis in die bewohnbaren Oberflächenwässer emporragten. Auf ihnen lebten auch benthische Formen, insbesondere Krebse.

Korallenriffe trennten die lebensfeindliche Lagune vom offenen Meer ab, in dem eine reiche marine Invertebratenfauna, Fische und Meeresreptilien lebten. Diese Formen beeinflussten die Lebewelt der Lagune insofern, als sie durch Stürme immer wieder in diese hinein geschwemmt wurden (Barthel *et al.*, 1990). Aus der Riffgemeinschaft betraf dies die planktonischen Organismen wie Seelilien, Quallen und an Seegras festgeheftete Austern sowie relativ schlechte Schwimmer wie Ammoniten und kleine Fische aus der Umgebung des Riffs. Weniger häufig sind kräftige Schwimmer, etwa Kalmare, große Raubfische und Meeresreptilien (Ichthyosaurier, Plesiosaurier und Krokodile), die allesamt das offene Meer bewohnten. Mobile Bodenbewohner, wie Krebse, Schwertschwänze, Schnecken, Seeigel und Seesterne wurden mit größerer Wahrscheinlichkeit eingeschwemmt als festgewachsenes Benthos. Aus diesem Grund ist die benthische Epifauna, also Schwämme, Korallen, Bryozoen, Brachiopoden und festgewachsene Muscheln (z. B. *Pinna*) genau wie die benthische Infauna mit grabenden Muscheln (z. B. *Solemya*) und Polychaeten (Vielborstern, z. B. *Ctenoscolex*) meist nur durch Bruchstücke vertreten.

Eine benachbarte tief gelegene Landmasse im Norden der Lagune sorgte für den Eintrag von strauchförmigen Pflanzen wie niedrigen Koniferen und anderen Gymnospermen, die an salzige Böden angepasst waren. Dagegen fehlten große Bäume. In dieser Vegetation lebte eine Vielzahl von aquatischen, semiaquatischen und terrestrischen Insekten. Sie waren eine reiche Beute für kleine Echsen, Brückenechsen und Vögel, die wiederum von vogelartigen theropoden Dinosauriern gejagten wurden.

In den Küstengewässern lebten Schildkröten und Krokodile, während die Ufer von einer Vielzahl von Pterosauriern bewohnt waren. Wie ihre Mageninhalte zeigen, jagten einige von ihnen Fische, während sich andere nach ihren Zähnen zu schließen wahrscheinlich von Insekten ernährten. Erneut ist die Lebensgemeinschaft von Solnhofen unausgewogen erhalten, denn terrestrischen Arten sind größtenteils durch fliegende Formen wie Insekten, Flugsaurier oder Vögel vertreten, welche die Lagune überquert haben. Dagegen sind landlebende Tiere wie Echsen und Dinosaurier verständlicherweise äußerst selten.

Mehr als 600 Arten aus unterschiedlichen Lebensräumen wurden aus den Solnhofener Kalksteinen beschrieben. Das vielleicht Auffälligste ist, dass die große Mehrheit von ihnen allochthon ist, d. h. von den Riffen, vom offenen Meer und vom nahen Land eingeschwemmt worden ist.

Vergleich von Solnhofen mit anderen Lebensgemeinschaften des Mittleren Mesozoikums
Provinz Liaoning, Nordost-China

Es gibt eine ganze Reihe von mittelmesozoischen Lagerstätten, die sich mit Solnhofen vergleichen lassen. In Bezug auf das Ökosystem ist vor allem eine kürzlich in der Provinz Liaoning in China entdeckte Fundstelle interessant. Auf der Suche nach Fossilien haben die Bauern in der Nähe des Dorfes Sihetun südlich von Beipiao im westlichen Liaoning Steinbrüche angelegt und große Sammlungen einer vielfältigen und mit Weichteilen erhaltenen Lebensgemeinschaft zusammengetragen.

Die Chaomidianzi-Formation, die man früher als unteren Abschnitt der Yixian-Formation ansah (Chiappe *et al.*, 1999), stammt aus dem späten Jura oder der frühen Kreide. Bekannt wurde sie durch den Fund des ersten zahnlosen Vogels mit Schnabel, *Confuciusornis sanctus*, im Jahre 1994 (Hou *et al.*, 1995). Noch berühmter wurde sie, als man zwei Jahre später in denselben Schichten „gefiederte Dinosaurier" entdeckte (Ji *et al.*, 1999).

Die vielfältige Vogelfauna umfasst mindestens acht bereits beschriebene und noch zahlreiche weitere bisher unbeschriebene Gattungen. Nach dem *Archaeopteryx* von Solnhofen ist sie zweifellos die älteste fossil überlieferte Vogelfauna. Bei allen Vögeln sind die Federn erhalten, und viele ihrer morphologischen Merkmale zeigen, dass sie eine höhere Evolutionsstufe erreicht hatten als *Archaeopteryx*. So hatte beispielsweise *Confuciusornis* einen Schnabel ohne Zähne, einen nach hinten gerichteten ersten Zeh (Hallux), und den verknöcherten Reptilienschwanz hatte er verloren – eine frühe Anpassung an das Sitzen auf Ästen und Zweigen.

Die Lebensgemeinschaft ist vielfältig, sie umfasst Süßwassermollusken (Muscheln und Schnecken); Krebse, darunter Ostrakoden (Muschelkrebse), Conchostraken (Muschelschaler) und Garnelen; Fische, Frösche, Schildkröten, Echsen, Flugsaurier und kleine Säuger; Psittacosaurier (Papageischnabel-Dinosaurier), Dromaeosaurier (z. B. *Sinorthiosaurus*), einen Therizinosaurier (*Beipiaosaurus*) und die gefiederten Dinosaurier (*Sinosauropteryx*, *Caudipteryx* und *Protarchaeopteryx*); dazu verschiedene Vögel wie *Confuciusornis*. Daneben finden sich eine vielfältige Insektenfauna mit Libellen, Stabschrecken, Schmetterlingen, Kamelhalsfliegen, Florfliegen, echten Fliegen und Heuschrecken sowie vereinzelte Spinnen. Die Flora besteht aus Palmfarnen, Ginkgos, Koniferen und Angiospermen.

Die Chaomidianzi-Formation wird in drei Subformationen unterteilt, die alle dünn geschichtete Tuffe oder Tuffite enthalten. Trotzdem ist das genaue Alter der Abfolge unklar. Radiometrische Messungen an einem intrusiven magmatischen Gestein ergaben ein frühkreidezeitliches Alter. Darauf lassen auch palynologische Untersuchungen (Pollenanalysen) und das Vorkommen des Ornithischiers *Psittacosaurus* schließen. Die radiometrischen Daten der Tuffite selbst und das Vorkommen eines rhamphorhynchoiden („langschwänzigen") Flugsauriers (Ji *et al.*, 1999) sprechen jedoch für späten Jura.

Die Abfolge verkörpert den Übergang von Fluss- zu Seeablagerungen und schließlich die Auffüllung des Sees. Starke vulkanische Aktivitäten mit der Bildung von großen Aschemengen führten vermutlich zu einer Reihe von Massensterbeereignissen, die das gesamte Seeökosystem betrafen (Viohl, 1997). Auf den Grund des Sees abgesunkene Kadaver von Tieren aus dem See selbst und aus benachbarten Landgebieten blieben unversehrt, da mögliche Aasfresser ebenfalls starben und schnell unter der feinen Asche begraben wurden. Zur Bestätigung dieser Hypothese bedarf es weiterer taphonomischer Untersuchungen, doch die wiederholte Anhäufung großer Mengen feiner Sedimente erinnert an die Schlammströme des Burgess Shale (Kapitel 2) und die Sturmablagerungen von Solnhofen und ist verantwortlich für die feine Laminierung der Sedimente.

Der Vergleich von Liaoning mit Solnhofen ist interessant. Da es sich um einen See und keine Lagune handelt, finden sich anstelle der Meeresfauna von Solnhofen hier Süßwasserfische und -invertebraten, doch ein großer Teil der allochthonen Fauna ist bemerkenswert ähnlich. In beiden kommen Vögel, Flugsaurier, kleine Dinosaurier, Schildkröten und Echsen vor. Beide haben eine artenreiche Insektenfauna und eine Flora aus Ginkgos und Koniferen. Nur Angiospermen fehlen in Solnhofen.

Weiterführende Literatur

Barthel, K.W. (1964): Zur Entstehung der Solnhofener Plattenkalke (unteres Untertithon). Mitteilungen der Bayerischen Staatssammlung für Paläontologie und Historische Geologie **4**, 37–69.

Barthel, K.W. (1970): On the deposition of the Solnhofen lithographic limestone (Lower Tithonian, Bavaria, Germany). Neues Jahrbuch für Geologie und Paläontologie, Abhandlungen **135**, 1–18.

Barthel, K.W. (1978): Solnhofen: Ein Blick in die Erdgeschichte. Ott Verlag, Thun, 393 S.

Barthel, K.W., Swinburne, N.H.M. & Conway Morris, S. (1990): Solnhofen; a study in Mesozoic palaeontology. Cambridge University Press, Cambridge, x + 236 S.

Chiappe, L.M., Ji, S., Ji Q. & Norell, M.A. (1999): Anatomy and systematics of the Confuciusornithidae (Theropoda: Aves) from the late Mesozoic of northeastern China. Bulletin of the American Museum of Natural History **242**, 1–89.

Feduccia, A. & Tordoff, H.B. (1979): Feathers of *Archaeopteryx*: asymmetric vanes indicate aerodynamic function. Science **203**, 1021–1022.

Frickhinger, K.A. (1994): Die Fossilien von Solnhofen, Bd.1. Goldschneck-Verlag, Wiebelsheim, 336 S.

Frickhinger, K.A. (1999): Die Fossilien von Solnhofen, Bd.2. Goldschneck-Verlag, Wiebelsheim, 192 S.

Hou, L.-H., Zhou, Z.-H., Gu, Y.-C. & Zhang, H. (1995): *Confuciusornis sanctus*, a new Late Jurassic sauriurine bird from China. Chinese Scientific Bulletin **40**, 1545–1551.

Ji, Q., Currie, P., Ji, S.-A. & Norell, M.A. (1999): Two feathered dinosaurs from northeastern China. Nature **393**, 753–761.

Ji, S.-A., Ji, Q. & Padian, K. (1999): Biostratigraphy of new pterosaurs from China. Nature **398**, 573–574.

Keupp, H. (1977a): Ultrafazies und Genese der Solnhofener Plattenkalke (Oberer Malm, Südliche Frankenalb). Abhandlung der Naturhistorischen Gesellschaft Nürnberg **37**.

Keupp, H. (1977b): Der Solnhofener Plattenkalk – ein Blaugrünalgen-Laminit. Paläontologische Zeitschrift **51**, 102–116.

Martin, L.D. (1985): The relationship of *Archaeopteryx* to other birds. 177–183. In Hecht, M.K., Ostrom, J.H., Viohl, G. & Wellnhofer, P.: The beginnings of birds. Proceedings of the International *Archaeopteryx* Conference, Eichstätt, 1984, 382 S.

Meyer, H. von. (1861): *Archaeopteryx lithographica* (Vogel-Feder) und *Pterodactylus* von Solnhofen. Neues Jahrbuch für Mineralogie, Geologie und Paläontologie 1861, 678–679.

Ostrom, J.H. (1974): *Archaeopteryx* and the origin of flight. Quarterly Review of Biology **49**, 27–47.

Ostrom, J.H. (1985): The meaning of *Archaeopteryx*. 161–176. In Hecht, M.K., Ostrom, J.H., Viohl, G. & Wellnhofer, P.: The beginnings of birds. Proceedings of the International *Archaeopteryx* Conference, Eichstätt, 1984, 382 S.

Viohl, G. (1985): Geology of the Solnhofen lithographic limestone and the habitat of *Archaeopteryx*. 31–44. In Hecht, M. K., Ostrom, J.H., Viohl, G. & Wellnhofer, P.: The beginnings of birds. Proceedings of the International *Archaeopteryx* Conference, Eichstätt, 1984, 382 S.

Viohl, G. (1996): The paleoenvironment of the Late Jurassic fishes from the southern Franconian Alb (Bavaria, Germany). 513–528. In Arratia, G. & Viohl, G.: Mesozoic fishes – systematics and paleoecology. Proceedings of the international meeting, Eichstätt, 1993. Dr. Friedrich Pfeil Verlag, München, 576 S.

Viohl, G. (1997): Chinesische Vögel im Jura-Museum. Archaeopteryx **15**, 97–102.

Yalden, D.W. (1985): Forelimb function in *Archaeopteryx*. 91–97. In Hecht, M.K., Ostrom, J.H., Viohl, G. & Wellnhofer, P.: The beginnings of birds. Proceedings of the International *Archaeopteryx* Conference, Eichstätt, 1984, 382 S.

DIE SANTANA- UND CRATO- FORMATIONEN

Kapitel Elf

Der Zerfall des Superkontinents Pangaea

Zu Beginn der Kreidezeit führten Bewegungen in der Tiefe des Erdmantels zum Zerfall des Superkontinents Pangaea. Zunächst wurden Nordamerika und Europa auseinandergerissen, wodurch sich der Nordatlantik öffnete. Am Ende der Unterkreide trennten sich dann Südamerika und Afrika, und der Südatlantik entstand. Währenddessen breitete sich das Urmeer Tethys nach Westen aus, sodass sich die nördlichen Kontinente von denen im Süden entfernten. Der Verlust von Landbrücken und Migrationswegen führte zur Diversifizierung des pflanzlichen und tierischen Lebens auf den nun getrennten Kontinenten.

Damals war es auf der Erde wärmer als je zuvor in ihrer Geschichte. Die Konzentration von Kohlendioxid (CO_2) in der Atmosphäre war hoch, und der Treibhauseffekt bewirkte ein warmes trockenes Klima. Das Schmelzen der Eiskappen an den Polen ließ den Meeresspiegel ansteigen, wodurch weite Teile der Kontinente von Flachmeeren überflutet wurden. Gegen Ende der frühen Kreide führten starke vulkanische Aktivitäten vor allem an den mittelozeanischen Rücken zu einer weiteren Anhebung der Ozeanböden, was den Meeresspiegel weiter ansteigen ließ. Durch den Vulkanismus wurde noch mehr CO_2 freigesetzt, was den Treibhauseffekt zusätzlich verstärkte.

Die schon seit dem Jura (Kapitel 8, 9, 10) bestehende Vorherrschaft der großen Reptilien an Land (Dinosaurier), im Meer (Ichthyosaurier, Plesiosaurier) und in der Luft (Flugsaurier) setzte sich in der Kreide fort. Während dieser Periode kam es zu bemerkenswerten evolutionären Neuerungen in all diesen Gruppen, bevor sie an der Kreide-Tertiär-Grenze endgültig ausstarben.

Als der Superkontinent zerbrach, entwickelten sich die Dinosauriergruppen in verschiedene Richtungen. Zu Beginn der Kreide konnten viele Dinosaurier, etwa *Iguanodon*, noch zwischen Nordamerika und Europa hin und her wandern. Doch in der Mitte dieser Periode war *Tenontosaurus* der in Nordamerika dominierende Ornithopode (ein Vogelfuß-Dinosaurier; zweibeiniger Pflanzenfresser), während dies in Europa weiterhin *Iguanodon* war. In Südamerika herrschten immer noch die riesigen Sauropoden (Elefantenfuß-Dinosaurier; gigantische Pflanzenfresser) vor, die im Jura weit verbreitet waren. Dagegen nahmen sie ebenso wie die Stegosaurier auf den nördlichen Kontinenten rasch ab und wurden von kleineren herbivoren (Pflanzen fressenden) Ornithischiern (Vogelbecken-Dinosaurier) verdrängt, die in riesigen Herden durch die kreidezeitliche Landschaft streiften. Dazu gehörten die gepanzerten Ankylosaurier und die ersten gehörnten Ceratopsier wie *Psittacosaurus*, *Protoceratops* und *Triceratops*. Zur gleichen Zeit entstanden aus den Iguanodonten die Hadrosaurier (Entenschnabelsaurier) wie *Maiasaura*.

Bei den Fleischfressern gingen die Allosaurier (Kapitel 9) zurück und wurden durch riesige Theropoden wie *Tyrannosaurus* und kleinere Räuber wie *Deinonychus*, *Velociraptor* und den straußenähnlichen *Ornithomimus* ersetzt.

Im Wasser verdrängten große Meeresechsen, die Mosasaurier, die Ichthyosaurier des Jura als dominierende Räuber. Plesiosaurier und große Schildkröten waren weiterhin verbreitet, doch Meereskrokodile verschwanden in der frühen Kreide. Die Fische entwickelten sich rasch weiter. Die Holostei (primitive Knochenfische) des Jura wurden bis zum Ende der Kreide nahezu vollständig von den Teleostei verdrängt. Die frühen Teleostier waren noch recht ursprünglich und umfassten herings- und lachsähnliche Formen. Die altertümlichen hybodonten Haie hatten in der Kreide ihren letzten Auftritt, hinterließen jedoch zahlreiche fortschrittlichere Abkömmlinge einschließlich vieler moderner Haie. Auch Rochen und Mantas erreichten im Wesentlichen ein modernes Gepräge. *Mawsonia* ist der letzte fossil bekannte Quastenflosser. Lange Zeit nahm man an, dass er überhaupt der letzte Vertreter dieser Gruppe gewesen sei, bis man im Jahre 1938 eine lebende Art entdeckte.

In der Luft wurden die urtümlichen den Jura dominierenden „langschwänzigen" Rhamphorhynchoiden durch die „kurzschwänzigen" Pterodactyloiden ersetzt. Einige davon erreichten Spannweiten von bis zu 15 m – der Gipfel der Flugsaurierevolution. Doch seit

Beginn der Kreide mussten sie sich den Luftraum mit ihren ärgsten Konkurrenten den Vögeln teilen. Diese hatten sich während des späten Jura und der frühesten Kreide aus gefiederten Dinosauriern entwickelt. Anfänglich lebten Vögel offenbar vor allem in der Nähe von Seen. Doch wegen ihrer größeren Anpassungsfähigkeit im Vergleich zu Flugsauriern breiteten sie sich rasch in andere Lebensräume aus.

Das wohl wichtigste evolutionäre Ereignis des Mesozoikums war jedoch das Auftauchen der Angiospermen, der Blütenpflanzen. Mit ihrem schnelleren Wachstum und der rascheren Fortpflanzung hatten Angiospermen eine neue Strategie gegen grasende Tiere hervorgebracht. Im Laufe der Kreide entwickelten die Blüten eine enge Beziehung zu Insekten. Um sicherzustellen, dass die Pollenkörner die geschützte Samenanlage im Fruchtknoten erreichen, begannen sie, Nektar zu produzieren. Damit lockten sie Insekten an, die den Pollen von einer Pflanze zur nächsten transportierten. Während die Angiospermen gegen Ende der frühen Kreide eine rasante Entwicklung durchmachten, diversifizierten sich die Insekten parallel dazu in Coevolution. Die Luft der Kreide war erfüllt von fliegenden Reptilien, Vögeln und Insekten.

Einen großen Teil unseres Wissens über die Fauna und Flora dieses von evolutionären Neuerungen gekennzeichneten Abschnitts der Kreide verdanken wir einer der ergiebigsten Fossillagerstätten der Erde im Bundesstaat Ceará in Nordost-Brasilien (**193**). Dort liegen in einer etwa 700 m mächtigen Abfolge von Se-dimenten der Unterkreide nicht nur eine, sondern zwei Lagerstätten. Der modernen stratigraphischen Nomenklatur zufolge bezeichnet man sie als Santana- bzw. Crato-Formation.

Die durch ganz verschiedene Vorgänge begünstigte Erhaltung von Weichteilen gibt Einblicke in eine Reihe von Lebensgemeinschaften der frühen Kreide. In der Santana-Formation gehören dazu eine Vielzahl von Fischen, eindrucksvolle Flugsaurier und andere Reptilien einschließlich Dinosaurier, die ausnahmslos in Carbonat-Konkretionen erhalten sind. Die Crato-Formation lieferte die bemerkenswerteste kreidezeitliche Insektenfauna der Welt, eine vielfältige Flora aus Gymnospermen und frühen Angiospermen, eine Reihe von Fischen sowie seltene Reptilien und Amphibien, die alle in einem mikritischen Plattenkalk – ähnlich dem von Solnhofen (Kapitel 10) – überliefert sind.

Entdeckungsgeschichte der Santana- und Crato-Formationen

Die Entdeckung der bemerkenswerten Fossilien der Santana-Formation reicht in das frühe 19. Jahrhundert zurück, als Napoleon das portugiesische Weltreich zerstörte. Dies führte zu einem erneuten Interesse der Portugiesen an den Reichtümern Brasiliens. Dom Pedro, Brasiliens erster portugiesischer Kaiser, heiratete eine österreichische Erzherzogin, was einen Zustrom österreichischer und bayerischer Wissenschaftler und Philosophen nach Brasilien auslöste.

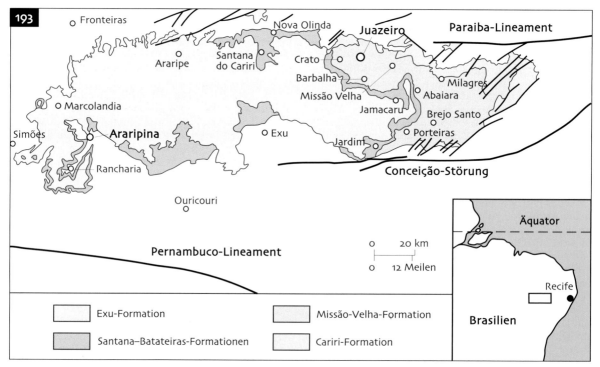

193 Die Aufschlusskarte zeigt die geologischen Verhältnisse des Araripe-Beckens in Nordost-Brasilien (nach Martill, 1993).

In den Jahren 1817 und 1820 erkundeten die deutschen Naturforscher Johann Baptist von Spix und Carl Friedrich Philipp von Martius von der Akademie der Wissenschaften in München weite Teile Brasiliens, darunter auch den Bundesstaat Ceará. Hier stießen sie auf die fischführenden Konkretionen, die später als Santana-Formation beschrieben wurden. Ihr Bericht mit der ersten Abbildung eines Santana-Fisches wurde zwischen 1823 und 1831 veröffentlicht. Die Fossilien treten in Sedimenten auf, die an den Flanken einer bis auf 800 m angehobenen Hochebene, der Chapada do Araripe, aufgeschlossen sind. Die Chapada stellt den Überrest eines alten Sedimentationsbeckens dar, des Araripe-Beckens. Sie verläuft in Ost-West-Richtung und erstreckt sich über den Bundesstaat Ceará im Norden und den Bundesstaat Pernambuco im Süden (**193**).

In den Jahren 1836–41 besuchte der Botaniker George Gardner aus Glasgow erneut die Region. Sein Buch *Travels in the interior of Brazil* (1846) enthält einen faszinierenden Bericht über seine Sammlung fossiler Fische aus „gerundeten Kalksteinen". Diese wurden von der British Association in Glasgow ausgestellt, wo sie der bedeutende Paläontologe Louis Agassiz zu Gesicht bekam. Er beschrieb sieben Arten, die er der Kreidezeit zuordnete (Agassiz, 1841; Gardner, 1841).

Die Monographie von Jordan & Branner (1908) war die erste große paläontologische Arbeit über die Fische von Santana, während Small (1913) die erste stratigraphische Untersuchung des Araripe-Beckens durchführte und den Namen Sant'-Ana-Kalksteine etablierte. In einer neueren stratigraphischen Übersicht gliederte Beurlen (1962) die Santana-Formation in drei Subformationen: eine untere Crato-Subformation, die aus Tonsteinen und laminierten Kalksteinen mit Insekten und Pflanzen besteht, und eine obere Romualdo-Subformation, welche die typischen Fisch-Konkretionen enthält; getrennt werden beide durch die Evaporite der Ipubi-Subformation.

Es gab viele Diskussionen über die stratigraphische Nomenklatur der Abfolge. Heute scheint die von Martill (1993) vorgeschlagene akzeptiert zu werden. Hiernach beschränkt sich die Santana-Formation auf die Schichten mit den Konkretionen, die früher als Romualdo-Subformation zusammengefasst wurden, während die Ipubi- und Crato-Subformationen zu Formationen erhoben werden (**194**).

In der Santana-Formation hat man in jüngster Zeit neben den bekannten Fischen auch fossile Reptilien gefunden, darunter Krokodile, Schildkröten, Dinosaurier und eindrucksvolle Flugsaurier. Alle Funde stammen aus Konkretionen. Diese Knollen werden insbesondere um die Dörfer Cancau (in der Nähe von Santana do Cariri) und Jardim von Landarbeitern „abgebaut" (**195–198**). Diese verkaufen sie für wenig Geld an örtliche Fossilienhändler, obwohl der Handel mit Fossilien in Brasilien verboten ist.

Die spektakulären Insekten und Pflanzen der Crato-Formation kennt man erst seit den 1980er-Jahren (Grimaldi, 1990). Die meisten wurden von Steinbrucharbeitern, oftmals Kindern, gefunden, die in der Umgebung von Nova Olinda die laminierten Kalksteine zur Gewinnung dekorativer Gesteinsplatten brechen (**199, 200**). Maisey (1993) hat die Fossilien der Santana- und der Crato-Formation in seinem Bildband „Santana fossils" dargestellt.

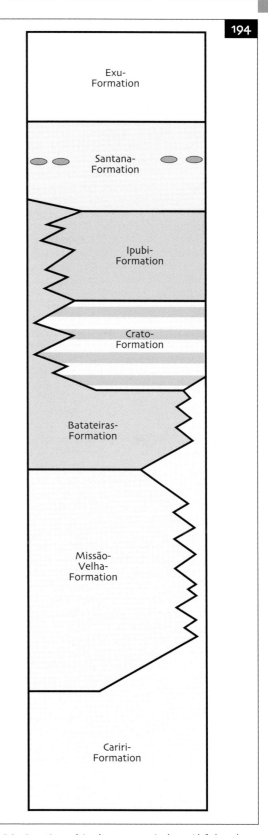

194 Die Stratigraphie der mesozoischen Abfolge des Araripe-Beckens (nach Martill, 1993).

Stratigraphischer Rahmen und Taphonomie der Santana- und Crato-Formationen

Das Araripe-Becken, in dem die Formationen zutage treten, ist ein von Störungen begrenztes Binnenbecken. Seine Entwicklung ist eng mit der beginnenden Öffnung des Südatlantiks und der Trennung von Südamerika und Afrika während der Unterkreide verknüpft. Das kristalline Grundgebirge Brasiliens ist von Störungen durchzogen, von denen viele während des Zerfalls von Pangaea erneut aktiv und an der Bildung von Sedimentbecken an der Küste und im Landesinneren beteiligt waren. Das Araripe-Becken liegt zwischen zwei großen von Ost nach West verlaufenden Lineamenten, dem Paraiba- und Permanbuco-Lineament (Martill, 1993, Abb. 2.2, 2.3, 2.4). Diese lassen sich über den Mittelatlantischen Rücken hinaus als Transformstörungen verfolgen und stehen mit den entsprechenden kontinentalen Störungszonen im westlichen Zentralafrika in Verbindung.

Seit dieser Zeit sind die Erosionsreste des Beckens emporgehoben worden, sie bilden heute das 200 km breite, von Ost nach West verlaufende Hochplateau der Chapada do Araripe. In ihr liegen horizontale Schichten der Kreide und wahrscheinlich des Jura diskordant auf dem proterozoischen bis paläozoischen Grundgebirge (**193**). Wie bereits erwähnt, gab es viele Diskussionen über die Stratigraphie des Araripe-Beckens, doch die Einteilung der mesozoischen Abfolge in sieben Formationen durch Martill (1993) scheint plausibel zu sein. Sie trägt den komplexen Wechselbeziehungen zwischen den Formationen Rechnung, was frühere Bearbeiter vernachlässigt haben (**194**).

Die vier obersten Formationen fasst Martill (1993) zur Araripe-Gruppe zusammen, die alle wichtigen Fossilhorizonte enthält. Die Crato-Formation an der Basis dieser Gruppe besteht hauptsächlich aus 30 m mächtigen, laminierten und mikritischen Plattenkalken. Sie ist in drei Subformationen aufgeteilt. In der basalen Nova-Olinda-Subformation kommen die gut erhaltenen Insekten und Pflanzen vor. Darüber folgt die Ipubi-Formation, die aus geschichteten Evaporiten, meist Gips, besteht. Sie ist bis 20 m mächtig und fossilfrei.

Über den Evaporiten folgt die Santana-Formation. Sie wird von nicht-fluviatilen Silten und Sanden eines Deltas gebildet, die in eine Folge von grün und grau laminierten Tonsteinen mit den fossilhaltigen Konkretionen übergehen. Der obere Teil der Formation über dem Horizont mit den Konkretionen besteht aus Tonsteinen mit dünnen Kalksteinlagen, in denen Schnecken und vereinzelte Seeigel vorkommen. Die darüber liegende 75 m mächtige Exu-Formation aus groben, schräg geschichteten Sandsteinen bildet den verwitterungsbeständigen horizontalen Abschluss des Chapada-Plateaus, an dessen Flanken die älteren Formationen zutage treten.

Das exakte Alter der Crato- und Santana-Formationen innerhalb der frühen Kreide ist noch unbestimmt. Das liegt vor allem daran, dass viele der Fossilien von vor Ort ansässigen Arbeitern gesammelt worden sind, ohne dass diese deren genaue Herkunft aufgezeichnet hätten. Aufgrund von vorläufigen palynologischen Analysen nimmt man für die Crato-Formation ein Alter von spätem Apt oder frühem Alb an, während die Santana-Formation wahrscheinlich aus dem Alb stammt.

Obgleich ähnlich alt, unterscheiden sich die Mechanismen der Weichteilerhaltung in den beiden Formationen deutlich voneinander. In der Crato-Formation ist die Erhaltung der Insekten außergewöhnlich, wobei Mikrostrukturen und selbst Farbmuster erhalten sind (Martill & Frey, 1995). Mit dem Rasterelektronenmikroskop konnten die Facetten der Augen und sogar feine Härchen auf der Kutikula sichtbar gemacht werden. Viele Pflanzen und Insekten wurden pyritisiert und zu Goethit oxidiert, sodass kein ursprünglicher Kohlenstoff erhalten ist.

Als Ablagerungsmilieu der Crato-Formation wird im Allgemeinen ein Süßwassersee innerhalb des Binnenbeckens angenommen, in dem der Salzgehalt aufgrund der hohen Verdunstungsraten stetig zunahm. Eine durch Salinitätsunterschiede bedingte Schichtung der Wassersäule und/oder sauerstoffarme und stagnierende Bodenwässer verhinderten jegliches autochthones Leben. Eine Ausnahme bildeten Süßwasserzungen, die sich im Uferbereich um Flussmündungen herum gebildet hatten. In einer solchen Umgebung lebte wahrscheinlich der kleine Süßwasserfisch *Dastilbe*. Seine Vorkommen in großen Ansammlungen sprechen für Massensterbeereignisse durch sprunghafte Anstiege des Salzgehalts nach Durchmischung des Wassers. Im Allgemeinen fehlen benthische Lebewesen und Hinweise auf Bioturbation (Lebensspuren im Sediment) in den Plattenkalken. Mikrorippeln auf Schichtflächen sind Anzeichen für Algenrasen, das legt nahe, dass es auch keine Weidegänger gab. Die Pflanzen, Insekten, Federn und seltenen Tetrapodenkadaver müssen durch Flüsse in den See eingeschwemmt oder vom Wind eingeweht worden sein. Der Großteil der Fauna und Flora der Crato-Lagerstätte ist demnach als allochthon, also von weiter her transportiert, anzusehen. Dies erinnert an die Situation, wie sie in Kapitel 10 für den Plattenkalk von Solnhofen beschrieben wurde, auch wenn es in Crato keine offensichtlichen Hinweise für eine rasche Einbettung gibt.

Die Weichteilerhaltung in der Santana-Lagerstätte unterscheidet sich stark hiervon und ist möglicherweise einzigartig in der Fossilüberlieferung. Martill (1988, 1989) argumentierte, die vorzügliche Erhaltung von feinem Gewebe wie Kiemen, Muskeln, Mageninhalten und Eiern (**201**) sei nicht einfach nur das Ergebnis von rascher Einbettung, sondern von sehr schneller, möglicherweise unmittelbarer Fossilisation.

Zur Zeit der Ablagerung der Santana-Formation waren die Salzseen ausgetrocknet. Nach einer Phase der Evaporitbildung, dokumentiert durch die Ipubi-Formation, folgte ein Meeresvorstoß. Viele Fische wanderten aus dem offenen Meer in das Becken ein und überlebten zunächst die brackigen Bedingungen, bis es erneut zu einem Massensterben kam. Nach Ansicht von Martill (1988, 1989) waren die Bodenwässer hypersalin, d. h. übersalzen. Somit könnte eine Ausdehnung der salzgesättigten Wässer nach oben zum Massentod geführt haben. Aber auch plötzliche Temperaturanstiege oder Algenblüten könnten die Ursache gewesen sein. Die Fische sind in Calciumcarbonat-Konkretionen eingebettet, doch bemerkenswerterweise sind ihre Weichteile als Calciumphosphat (kryptokristalliner

195 Nahe Jardim in der Chapada do Araripe,
Ceará, Nordost-Brasilien.

196 „Fisch-
grube" in der
Santana-For-
mation, nahe
Jardim (siehe
Abb. 195).

197 Weggeworfene Reste con Fischfossilien bei der
„Fischgrube" nahe Jardim (siehe Abb. 196).

198 „Fischer" mit fossilen Fischen aus der Santana-
Formation, Cancau, nahe Santana do Cariri,
Chapada do Araripe, Ceará, Nordost-Brasilien.

199 Manueller Abbau der laminierten Kalksteine der
Crato-Formation nahe Nova Olinda, Chapada do
Araripe, Ceará, Nordost-Brasilien.

200 Bei Nova Olinda schneidet man dekorative
Gesteinsplatten aus den Kalksteinen der Crato-
Formation .

Francolith) erhalten geblieben. Wie Martill (1988, 1989) gezeigt hat, kommt es zu einer erhöhten Fällung von Francolith in sauerstoffarmen Umgebungen mit geringen pH-Werten, ausgelöst beispielsweise durch massenhafte Verwesung.

Bei Untersuchungen des phosphatisierten Gewebes mit dem Rasterelektronenmikroskop erkannte Martill (1988, 1989) gebänderte Muskelfasern mit Zellkernen, Kiemenfäden mit sekundären Lamellen, Magenwände und Eierstöcke mit Eiern. Er beobachtete in Experimenten mit frischen Forellen, dass das Kiemengewebe von Bakterien befallen wird, dass fünf Stunden nach dem Tod die Verwesung beginnt und dass nach spätestens einer Woche nichts mehr davon übrig ist. Er folgerte daraus, dass die Phosphatisierung der Santana-Fische innerhalb einer Stunde nach ihrem Tod eingesetzt hat, und nannte dies den „Medusa-Effekt". Das Phosphat stammte von Bakterien, die sich von den Proteinen des Kadavers ernährten, sodass tatsächlich ein Mindestmaß an Verwesung nötig war, um die Fossilisation auszulösen.

Die nächste Stufe dieser bemerkenswerten Fossilisation ist die rasche Bildung eines Wachstumskeimes für die Carbonat-Konkretion um den phosphatisierten Fisch herum. In sauerstoffarmer Umgebung bei niedrigen pH-Werten bleibt Kalk normalerweise in Lösung. Zur Bildung von Konkretionen um organische Reste herum ist daher in solchen Milieus ein lokaler Anstieg des pH-Wertes in der Umgebung der verwesenden Organismen erforderlich (vielleicht durch die Freisetzung von Ammoniak?), sonst kann Kalk nicht ausfallen. Sowohl Martill (1988) als auch Maisey (1991) hoben den Anteil einer mutmaßlichen Cyanobakterienmatte auf dem Meeresboden an diesem Vorgang hervor. Dies hat man auch für Ediacara (Kapitel 1), den Voltziensandstein (Kapitel 7), Holzmaden (Kapitel 8) und Solnhofen (Kapitel 10) vermutet.

Durch diesen Mechanismus aus schwankenden pH-Werten und der Fällung von zunächst Calciumphosphat und dann Calciumcarbonat sind sogar die segmentierten Gliedmaßen von Ostrakoden (Muschelkrebsen), die empfindlichen Flughäute von Pterosauriern und ähnliche Strukturen anderer Reptilien überliefert worden.

Die Lebewelten der Santana- und Crato-Formationen

Crato

Insekten und andere Arthropoden. Man findet hier die größte und vielfältigste kreidezeitliche Insektenvergesellschaftung der Welt. Sie umfasst aquatische, semiaquatische und terrestrische Gruppen (Grimaldi, 1990) und ist auf Familienebene im Wesentlichen modern. Dazu gehören ein einzelner Doppelschwanz aus der Familie Japygidae, Eintagsfliegen, daneben Groß- und Kleinlibellen und ihre Larven, Schaben und Termiten, Grillen und andere Heuschrecken, Ohrwürmer, Zikaden, echte Wanzen und Wasserwanzen, Florfliegen und Kamelhalsfliegen, Käfer einschl. Rüsselkäfer, Köcherfliegen, echte Fliegen, Wespen und Bienen (**202–205**). Unterhalb der Familienebene gibt es viele neue, bisher noch nicht beschriebene Formen. Weitere terrestrische Arthropoden sind Skorpione (**206**) und Geißelskorpione, Spinnen (**207**), Walzenspinnen und Hundertfüßer; darunter viele neue, noch nicht beschriebene Arten (Bibliografie in Wilson & Martill, 2001). Verein-zelte decapode Krebse vervollständigen die Arthropodenfauna.

Pflanzen. Gymnospermen (Nacktsamer) sind mit zahlreichen Fragmenten und beblätterten Schösslingen von Koniferen aus der Familie Cheirolepidaceae vertreten. Wichtiger sind die zahlreichen frühen Angiospermen (Bedecktsamer) (**208**), von denen man Blüten, Samen, Fruchtstände, Früchte, Blätter und Wurzeln findet. Man hat erst in jüngster Zeit begonnen, sie zu bearbeiten (z. B. Mohr & Friis, 2000), sodass viele Formen bisher noch nicht beschrieben sind.

Fische. Sehr verbreitet sind kleine Exemplare des Sandfisches *Dastilbe elongatus* (**209**), oft finden sich mehrere Exemplare auf einer Schichtfläche (Davis & Martill, 1999). Die Sandfische (Gonorhynchiformes), zu denen der moderne Milchfisch (*Chanos chanos*) gehört, sind eine Schwestergruppe der Karpfenfische und Welse.

Flugsaurier. Vor wenigen Jahren hat man in der Crato-Formation die ersten Flugsaurier entdeckt, einige davon mit gut erhaltenen Weichteilen. Frey und Martill (1994) haben den Ornithocheiriden *Arthurdactylus* mit

201 Die Vergößerung von Abb. **215** zeigt erhaltenes Muskelgewebe von *Notelops brama* (PS).

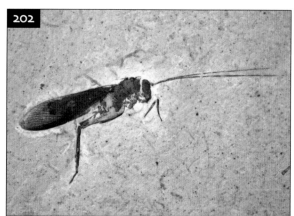

202 Ein Grashüpfer (PS). Länge inklusive Fühler 60 mm.

203 Eine Zikade (PS). Länge 20 mm.

204 Eine Libelle (SCM). Spannweite 150 mm.

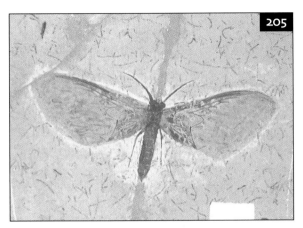

205 Ein Falter (SCM). Spannweite etwa 190 mm.

206 Ein Skorpion (MM). Gesamtlänge 21 mm.

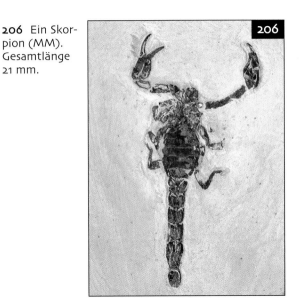

207 Eine dipluride Spinne (HMB). Körperlänge 15 mm.

208 Die Angiosperme *Trifurcatia flabellata* (HMB). Höhe 115 mm.

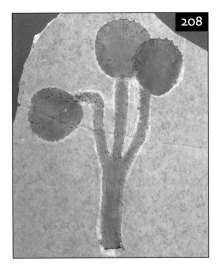

einer Spannweite von 4 m beschrieben, während Campos & Kellner (1997) einen bemerkenswerten Tapejariden gefunden haben, bei dem noch der weiche Schädelkamm zu erkennen war (**210**).

Sonstige Fossilien. Seltener kommen Frösche (Maisey, 1991) und Vogelfedern (Maisey, 1991; Martill & Filgueira, 1994) vor. Dennoch sind diese Funde von Bedeutung. In jüngster Zeit fand man auch Echsen, Schildkröten (mit Weichteilen) und selbst einen fossilen Vogel (mit Federn). Diese müssen aber noch beschrieben werden (Martill, 2001).

Santana

Fische. Die gut erhaltenen fossilen Fische der Santana-Formation werden seit vielen Jahren von Fossilhändlern in aller Welt angeboten. Sie kommen in großen Mengen vor und umfassen mehr als 20 Taxa, wobei Actinopterygier (Strahlenflosser) am häufigsten sind. *Vinctifer* ist ein langer hechtähnlicher, durch tief reichende Flankenschuppen und einen verlängerten Oberkiefer gekennzeichneter Fisch (**211**, **212**). Oft finden sich Exemplare mit durchgebogenem Rücken, was auf eine Dehydrierung des Gewebes nach dem Tode hinweist. Der mit *Dastilbe* aus der Crato-Formation verwandte Sandfisch *Tharrias* kommt häufig mit mehreren Individuen in einer einzigen Konkretion vor (**213**). Andere verbreitete Gattungen sind *Rhacolepis* mit

einem schlanken spindelförmigen Körper und einer sehr spitzen Schnauze (**214**) und der nah verwandte *Notelops* (**201**, **215**). Der auffällige pycnodonte Fisch *Proscinetes* (**216**) gehört zu den primitiveren Holostiern (Knochenganoiden).

Sarcopterygier (Fleischflosser) sind mit den beiden Coelacanthiern (Quastenflossern) *Mawsonia* und *Axelrodichtys* vertreten, die mit über 3 m Länge zu den größten Fischen von Santana gehören. Vertreter der Chondrichthyer (Knorpelfische) sind der hybodonte Hai *Tribodus* mit zwei stachelbewehrten Rückenflossen und der Rochen *Rhinobatos*.

Flugsaurier. In den letzten Jahren wurde eine ganze Reihe gut erhaltener Flugsaurier, manchmal sogar mit Flughaut, beschrieben (z. B. Martill & Unwin, 1989). Alle gehören zu den Pterodactyloiden, häufig handelt es sich um große Formen mit Spannweiten über 5 m und manchmal mit auffälligen Schädelkämmen (**217**). Noch herrscht Uneinigkeit darüber, ob diese Formen (*Santanadactylus, Araripesaurus, Cearadactylus, Brasileodactylus, Anhanguera*) mit den Flugsauriern der europäischen Unterkreide verwandt sind oder ob sie neue Gruppen repräsentieren.

Dinosaurier. In jüngerer Zeit wurden einige theropode Dinosaurier beschrieben. Dazu gehören Schädelfragmente der beiden Spinosauriden *Angaturama* (Kellner, 1996) und *Irritator* (Martill et al., 1996). Letzterer war ein großer Fisch fressender Dinosaurier

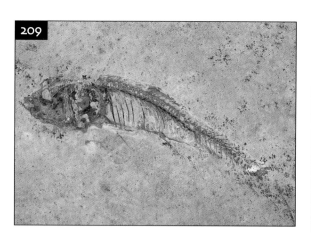

209 Der gonorhynchiforme Fisch *Dastilbe elongatus* (PS). Länge 40 mm.

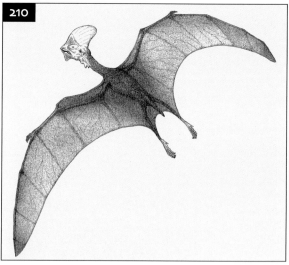

210 Rekonstruktion eines tapejariden Flugsauriers.

211 Der Teleostier *Vinctifer comptoni* mit großen Flankenschuppen und verlängertem Oberkiefer (PS). Originallänge 600 mm.

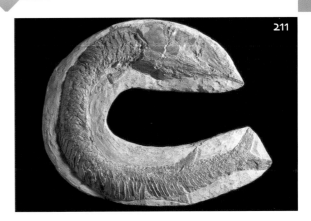

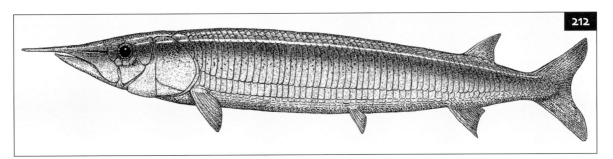

212 Rekonstruktion von *Vinctifer*.

213 Mehrere Exemplare von *Tharrhias araripis* (PS). Länge der Knolle 780 mm.

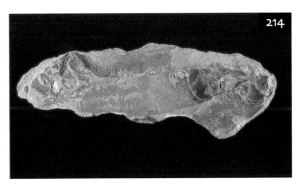

214 Der Teleostier *Rhacolepis buccalis* (CFM). Länge der Knolle 205 mm.

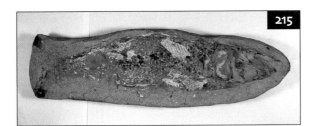

215 Beim Teleostier *Notelops brama* ist weiches Muskelgewebe erhalten geblieben (vergleiche Abb. **201**) (PS). Länge der Knolle 330 mm.

216 Der pycnodonte Fisch *Proscinetes* sp. (PS). Länge 400 mm.

mit einem ungewöhnlichen Schädelkamm (**218**). Weitere Funde sind das Synsacrum eines möglichen Oviraptosauriers (Frey & Martill, 1995) und zwei kleine Coelurosaurier. Von dem einen (*Santanaraptor*) kennt man das Ischium (Sitzbein), die Hintergliedmaßen und die Schwanzwirbel, außerdem fossilisierte Haut und Muskelfasern (Kellner, 1996, 1999). Vom anderen hat man den Beckengürtel, das Sacrum (Kreuzbein) und Teile der Hinterextremitäten gefunden. Er zeigt Weichteilerhaltung des Verdauungstraktes und eines hinter der Schamgegend gelegenen Luftsacks (Martill *et al.*, 2000).

Andere Reptilien. Hierzu gehören zwei Gattungen von Pelomedusen-Schildkröten, die damit die ältesten bekannten Exemplare von Halswenderschildkröten (Pleurodira) sind. Daneben fand man zwei Krokodile, je einen Vertreter der landlebenden Familie Notosuchidae und der aquatischen Familie Trematochampsidae. Die Notosuchiergattung *Araripesuchus* kennt man auch aus Westafrika, was die Existenz einer Landverbindung mit Südamerika nach der Entstehung dieser Linie bestätigt.

Wirbellose. Mit Ausnahme von Ostrakoden (Muschelkrebse) sind Wirbellose selten, umfassen jedoch kleine Garnelen, Schnecken und Muscheln. Zwei irreguläre Seeigel wurden anhand von wenigen Exemplaren beschrieben. Es gibt aber weder Ammoniten, Belemniten und Nautiliden noch Korallen, Seelilien oder Brachiopoden.

Paläoökologie der Santana- und Crato-Formationen

In den Plattenkalken der Crato-Formation findet sich eine Vergesellschaftung, wie sie typisch für flache, stagnierende Süßwasserseen ist. Der zunehmende Salzgehalt verhinderte jegliches Leben an Ort und Stelle. Ausnahmen bilden vereinzelte Krebse und der kleine Fisch *Dastilbe*, der in Süßwasserzungen im Deltabereich gelebt hat. Die Seeufer waren von dichter Vegetation gesäumt, in der eine Vielzahl von aquatischen, semiaquatischen und terrestrischen Insekten und Spinnen hauste. Diese bildeten wiederum eine reiche Nahrungsquelle für Echsen, Frösche und Skorpione. Sie alle wurden in den See geschwemmt oder geweht und sind ebenso allochthone Elemente der Vergesellschaftung wie die seltenen Vögel und Flugsaurier, die den See überflogen.

Eine Interpretation der Fischfauna der Santana-Formation gestaltet sich recht schwierig. Mal wurde sie als reine Süßwasser-, dann als reine Meeres- dann wieder als Flussmündungsgesellschaft angesehen. Martill (1988) führte das Auftreten von Seeigeln als Hinweis auf marine Bedingungen an. Maisey (1991) konnte jedoch zeigen, dass diese aus einem höheren Horizont stammen als die Fisch-Konkretionen, und nahm an, dass vollmarine Bedingungen erst später gegeben waren. Das Fehlen einer normalen Meeresfauna (wie Ammoniten, Korallen, Brachiopoden) bestätigt diese Sicht.

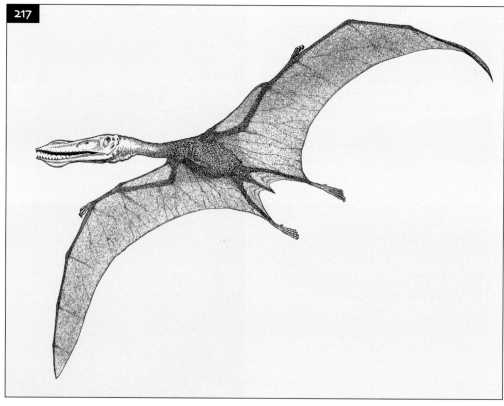

217 Rekonstruktion von *Anhanguera*.

Die meisten Fischarten von Santana sind endemisch, kommen also nur hier vor. Obwohl die Mehrzahl der bekannten Familien normalerweise im Meer lebt, finden sich in fast allen von ihnen auch einige Süßwasservertreter. Diese widersprüchlichen Daten haben viele Autoren veranlasst, von einer „quasi-marinen" oder möglicherweise brackischen Lebensgemeinschaft zu sprechen. Hierzu sind weitere Untersuchungen notwendig.

Es gibt Hinweise auf mindestens drei unterschiedliche Fossilansammlungen innerhalb der Santana-Formation (Maisey, 1999). Sie weisen jeweils eine typische Lithologie der Konkretionen auf und kommen an unterschiedlichen Fundorten vor, nach denen sie auch benannt sind: „Santana"-Konkretionen sind meist oval, klein und spiegeln nicht den Umriss des Fossils wider. *Tharrhias* ist häufig, *Brannerion*, *Araripelepidotes* und *Calamopleurus* sind verbreitet, und *Cladocyclus*, *Axelrodichthys*, *Vinctifer* und *Rhinobatos* sind selten. Krokodile, Schildkröten, Flugsaurier und Pflanzen kommen ebenfalls vor. Das Habitat wird als klares, durchlüftetes ufernahes Wasser gedeutet.

„Jardim"-Konkretionen sind groß und abgeflacht und spiegeln den Umriss des Fossils wider (**216**). Große Exemplare von *Rhacolepis* und *Vinctifer* sind zahlreich, *Brannerion*, *Araripelepidotes*, *Cladocyclus*, *Calamopleurus*, *Axelrodichthys* und *Rhinobatos* sind verbreitet, und *Mawsonia* und *Tharrhias* sind selten. Auch Schildkröten und Flugsaurier finden sich selten. Das Habitat wird als weiter vom Ufer entfernt mit schlammigem bis sandigem und sauerstofffreiem Grund interpretiert.

Missão-Velha-Konkretionen („Alte-Mission"-) sind ebenfalls groß, aber eher dick als plattig und lassen den Umriss des Fossils nicht erkennen. *Rhacolepis* und *Vinctifer* sind zahlreich, *Brannerion* ist häufig, und *Araripichthys*, *Calamopleurus* und *Cladocyclus* sind selten. Terrestrische und aquatische Reptilien sind unbekannt, und das Habitat wird als tieferes offenes am Grund sauerstoffreies Wasser interpretiert.

Alle drei Ansammlungen werden von pelagischen, d. h. im offenen Wasser schwimmenden Tieren – hauptsächlich Fischen – dominiert, enthalten aber typischerweise keine pelagischen marinen Wirbellosen wie Ammoniten. Daneben fehlen rein marine Reptilien wie Ichthyosaurier, während semiaquatische Reptilien (Krokodile, Schildkröten) vorkommen. Auf dem Boden lebende Mollusken (Schnecken, Muscheln) sind ebenso bekannt wie vereinzelte Seeigel, doch andere bodenbewohnende marine Wirbellose wie Korallen, Seelilien und Brachiopoden fehlen. Nach Ansicht von Maisey (1991) wurden die marinen Wirbellosen zufällig eingeschwemmt. Er folgerte, dass die Umgebung eine flache Bucht war, die zu einer Uferregion überleitete, in der episodische Überflutungen mit Meerwasser zu einer Durchmischung der Wässer führten.

Vergleich der Crato- und Santana-Formationen mit anderen kreidezeitlichen Lebensgemeinschaften

Sierra de Montsech, Katalonien, Spanien

Man kennt zwar einige Plattenkalkfazies mit Weichteilerhaltung aus der Kreide, doch die Lebensgemeinschaften von Crato und Santana sind recht einzigartig und wurden so nirgendwo sonst nachgewiesen. Einige kreidezeitliche Faunen lassen sich jedoch vergleichen, am besten die Lagerstätte der Sierra de Montsech. Sie liegt an der Südflanke der Pyrenäen in der Provinz Lleida in Katalonien, Spanien (Martínez-Declòs, 1991).

Viele Arten von Montsech sind ähnlich wie in Crato/Santana endemisch, d. h. sie kommen nur dort vor. Auf höheren taxonomischen Ebenen weisen beide Lebensgemeinschaften jedoch einige Gemeinsamkeiten auf. Die etwas ältere aus dem Berrias/Valangin stammende Fauna von Montsech wird von Fischen dominiert. Mindestens 16 Gattungen konnte man bisher nachweisen. Die meisten waren im Brackwasser lebende Strahlenflosser (Actinopterygier), daneben kommen ein Quastenflosser (Sarcopterygier) und zwei Haie (Chondrichthyer) vor. Es finden sich auch vereinzelte Frösche und Krokodile, doch bemerkenswerterweise keine Schildkröten, Flugsaurier oder Dinosaurier. Federn und ein unvollständiges Vogelskelett sind bekannt. Außerdem gibt es eine reiche Insektenfauna, einige Spinnen, Ostrakoden und decapode Krebse, Muscheln und Schnecken sowie gut erhaltene Pflanzen, darunter einige fragliche Angiospermen.

218 Der spinosauride Dinosaurier *Irritator challengeri* mit rekonstruierter Schnauze (SMNS). Geschätzte wahre Länge des Schädels 800 mm.

Lithologisch handelt es sich bei dem Plattenkalk um einen laminierten Kalkstein, der jedoch inhomogen ist. Wackestones, Packstones und bioklastische Breccien weisen auf Rutschungen und Gleitungen während der Ablagerung hin. Die Sedimente werden als See-ablagerungen interpretiert, wobei der Großteil der Fauna autochthon ist, also im Ablagerungsbecken lebte.

Dafür sprechen die in einigen Horizonten häufigen Spurenfossilien und Koprolithen. Die mächtige Abfolge von ungestörten laminierten Plattenkalken und das Fehlen von Benthos deuten auf sauerstofffreie Bedingungen in den tieferen Bereichen des Sees hin, sodass Leben hier nur eingeschränkt möglich war.

Weiterführende Literatur

Agassiz, L. (1841): On the fossil fishes found by Mr. Gardner in the Province of Ceará, in the north of Brazil. Edinburgh New Philosophical Journal **30**, 82–84.

Beurlen, K. (1962): A geologia da Chapada do Araripe. Anais da Academia Brasileira de Ciências **34**, 365–370.

Campos, D. & Kellner, A.W.A. (1997): Short note on the first occurrence of Tapejaridae in the Crato Member (Aptian), Santana Formation, Araripe Basin, Northeast Brazil. Anais da Academia Brasileira de Ciências **69**, 83–87.

Davis, S.P. & Martill, D.M. (1999): The gonorynchiform fish *Dastilbe* from the Lower Cretaceous of Brazil. Palaeontology **42**, 715–740.

Frey, E. & Martill, D.M. (1994): A new pterosaur from the Crato Formation (Lower Cretaceous, Aptian) of Brazil. Neues Jahrbuch für Geologie und Paläontologie, Abhandlungen **1994**, 379–412.

Frey, E. & Martill, D.M. (1995): A possible oviraptosaurid theropod from the Santana Formation (Lower Cretaceous, ?Albian) of Brazil. Neues Jahrbuch für Geologie und Paläontologie, Monatshefte **1995**, 397–412.

Gardner, G. (1841): Geological notes made during a journey from the coast into the interior of the Province of Ceará, in the north of Brazil, embracing an account of a deposit of fossil fishes. Edinburgh New Philosophical Journal **30**, 75–82.

Gardner, G. (1846): Travels in the interior of Brazil, principally through the northern provinces. Reeve, Benham & Reeve, London, xvi + 562 S. (Reprinted AMS Press, New York, 1970.)

Grimaldi, D.A. (1990): Insects from the Santana Formation, Lower Cretaceous of Brazil. Bulletin of the American Museum of Natural History **195**, 1–191.

Jordan, D.S. & Branner, J.C. (1908): The Cretaceous fishes of Ceará, Brazil. Smithsonian Miscellaneous Collections **25**, 1–29.

Kellner, A.W.A. (1996): Remarks on Brazilian dinosaurs. Memoirs of the Queensland Museum **39**, 611–626.

Kellner, A.W.A. (1999): Short note on a new dinosaur (Theropoda, Coelurosauria) from the Santana Formation (Romualdo Member, Albian), Northeastern Brazil. Boletim do Museu Nacional, Geologia **49**, 1–8.

Maisey, J.G. (1991): Santana fossils: an illustrated atlas. T.F.H. Publications, New Jersey, 459 S.

Martill, D.M. (1988): Preservation of fish in the Cretaceous Santana Formation of Brazil. Palaeontology **31**, 1–18.

Martill, D.M. (1989): The Medusa effect: instantaneous fossilization. Geology Today **5**, 201–205.

Martill, D.M. (1993): Fossils of the Santana and Crato Formations, Brazil. (Field Guide to Fossils No.5). The Palaeontological Association, London, 159 S.

Martill, D.M. (2001): The trade in Brazilian fossils: one palaeontologist's perspective. The Geological Curator **7**, 211–218.

Martill, D.M., Cruickshank, A.R.I., Frey, E., Small, P.G. & Clarke, M. (1996): A new crested maniraptoran dinosaur from the Santana Formation (Lower Cretaceous) of Brazil. Journal of the Geological Society of London **153**, 5–8.

Martill, D.M. & Filgueira, J.B.M. (1994): A new feather from the Lower Cretaceous of Brazil. Palaeontology **37**, 483–487.

Martill, D.M. & Frey, E. (1995): Colour patterning preserved in Lower Cretaceous birds and insects: the Crato Formation of N. E. Brazil. Neues Jahrbuch für Geologie und Paläontologie, Monatshefte **1995**, 118–128.

Martill, D.M., Frey, E., Sues, H.D. & Cruickshank, A.R.I. (2000): Skeletal remains of a small theropod dinosaur with associated soft structures from the Lower Cretaceous Santana Formation of northeastern Brazil. Canadian Journal of Earth Sciences **37**, 891–900.

Martill, D.M. & Unwin, D.M. (1989): Exceptionally well preserved pterosaur wing membrane from the Cretaceous of Brazil. Nature **340**, 138–140.

Martínez-Delclòs, X. (1991): Les calcàries litogràfiques del Cretaci inferior del Montsec. Deu anys de campanyes paleontològiques. Institut d'Estudis Ilerdencs, 162 + 106 S.

Mohr, B.A.R. & Friis, E.M. (2000): Early angiosperms from the Lower Cretaceous Crato Formation (Brazil), a preliminary report. International Journal of Plant Science **161**, 155–167.

Small, H. (1913): Geologia e suprimento de água subterrânea no Ceará e parte do Piaui. Inspectorat Obras contra Secas, Series Geologia **25**, 1–180.

von Spix, J.B. & Martius, C.F.P. (1823–1831): Reise in Brasilien. München, 1388 S.

Wilson, H.M. & Martill, D.M. (2001): A new japygid dipluran from the Lower Cretaceous of Brazil. Palaeontology **44**, 1025–1031.

GRUBE MESSEL

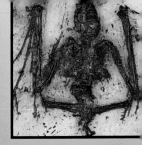

Kapitel Zwölf

Das Känozoikum

Das Ende der Kreidezeit und damit das Ende des Mesozoikums war durch ein Massenaussterben gekennzeichnet, das den Untergang der Dinosaurier und Flugsaurier an Land und der Ammoniten und Meeresreptilien in den Ozeanen mit sich brachte. Im darauf folgenden Känozoikum, bestehend aus dem Paläogen und dem Neogen, die traditionell zum Tertiär zusammengefasst wurden, sowie dem Quartär, erlangten die Pflanzen und Tiere ihr modernes Erscheinungsbild. Säugetiere und Vögel füllten rasch die frei gewordenen ökologischen Nischen und traten an die Stelle der Dinosaurier und Flugsaurier als vorherrschende Landwirbeltiere. Gegen Mitte des Eozäns, der mittleren Epoche des Paläogens, hatten sich nahezu alle Säugerordnungen und alle wichtigen Vogelgruppen entwickelt. Es gab sogar einige Säugetiergruppen, die seitdem wieder ausgestorben sind. Zu dieser Zeit existierten weder die Alpen noch der Nordatlantik. Nordamerika und Europa waren immer noch durch Landbrücken in der Nähe der heutigen Färöer-Inseln verbunden. Es gab Meeresbecken in der Nordsee, in Nordfrankreich, in der Gegend der Niederlande und Dänemarks und einen Komplex aus Inseln und Becken im restlichen Europa. Vulkanismus war verbreitet und stand entweder mit der Öffnung des Atlantischen Ozeans in Zusammenhang oder brach an alten Schwächezonen wie dem Rheingraben aus. Die Gegend um Messel liegt an einer Stelle, an der sich der Rheingraben durch die Mitteleuropäische Insel schnitt und wo sich durch die Absenkung der Erdkruste eine große Zahl von Seen bildete. Die Grube Messel, bis zu ihrer Stilllegung und späteren Unterschutzstellung als Weltnaturerbe ein Ölschiefer-tagebau, war ein Maarsee und ist infolge einer vulkanischen Eruption entstanden.

Säugetiere sind die am besten bekannten Fossilien der Grube Messel. Überraschenderweise scheinen die meisten Säuger von Messel ihren Ursprung außerhalb Europas gehabt zu haben und während des Eozäns in diese Gegend eingewandert zu sein. Mesozoische Säugetiere sind selten, und auch aus dem Paläozän gibt es nur wenige Fossilien. Die spärlichen Funde in Europa aus Zeiten vor dem Eozän zeigen, dass es sich eher um Überbleibsel mesozoischer Formen gehandelt hat als um die moderneren Typen, die man in Messel findet. Einige Säugerarten von Messel scheinen diese urtümlichen europäischen Formen zu repräsentieren: insektenfresserähnliche Säuger, frühe Verwandte der Igel und frühe Ungulaten (Huftiere). Moderne Gruppen wie Nagetiere, Ameisenbären, Pferde, Fledermäuse und Primaten sind dagegen aus anderen Gebieten eingedrungen. Die Vögel von Messel sind Vertreter moderner Ordnungen. Obwohl es sich um einen See handelte, gab es fast keine Wasservögel. Die meisten waren Waldbewohner wie Eulen, Segler, Racken und Spechte. Viele der vorgefundenen Pflanzenfossilien wie Palmen und Zitrusgewächse deuten auf ein subtropisches Klima hin, während typische Pflanzenfamilien tropischer Wälder fehlen. Landarthropoden bleiben normalerweise selten erhalten und sind auch in Messel rar, doch wenn sie vorkommen, haben sie manchmal wunderschöne Farben und Muster. Das gilt insbesondere für Käfer, die häufig schillernde Strukturfarben zeigen. In Messel kommen viele Fische, Amphibien (z. B. Frösche) und Reptilien (z. B. Krokodile und Schildkröten) vor. Das beweist, dass es entweder im See selbst oder in seinen Zuflüssen Leben gab.

Entdeckungsgeschichte der Grube Messel

1859 wurde zunächst eine Eisenerz-Grube eröffnet. Im Jahre 1875 entdeckte man Braunkohle und Ölschiefer, und damit begann der eigentliche Abbau der Lagerstätte. Noch im selben Jahr stellte sich der Fund des ersten Fossils ein – Überreste eines Krokodils –, und im Laufe des folgenden Jahrhunderts wurden viele weitere Fossilien entdeckt. Als die Abbauaktivitäten in den 1960er-Jahren nahezu zum Erliegen kamen, begann eine methodischere Suche und Präparation. Nach der endgültigen Einstellung des Abbaus von Ölschiefern in den frühen 1970er-Jahren plante die Hessische Landesregierung aus der Grube eine Mülldeponie zu machen. Sofort erhoben Wissenschaftler und Amateurpaläontologen Einspruch gegen diesen Plan. Inzwischen erzielten Messelfossilien hohe Preise auf dem Markt, sodass viele Fossiliensammler in der Grube ihr Glück versuchten. Aus Sicherheitsgründen wurde die Grube daraufhin für die Öffentlichkeit gesperrt. Weil immer noch die Gefahr bestand, dass die Grube mit Abfällen aufgefüllt wird, begannen mehrere deutsche paläontologische Institutionen, so viele Fossilien wie möglich zu retten. Diese Funde machten deutlich, wie bedeutend diese Fundstelle für die paläontologische Forschung ist. In den späten 1970er-Jahren folgten Sonderausstellungen zur Lebewelt von Messel im Senckenberg-Museum in Frankfurt und im Hessischen Landesmuseum in Darmstadt. Nachdem in den frühen 1980er-Jahren die Genehmigung zur Verfüllung der Grube mit Abfällen erteilt worden war, drohte die Fossillagerstätte für immer verloren zu gehen. Aus diesem Grund organisierte man im April 1987 am Senckenberg-Museum ein internationales Symposium zur Grube Messel. Doch erst in den frühen 1990er-Jahren wurde der Plan, die Grube als Mülldeponie zu benutzen, schließlich aufgegeben. Mit der Ernennung der Fundstelle zum Weltnaturerbe im Jahre 1995 wurde ihre internationale wissenschaftliche Bedeutung endgültig anerkannt und die Arbeit zukünftiger Generationen von Paläontologen gesichert.

Die Bergung der Fossilien wird wie folgt durchgeführt: Im Gelände werden die dünnen Schieferlagen zunächst mit großen Klingen gespalten. Hat man ein Fossil entdeckt, sind besondere Techniken erforderlich, um den Fund zur weiteren Untersuchung sicher ins Labor zu transportieren. Trocknet der Schiefer aus, zerfällt das Fossil; deshalb wird der Schieferblock feucht gehalten und in wasserdichte Plastikfolie verpackt. Im Labor wird die von Kühne (1961) für Wirbeltierfossilien entwickelte Methode angewendet: Unter ständiger Feuchthaltung des Fossils werden die Knochen unter einem Präparationsmikroskop vorsichtig mit Nadeln vom Schiefer befreit. Ist das Fossil so weit wie möglich freigelegt, fixiert man die Knochen mit Kunstharz. Nun wird der gesamte Block umgedreht und die Rückseite auf dieselbe Weise präpariert. Am Ende ist das Fossil vollständig vom Schiefer befreit und in Harz eingebettet. Insekten und Pflanzen müssen im Schiefer belassen werden. Sie werden sowohl während der Präparation als auch später feucht gehalten, wobei das Wasser durch weniger flüchtiges Glyzerin ersetzt wird. Auch Röntgenstrahlen werden bei der Untersuchung der Messelfossilien eingesetzt, um feine Strukturen (z. B. Flügelknochen von Fledermäusen) sichtbar zu machen, die ansonsten kaum zu erkennen oder schwer aus der Matrix zu lösen sind.

Stratigraphischer Rahmen und Taphonomie der Messelfossilien

Aufgrund des Faunenspektrums kann man die Schichten der Grube Messel mit der untersten Säugerfauna der Geiseltalschichten korrelieren, die wiederum mit der marinen Lutet-Stufe (unteres Eozän) des Pariser Beckens parallelisierbar sind. Die Messel-Formation repräsentiert den untersten Abschnitt des Lutetiums und ist damit zwischen 48,6 und 40,4 Millionen Jahre

alt. Im Jahre 2001 durchstieß eine Bohrung den Ölschiefer und traf auf darunter liegende Basalte. Diese vulkanischen Gesteine konnte man auf ein Alter von 47 Millionen Jahre datieren, sodass die Messelfossilien etwas jünger sein müssen.

Da die Messel-Formation in einem abgeschlossenen See innerhalb des Rheingrabens abgelagert worden ist (**219**), lässt sie sich nur wenige Kilometer über die Grube hinaus nachweisen. Die Seen bildeten sich in von Störungen begrenzten Becken, und die abgelagerten Sedimente spiegeln die damaligen tektonischen und vulkanischen Aktivitäten wider. Die Messel-Formation besteht an der Basis aus Kies und Sand, die auf Schotter vom Rande des Beckens und/oder Flussläufe zurückgehen und die hohe Energie der Wasserbewegungen anzeigen. Der Ölschiefer liegt über diesen Sanden und Kiesen und repräsentiert ruhigere Sedimentationsbedingungen nach der Bildung des Sees. Durch gelegentliche Rutschungen von gröberem Material von den Rändern in den See, ausgelöst durch erneute Aktivität an den Störungen, bildeten sich Sand- und Kieslinsen innerhalb der Ölschieferabfolge. Auch Rutschungen von Ölschiefer werden in der Ölschieferabfolge gefunden. Durch anhaltende tektonische Bewegungen erneuerte sich das Seebecken stetig, und seine Form und sein Umfang änderten sich. Die gesamte Ölschieferabfolge ist bis zu 190 m mächtig.

Der heutige Ölschiefer besteht aus Tonmineralen, organischer Substanz (15 % Kerogen – das „Öl") und etwa 40 % Wasser. Damit ist der Messeler Ölschiefer eine abbauwürdige Quelle für Öl. Unter normalen Umständen wird organisches Material in Wasser von Bakterien oxidiert und zersetzt, doch im Eozän von Messel fand dieser Vorgang nicht statt. Vermutlich war Messel zu dieser Zeit von einem subtropischen Wald umgeben, und es sammelten sich große Mengen von Pflanzenmaterial, insbesondere Überreste von Algen, am Grund des Sees an. Wegen der Sauerstoffarmut (Anoxie) am Gewässergrund konnte das organische Material nur teilweise verwesen. Dies führte zur Anreicherung von Kerogen und – was für den Paläontologen noch wichtiger ist – zur Erhaltung der Weichteile von Pflanzen und Tieren. Möglicherweise führten auch Algenblüten zeitweise zu einem Überschuss an verwesendem Material, wodurch der gesamte freie Sauerstoff aufgebraucht und die Bodenwässer anoxisch wurden.

Die Messelfossilien

Pflanzen. Wie heute auch dominierten Angiospermen (Bedecktsamer, Blütenpflanzen) die Flora der Grube Messel. Daneben gibt es auch Hinweise auf andere Pflanzengruppen. In Messel gefundene Farnwedel gehören zu den modernen Marsch- und Mangrovenfarnfamilien Osmundaceae (Königsfarne), Schizaceae (Spaltastfarne) und Polypodiaceae (Tüpfelfarne). Gymnospermen (Nacktsamer) umfassen die Familien Cephalotaxaceae (Kopfeibengewächse), Cupressaceae (Zypressengewächse), Taxodiaceae (Sumpfzypressengewächse) und Pinaceae (Kieferngewächse). Sumpfzypressen kommen heute unter ständig nassen Bedingungen um den Golf von Mexiko und bis nach Virginia im Norden vor. Kieferngewächse dagegen wachsen normalerweise an trockeneren Standorten. Die relative Seltenheit von Gymnospermen in den Messelablagerungen zeigt, dass diese nicht sehr nah am See wuchsen. Insgesamt spricht die Pflanzenzusammensetzung für ein subtropisches bis warm-gemäßigtes Klima.

Unter den Angiospermen hatten die Süßgräser oder Echten Gräser (Gramineae) im Eozän noch nicht ihre heutige Vielfalt entwickelt. Grasähnliche Pflanzen wie Binsen (Juncaceae), Sauer- oder Riedgräser (Cyperaceae) und Rohrkolbengewächse (Typhaceae), die alle feuchtere Bedingungen als die Süßgräser bevorzugen, kamen jedoch vor. Eine interessante Familie, die heute vor allem in Feuchtgebieten auf der Südhalbkugel verbreitet ist, sind die Restionaceae. Pollen dieser Familie finden sich nicht nur in Messel, sondern auch weltweit

in kreidezeitlichen und frühtertiären Ablagerungen. Offenbar wurden die Restionaceae seit dem Mitteltertiär durch die Ausbreitung der Süßgräser verdrängt. Als weitere monokotyle (einkeimblättrige) Pflanzen kommen in Messel Palmen (Palmae, Arecaceae) vor, die im Eozän genau wie heute typisch für subtropisches und tropisches Klima waren, sowie Aronstabgewächse und Liliengewächse, die normalerweise feuchtere Bedingungen vorziehen.

Eine wichtige Gruppe verholzter immergrüner Bäume und Sträucher waren zur Zeit des Tertiärs die Lauraceae, die Lorbeergewächse. Auch ihr Vorkommen deutet auf subtropische Bedingungen hin. Als weiterer Klimaindikator in der Grube Messel ist die Familie

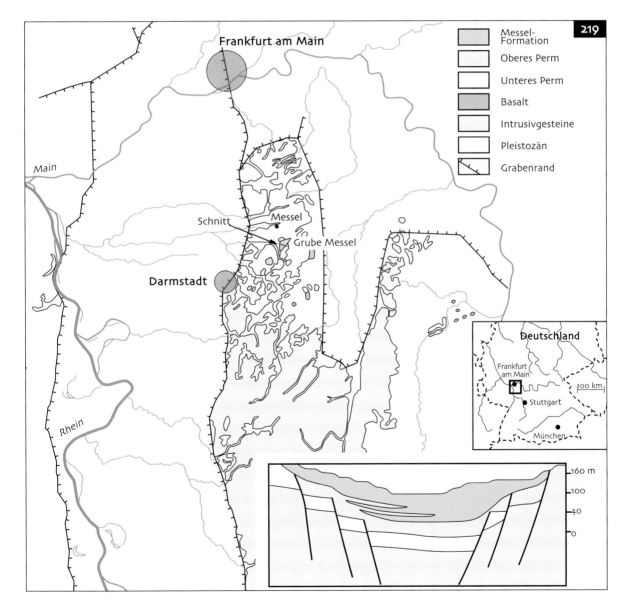

219 Aufschlusskarte und Schnitt durch die Grube Messel (nach Schaal & Ziegler, 1992).

Menispermaceae (Mondsamengewächse) zu nennen, die heute hauptsächlich als Lianen in tropischen und subtropischen Wäldern auftritt. Andere überwiegend tropische und subtropische Pflanzenfamilien, von denen in Messel häufig Überreste gefunden wurden, sind die Theaceae (Teestrauchgewächse), die Icacinaceae (eine Familie von Lianen), die Vitaceae (Weinrebengewächse), die Rutaceae (Zitrusgewächse) und die Juglandaceae (Walnussgewächse). Zu den häufigsten Blattfossilien von Messel zählen Exemplare von Seerosengewächsen (Nymphaeaceae) (**220**). Das Vorkommen dieser Familie gibt keine Auskunft über das Klima, zeigt aber, dass es in der Nähe des Ablagerungsortes der Ölschiefer auch flache, offene und gut durchlüftete Gewässer gab. Eine weitere in Messel vorkommende Pflanzenfamilie soll nicht unerwähnt bleiben: die Leguminosae (Fabaceae, Hülsenfrüchtler). Diese Familie ist heute nahezu weltweit verbreitet und war anscheinend bereits im Eozän häufig.

Nach den zahlreichen Funden von Blättern, Früchten, Samen, Sporen und Pollen in Messel zu urteilen, gediehen in dem subtropischen Klima in der Umgebung des Sees vielfältige und üppige Wälder. Offensichtlich bot der See eine Reihe unterschiedlicher Lebensräume: offenes Wasser, Sümpfe, Uferböschungen, feuchte Wälder und trockenere Areale. Eine in Messel seltene Pflanzenfamilie sind die Mastixiaceae, die heute auf Südostasien beschränkt sind, in anderen tertiären Floren aber sehr verbreitet waren. Man vermutet, dass ihre Vertreter nicht in Seenähe wuchsen,

sodass ihre großen Früchte nicht an den Ablagerungsort transportiert werden konnten. Ebenso sind die Fagaceae (Buchengewächs wie Buchen, Kastanien und Eichen) heute eine außerhalb der Tropen weit verbreitete Gruppe. An anderen Fundstellen sind ihre charakteristischen Überreste häufig zu finden, in Messel wurden jedoch nur ihre Pollen nachgewiesen. Das lässt darauf schließen, dass diese Bäume in höheren, trockeneren Landstrichen weiter entfernt vom See wuchsen.

In Messel gibt es viele Hinweise auf die Wechselbeziehungen von Pflanzen mit anderen Organismen. Es gibt zum Beispiel Blätter mit charakteristischem Pilzbefall (Rost), Belege von Insekteneiern auf Blättern, sowie Fraßspuren von Larven. In den Verdauungstrakten einiger Säugetiere wurden Pflanzenreste nachgewiesen, beispielsweise Traubenkerne in dem kleinen Pferd *Propalaeotherium*. Zusammen mit den Blättern von Lorbeer- und Walnussbäumen sowie von weiteren Familien weisen sie auf eine vielfältige Ernährung dieses Tieres hin. Pollen wurden unter den Flügeldecken von Käfern gefunden, was sie als Bestäuber ausweist.

Arthropoden (Gliederfüßer). Zu den schönsten Messelfossilien gehören Käfer (Coleoptera), deren irisierende Strukturfärbung der Flügeldecken erhalten geblieben ist (**221**). Wegen ihrer recht festen Körper sind Käfer die häufigsten (63 %) Insekten in Messel. Unter den Käfern der Sammlung des Senckenberg-Museums in Frankfurt sind Schnellkäfer (Elateridae) am häufigsten (15,8 %), danach folgen Rüsselkäfer (Curculionidae, 12,8 %), Prachtkäfer (Buprestidae,

220 Blatt einer Wasserlilie (Nymphaeaceae) (SMFM). Länge 160 mm.

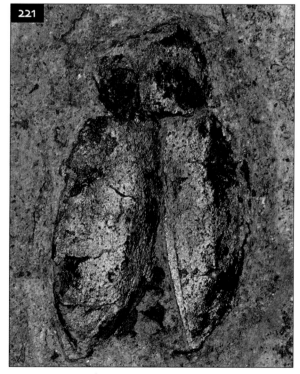

221 Irisierende Flügeldecken eines Blattkäfers (Chrysomelidae) (SMFM). Länge 4,5 mm.

8,4 %), Blatthornkäfer (Scarabaeidae, 3,9 %), Hirschkäfer (Lucanidae, 1,7 %), Laufkäfer (Carabidae, 1,4 %), Moorweichkäfer (Dascillidae, 1,4 %), Bockkäfer (Cerambycidae, 0,5 %) und Kurzflügler (Staphylinidae, 0,26 %). Andere Familien kommen mit geringeren Anteilen vor, etwa die bunt gefärbten Blattkäfer (Chrysomelidae) und die Schwarzkäfer (Tenebrionidae). Ein Überraschungsfund in Messel waren Larven der Wasserkäfergattung *Eubrianax*, die nur in sehr sauerstoffreichem Wasser, etwa an Wasserfällen, überleben. Wahrscheinlich wurden diese Tiere wie viele andere auch von woanders eingeschwemmt.

Die Hautflügler (Hymenoptera) sind die zweithäufigste (17 %) Insektengruppe. Von diesen sind die Ameisen (Formicidae) die zahlreichsten und fast ausschließlich von geflügelten Stadien bekannt. Besonders interessant sind die Fossilien von großen Königinnen mit Flügelspannweiten bis zu 160 mm. Mit dieser Größe übertreffen sie alle bekannten Hymenopteren, nicht nur Ameisen. Weitere Hautflügler aus Messel sind parasitische Schlupfwespen (Ichneumonidae), Chalcidae, Tiphiidae, Scoliidae, Lehmwespen (Eumenidae), Anthophoridae, Wegwespen (Pompilidae) und Grabwespen (Sphecidae). Interessanterweise wurden keine Pflanzenwespen (Symphyta) gefunden, was ihrer heutigen Verbreitung in gemäßigten und weniger in tropischen Regionen entspricht.

Wanzen (Heteroptera) stellen 12,5 % der Insektenfauna von Messel. Sie sind hauptsächlich durch die Familie Erdwanzen (Cydnidae) (über 80 %) vertreten, die vor allem an Pflanzen saugen. In den Tropen hat man jedoch auch Formen beobachtet, die bevorzugt an Tierkadavern saugen, wie sie natürlich auch um den Messelsee vorkamen. Andere am Boden und auf Pflanzen lebende Insekten, die in Messel vorkommen, sind Schaben (Blattodea, 1,5 %) und Geradflügler (Orthoptera, Heuschrecken, 0,5 %). Zweiflügler (Diptera, 0,4 %) und Schmetterlinge (Lepidoptera, 0,25 %) sind im Vergleich zu anderen tertiären Fundstellen sonderbarerweise selten. Dies liegt daran, dass diese Insekten mit ihren großen Flügeln auf der Wasseroberfläche trieben, anstatt auf den Grund des Sees zu sinken. So überrascht es auch nicht, dass in Messel nur wenige Libellen (Odonata), Steinfliegen (Plecoptera) und ausgewachsene Köcherfliegen (Trichoptera) gefunden wurden.

Spinnentiere (Arachnida; Spinnen, Weberknechte, Milben, Zecken, Skorpione und Verwandte) sind selten als Fossilien – außer in Bernstein (Kapitel 13). Das gilt selbst in Sedimenten, in denen viele gut erhaltene Insekten vorkommen. Einige Exemplare wurden in Messel gefunden, meist Radnetzspinnen, die auch heute in der Vegetation von Seeufern verbreitet sind. Daneben fand man ein einzelnes Exemplar eines Weberknechts (Opiliones).

Fische. Alle Fische der Grube Messel gehören zu den fortschrittlichen Knochenfischen (Osteichthyes: Neopterygii) und zeigen eine große Vielfalt. Einer der häufigsten Messelfische ist *Atractosteus*, ein Knochenhecht. Knochenhechte sind typische Räuber mit großen Köpfen und mächtigen Kiefern. Ihre Schuppen vom Ganoidtyp ähneln Panzerplatten, sie sind groß und überlappend und haben einen schimmernden Überzug. Die Schlammfische oder Kahlhechte sind durch *Cyclurus* vertreten, dem häufigsten Fisch von Messel. Sowohl Schlammfische als auch Knochenhechte sind meist etwa 20–30 cm lang, obwohl auch kleinere und größere Exemplare vorkommen (bis zu 50 cm). Wie Knochenhechte sind auch Schlammfische vortreffliche Räuber. Das einzige Exemplar des etwa 60 cm langen Aals *Anguilla ignota* war ein bemerkenswerter Fund. Er ist ein Verterter der modernen Gattung der katadromen Aale, die im Meer schlüpfen und dorthin zur Fortpflanzung zurückkehren, den größten Teil ihres Lebens aber im Süßwasser zubringen. Sein Vorkommen spricht somit dafür, dass der Messelsee eine Verbindung zum Meer hatte. Doch warum wurde bisher nur ein einziges Exemplar gefunden? In heutigen Gewässern kommen Aale meist in großer Zahl vor.

Amphibien. Normalerweise gelten Seen als Orte, an denen man viele Amphibien findet: vierfüßige (tetrapode) Wirbeltiere, die zum Ablaichen ins Wasser zurückkehren, auch wenn sie die meiste Zeit ihres Lebens an Land verbringen. Doch in der Grube Messel wurde nur ein einziger Schwanzlurch (Gattung *Chelotrion*) gefunden und sehr wenige Froschlurche (Anura). Nichtsdestoweniger ist der Erhaltungszu-stand der Frösche hervorragend (222). Bei einigen sind die Haut und die Muskeln erhalten, und es gibt sogar fossile Kaulquappen.

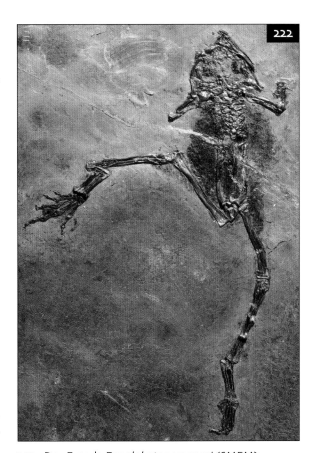

222 Der Frosch *Eopelobates wagneri* (SMFM). Körperlänge (ohne Beine) etwa 6 cm.

223 Die Schildkröte *Trionyx* (SMFM).
Länge des Panzers 300 mm.

Reptilien. Mit ihren verknöcherten Panzern sind Süßwasserschildkröten normalerweise gut fossilisierbar. Ein wunderschönes Exemplar ist das vollständig aus dem Ölschiefer herauspräparierte Skelett von *Trionyx* (**223**). Weichschildkröten der Familie Trionychidae leben heute nahezu permanent im Wasser und kommen nur zur Eiablage an Land. Auch Krokodile sind ans Wasser gebunden, und so überrascht es nicht, dass in der Grube Messel viele Exemplare gefunden wurden. Einige vollständige Skelette – von jungen bis zu 4 m langen ausgewachsenen Tieren – konnten geborgen werden. Insgesamt kommen in Messel sechs Gattungen vor, was im Vergleich zu heute eine große Vielfalt für einen einzigen Ort darstellt. Man nimmt an, dass nur eine einzige Gattung, *Diplocynodon*, wirklich im See lebte, denn von diesem zugleich häufigsten Tier hat man eine ganze Abfolge von jugendlichen Stadien gefunden. Alle anderen wurden wahrscheinlich aus benachbarten Flüssen oder anderen Teilen des komplexen Gewässersystems in den See verfrachtet.

An Land lebende Echsen und Schlangen sind viel seltener als die halbaquatischen Krokodile und Schildkröten. Die Reihe der in Messel gefundenen Echsen reicht von großen räuberischen Waranen über flinke leguanartige Formen bis hin zu beinlosen. Schlangen tauchten erstmals in kreidezeitlichen Gesteinen auf und sind damit ziemliche Nachzügler unter den Reptilien. Bis zum Eozän hatten sich die bekannten Würgeschlangen Boa und Python entwickelt, sie kommen in Messel mit der Gattung *Palaeopython* (**224**) vor. Die fortschrittlicheren Giftschlangen tauchten erst später auf und waren in Messel nicht vertreten.

224 Die schön erhaltene Schlange *Palaeopython* (SMFM).
Länge etwa 2 m.

Vögel. In der Grube Messel findet man eine große Vielfalt von Vögeln. Zu den palaeognathen Vögeln zählen heute nur die Laufvögel (die flugunfähigen Strauße, Nandus und Verwandte) und die südamerikanischen Steißhühner oder Tinamus. In der Grube Messel kommt der straußenähnliche palaeognathe *Palaeotis* vor, ein möglicher Vorläufer der heutigen Laufvögel. Alle anderen Vögel werden als Neognathen klassifiziert und bilden die Schwestergruppe der Palaeognathen. Es gibt Hinweise auf Greifvögel und Hühnervögel. Als erster Vogel wurde im Jahre 1898 der urtümliche Ibis *Rhynchaeitis messelensis* in Messel gefunden. Große flugunfähige Vögel beherrschten das

Geschehen zu Beginn des Tertiärs. Der Oberschenkelabdruck eines *Diatryma* (ein Riese mit kräftigen Kiefern) wurde zusammen mit drei Exemplaren des großen *Aenigmavis* gefunden. Weitere in Messel gefundene Vögel, die ebenfalls zur Ordnung der Kranichvögel (Gruiformes) gehören, sind Seriemas (hochbeinige südamerikanische Vögel) und Rallen. Unter den Wat- und Möwenvögeln (Charadriiformes) findet sich in Messel ein Flamingo: *Juncitarsus*. Die Messeleule *Palaeoglaux* zeichnete sich durch ein Gefieder aus, das man von modernen Eulen nicht kennt; vielleicht war sie noch nicht nachtaktiv. Weiterhin gibt es Vertreter der Schwalmvögel oder Nachtschwalben, der Seglerartigen und der Rackenvögel (**225**). Letztere Gruppe umfasst Vögel mit farbenprächtigem Federkleid: Eisvögel, Wiedehopfe, Hornvögel, Bienenfresser und die Racken selbst. Einige der Racken von Messel sind mit außergewöhnlich gut erhaltenem Federkleid (leider farblos) und mit falkenartigen Greifklauen überliefert worden. Eine Reihe von Messelvögeln kann man den Spechten zuordnen, was erneut auf einen Wald in der Nähe hindeutet. Tatsächlich ist das Einzelexemplar eines Flamingos der einzige Nachweis eines echten Wasservogels; bei allen anderen handelt es sich um Land- oder Waldbewohner.

Säugetiere. Die Grube Messel ist für ihre fossilen Säuger bekannt. Beuteltiere sind durch Opossums vertreten, von denen mindestens zwei Formen vorkommen: ein kleiner Baumkletterer mit einem Greif-

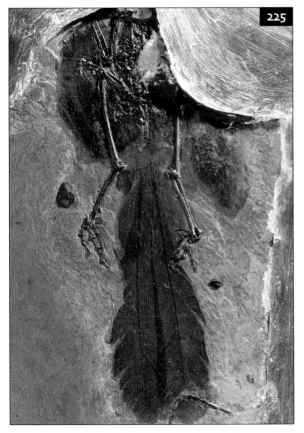

225 Ein rackenartiger Vogel mit ausgezeichnet erhaltenem Gefieder (SMFM). Gesamtlänge etwa 200 mm.

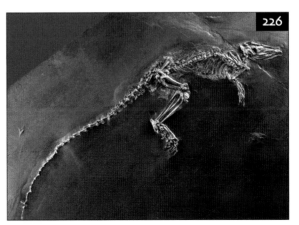

226 Das seltsame Säugetier *Leptictidium nasutum* (SMFM). Gesamtlänge 750 mm (mit Schwanz, der allein 450 mm misst).

227 Rekonstruktion von *Leptictidium*.

schwanz und eine größere kurzschwänzige Gattung, die möglicherweise auf dem Boden lebte. Placentatiere bilden den Hauptanteil der Messelsäuger. Eine faszinierende Kreatur namens *Leptictidium* (**226**, **227**) wurde anfänglich den Insektenfressern zugeordnet, wird aber heute zu den Proteutheria gestellt, einer ursprünglichen Placentalierordnung der Kreide und des frühen Tertiärs. Drei Arten von *Leptictidium* wurden aus der Grube Messel beschrieben. Besonders bemerkenswert an diesen Tieren war ihre Fortbewegung. Sie besaßen relativ lange Hinterbeine, verhältnismäßig kurze Vorderbeine und einen außergewöhnlich langen Schwanz aus mehr als 40 Wirbeln (das sind weit mehr, als bei jedem heute lebenden Säugetier). Es war kein Greifschwanz, sodass davon auszugehen ist, dass er zum Halten der Balance diente und das Tier seine langen Hinterbeine zur Fortbewegung benutzte. Doch anders als bei Kängurus und Springmäusen, die ihre Hinterbeine zum Hüpfen benutzen, deuten die schwachen Gelenke in den Hinterbeinen von *Leptictidium* darauf hin, dass es auf eine Art und Weise vorwärts hoppelte, die man von keinem lebenden Tier kennt. Ebenfalls zu den Proteutheria gehört *Buxolestes*, der kurze, kräftige Füße und einen dicken Schwanz hatte. Seine Ähnlichkeit mit Ottern lässt vermuten, dass er ein guter Schwimmer war. Mageninhalte mit Fischknochen und -schuppen bestätigen dies. Unter den echten Insektenfressern finden sich hoch spezialisierte Verwandte der Igel, darunter *Macrocranion* mit langen, an das Hüpfen angepassten Hinterbeinen und *Pholidocerus* mit einem schuppigen Schwanz und einem großen von Nerven durchzogenen Organ im Stirnbereich. *Heterohyus*, ein weiterer Insektenfresser, lebte auf Bäumen und konnte mit seinen verlängerten zweiten und dritten Fingern an den Vorderextremitäten Insektenlarven aus Baumlöchern holen.

Wegen ihrer fliegenden Fortbewegung und ihrer verborgenen Lebensweise werden Fledermäuse in Sedimentablagerungen nur selten überliefert, doch in der Grube Messel stellen sie die häufigsten Säugetierfossilien. Das liegt vermutlich daran, dass sie beim Überfliegen des Sees durch aufsteigende giftige Gase betäubt wurden und abstürzten. Die Hunderte von Fledermäusen, die in Messel erhalten geblieben sind, bilden eine einzigartige Quelle zum Studium ihrer Evolution. Alle gehören zu den Microchiroptera (die sich von Insekten, nicht von Früchten ernähren). Durch die vorzügliche Erhaltung im Ölschiefer wurden Haut und Flughäute, Muskeln, Fell und Mageninhalte überliefert (**228**). Die verschiedenen Verhältnisse von Flügellänge zu -breite bei den sechs beschriebenen Arten deuten auf unterschiedliche Lebensweisen hin. Es gab Arten, die hoch zwischen den Bäumen flogen, solche die niedriger im offenen Gelände jagten und andere, die dicht über dem Laub und dem Boden segelten. In den Mägen fanden sich Schuppen von Faltern, Haare von Köcherfliegen und Flügeldecken von Käfern. Alle orientierten sich beim Jagen per Ultraschall. Drei Viertel der Exemplare gehören zu der Gruppe, die tief über dem Boden flog und damit den giftigen Gasen stärker ausgesetzt war als die höher fliegenden Formen.

Vier Primatenfunde aus Messel gehören zu den Adapiformes. Die Tiere waren halb so groß wie Katzen und wahrscheinlich mit den Lemuren von Madagaskar verwandt. Schuppentiere (Ordnung Pholidota) sind nachtaktive Ameisenfresser, die anstelle eines Fells Schuppen haben. Zum Schutz rollen sie sich bei Bedrohung zu einer schuppigen Kugel zusammen. Viele ihrer Merkmale sind ursprünglich und weisen auf eine frühe Entstehung, möglicherweise während der Kreidezeit, hin. Gestützt wird diese Hypothese durch die Entdeckung der ältesten und am besten erhaltenen Schuppen-

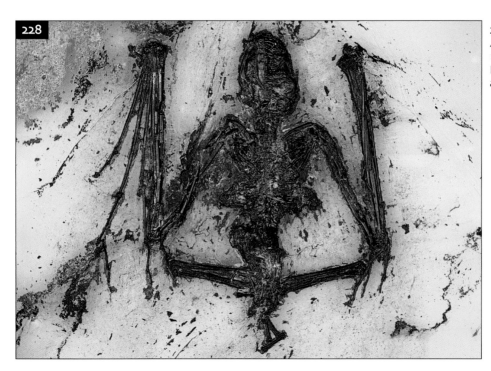

228 Die Fledermaus *Archaeonycteris trigonodon* (SMFM). Länge des Vorderarms 52,5 mm.

tiere in Messel, die nahezu identisch mit modernen Vertretern sind. Obwohl man meinen sollte, dass sie offensichtlich an das Fressen von Ameisen und Termiten (Myrmecophagie) angepasst gewesen wären, bestanden die Mageninhalte der Fossilien hauptsächlich aus Pflanzenresten. Eine interessante Erklärung für diesen Widerspruch ist, dass sich diese frühen Schuppentiere von Blättern ernährten, die sie Blattschneiderameisen abnahmen. Aus diesem Verhalten entwickelte sich dann später das Fressen von Ameisen. Die andere heute lebende Gruppe, die sich auf Myrmecophagie spezialisiert hat, sind die Zahnarmen (Edentata), von denen ein einziges Exemplar in Messel gefunden wurde. Der Mageninhalt bestand neben Insektenpanzern aus Sandkörnern, die bei der Zerkleinerung der Insekten halfen, und Holzfasern, was darauf schließen lässt, dass sich dieses Tier von Holztermiten ernährte.

Nagetiere besitzen typischerweise ein großes Paar Schneidezähne, eine Anpassung zum Knabbern von Pflanzen und Nagen von Samen. Von Messel kennt man drei Gattungen: einen großen hörnchenartigen Nager mit Blättern im Magen und zwei kleinere mausartige Formen. Die Nager bildeten einen Teil der Nahrung von Fleischfressern wie dem möglicherweise baumbewohnenden *Paroodectes*, einem Miaciden (eine ausgestorbene Familie, offenbar die Vorläufer moderner Raubtiere) und dem hyaenodonten Creodontiden *Proviverra*. Huftiere kamen in Messel mit frühen Vertretern moderner Gruppen und mit ausgestorbenen ursprünglichen Formen vor. Ein Beispiel für Letztere ist *Kopidodon*. Zwar weisen ihn viele Aspekte seiner Morphologie als Vorläufer der Huftiere aus, doch seine kräftigen Klauen und der lange Schwanz deuten auf ein Leben auf Bäumen hin. Zu den Unpaarhufern (Perissodactyla) gehören Pferde, Tapire und Nashörner. Messel hat einige der besten Fossilien dieser Gruppen

geliefert. Vom Messelpferd *Propalaeotherium* (**229**) gibt es mehr als 70 Exemplare, von Fohlen bis zu vollständig ausgewachsenen Tieren. Man kennt zwei Arten. Die eine erreichte im ausgewachsenen Zustand eine Schulterhöhe von 30–35 cm, die andere von 55–60 cm – für Pferde also wirklich klein! Andere Merkmale lassen darauf schließen, dass es sich um primitive Pferde gehandelt hat. So hatten sie an den Vorderbeinen vier Zehen mit Hufen, an den Hinterbeinen drei (bei modernen Pferden haben Vorder- und Hinterbeine jeweils nur eine einzige Zehe). Die Mageninhalte dieser frühen Pferde zeigen, dass sie sich von Blättern und Samen ernährt haben. Grassteppen und grasende Pferde hatten sich im Eozän noch nicht entwickelt. Zu den Paarhufern (Artiodactyla) gehören Rinder, Hirsche, Schweine, Kamele, Giraffen und Flusspferde. Die beiden in der Grube Messel gefundenen Paarhufergattungen waren wie die Unpaarhufer etwa hundegroße Äser oder wühlten im Laub des Waldes nach Nahrung.

Paläoökologie der Messelfossilien

Die Umstände, die zur Entstehung des Messelsees geführt haben, wurden lange Zeit heftig diskutiert. Eine Theorie besagte, dass es in der Gegend ein ausgedehntes Flusssystem gab, unter dem der Rheingraben einzusinken begann. In Vertiefungen des hügeligen Geländes wurden daraufhin Teile des Flusssystems isoliert und Seen entstanden. Hinweise auf diese Theorie liefern die Verteilung und die Orientierung von Fisch- und Köcherfliegenfossilien, die beide fließende Gewässer bewohnen. Sie deuten darauf hin, dass Wasser den Messelsee durchfloss. Eine andere Vermutung basierte auf Untersuchungen, die beweisen, dass der See mehr als 100 000 Jahre existierte und dass die Se-

229 Messelpferd *Propalaeotherium parvulum* (SMFM). Schulterhöhe 300–350 mm.

dimente im Aufschlussgebiet bemerkenswert einheitlich sind. Danach war der Messelsee ein großes, beständiges Gewässer und die Fossilien sammelten sich in tieferen, sauerstoffarmen Senken innerhalb dieser größeren Struktur. Nach diesem Modell lebten die Organismen in den gut durchlüfteten Wässern dieses größeren Sees. Heute wird ein drittes Modell allgemein akzeptiert, das in den letzten Jahren durch Bohrlochdaten aus der Grube untermauert werden konnte. Danach war der Messelsee ein Kratersee innerhalb eines vulkanischen Maars. Maare entstehen durch explosive Ascheeruptionen, die beim Kontakt der heißen Lava mit dem Grundwasser ausgelöst werden. Sie hinterlassen runde Senken, in denen sich später Seen bilden. Solche tertiären Maarseen sind in Süddeutschland weit verbreitet und ein weiteres Beispiel ist das Randecker Maar auf der Schwäbischen Alb. Nach diesem Modell ist der See tief und steilrandig, bot also ideale Bedingungen für sauerstoffarme Bodenwässer. Außerdem hätten giftige Gase, die vom See aufstiegen, überfliegende Fledermäuse und Vögel zum Absturz bringen können, während Säugetiere leicht die steilen Ufer hinab-gerutscht sein könnten. Lokale Strömungen könnten von Köcherfliegenlarven und kleinen Fischen bewohnt worden sein, während größere Fische und Wasservögel, die selten fossil vorkommen, hier nicht leben konnten. Auf ähnliche Weise kommen vom Wind angewehte Blätter und Blüten vor, während Äste und Zweige von Bäumen sehr selten sind.

In diesem Kapitel haben wir immer wieder Hinweise darauf gegeben, was die Fossilfunde den Paläontologen über die Ökologie der Gegend von Messel sagen. Hierfür wurden Vergleiche mit ihren heute lebenden Verwandten herangezogen sowie die sedimentologischen Verhältnisse und die Taphonomie der Fossilien berücksichtigt. Das entstehende Bild ist komplex, aber faszinierend. In Messel ist anscheinend nicht die typische Lebensgemeinschaft eines Sees erhalten geblieben, sondern eine Ansammlung von Arten, die zu großen Teilen sowohl aus den umgebenden Wäldern als auch aus den unterschiedlichen Bereichen des Sees selbst stammten. Es sind zweifellos die waldbewohnenden Formen, die das größte Interesse der Paläontologen auf sich zogen, denn dieser Lebensraum wird nur selten fossil überliefert.

Vergleich der Grube Messel mit anderen tertiären Lebensgemeinschaften

Die Braunkohleflöze des Geiseltals, etwa 150 km nordöstlich von Messel, werden seit drei Jahrhunderten abgebaut. Über diese Zeit haben sie große Mengen an Fossilien geliefert, die mit denen der Grube Messel vergleichbar sind (Voigt, 1988). Die Pflanzenwelt zum Beispiel ist in vielerlei Hinsicht ähnlich, doch gibt es auch wichtige Unterschiede. Diese rühren daher, dass es sich bei Messel um einen See handelte, der die Pflanzen einer Vielzahl verschiedener Habitate aufnahm. Dagegen stammt die Braunkohle des Geiseltals aus einem Sumpf, also einem durch geringere Artenvielfalt gekennzeichneten Lebensraum. Auch bei der Fauna gibt es interessante Unterschiede zwischen beiden Fundstellen. So wurden im Geiseltal mehr als 300 Exemplare eines axolotlähnlichen Amphibiums gefunden, in Messel dagegen kein einziges. Die Reptilienfauna beider Orte ist hingegen ähnlich. Wegen der einzigartigen Bedingungen sind fossile Fledermäuse in Messel relativ häufig, nicht jedoch im Geiseltal. Andere Säugergruppen ähneln sich stärker – z. B. Primaten, Ameisenbären und Huftiere.

Weiterführende Literatur

Buffetaut, E. (1988): The ziphodont mesosuchian crocodile from Messel: a reassessment. Courier Forschungsinstitut Senckenberg **107**, 211–221.

Franzen, J.L. (1985): Exceptional preservation of Eocene vertebrates in the lake deposits of Grube Messel (West Germany). Philosophical Transactions of the Royal Society of London, Series B **311**, 181–186.

Franzen, J.L. (2006): Die Urpferde der Morgenröte. Elsevier Spektrum Akademischer Verlag, Heidelberg, 240 S.

Habersetzer, J. & Storch, G. (1990): Ecology and echolocation of the Eocene Messel bats. 213–233. In Hanak, V., Horacek, T. & Gaisler, J.: European bat research 1987. Charles University Press, Prague.

Habersetzer, J., Richter, G. & Storch, G. (1992): Palaeoecology of the Middle Eocene Messel bats. Historical Biology **8**, 235–260.

Kühne, W.G. (1961): Präparation von flachen Wirbeltierfossilien auf künstlicher Matrix. Paläontologische Zeitschrift **35**, 251–252.

Lutz, H. (1987): Die Insekten-Thanatocoenose aus dem Mittel-Eozän der Grube Messel bei Darmstadt: Erste Ergebnisse. Courier Forschungsinstitut Senckenberg **91**, 189–201.

Maier, W., Richter, G. & Storch, G. (1986): *Leptictidium nastum* – ein archaisches Säugetier aus Messel mit aussergewöhnlichen biologischen Anpassungen. Natur und Museum 116, 1–19.

Novacek, M. (1985): Evidence for echolocation in the oldest known bats. Nature **315**, 140–141.

Peters, D.S. (1989): Ein vollständiges Exemplar von *Palaeotis weigelti*. Courier Forschungsinstitut Senckenberg **107**, 223–233.

Schaal, S. & Ziegler, W. (1992): Messel. An insight into the history of life and of the Earth. Clarendon Press, Oxford, 322 S.

Sturm, M. (1978): Maw contents of an Eocene horse (Propalaeotherium) out of the oil shale of Messel near Darmstadt. Courier Forschungsinstitut Senckenberg **30**, 120–122.

Westphal, F. (1980): *Chelotriton robustus*, n. sp., ein Salamandride aus dem Eozän der Grube Messel bei Darmstadt. Senckenbergiana Lethaea **60**, 475–487.

BALTISCHER BERNSTEIN

Kapitel Dreizehn

Das Leben in den Wäldern des Känozoikums

Im Messelsee sind Pflanzen und Tiere verschiedener Lebensräume aus der näheren Umgebung, aber auch aus weiterer Entfernung vom See überliefert. Die beiden wichtigsten Fossilgruppen von Messel sind größere Säuger und Vögel. Selten fanden sich hingegen zartere geflügelte Insekten wie Fliegen und Mücken (Diptera) oder Schmetterlinge (Lepidoptera), da sie eher dazu neigen, auf der Oberfläche des Sees zu treiben, als auf seinen Grund zu sinken. Solche Insekten sind in Bernstein – fossilem Baumharz – besser erhalten geblieben. Sie wurden ebenso wie andere Kleintiere durch das Harz angelockt und eingeschlossen. Baumharz ist eine lokal begrenzte Ablagerung. Auch wenn manche Bäume Unmengen von Harz produzieren, werden doch am ehesten solche Pflanzen und Tiere darin eingeschlossen, deren Lebensweise mit Bäumen in Zusammenhang steht. Tierkörper bleiben am besten erhalten, wenn sie rasch von ihrer Umwelt isoliert werden, wo sie verwesen würden – und was könnte für ein Insekt dazu besser geeignet sein, als von Harz eingeschlossen zu werden? Außerdem findet kein primärer Transport der Tierleiche statt, abgesen davon, dass das Harz am Baumstamm herunterfließt und das Tier noch eine Weile um sein Leben kämpft. Der Bernstein wird erst später transportiert und in einer sedimentären Lagerstätte angereichert.

Die im Harz überlieferten Organismen stammen aus anderen Lebensräumen als die in Seeablagerungen enthaltenen Lebewesen. Zarte Wirbellose wie Insekten bleiben in Bernstein viel eher erhalten als in Seesedimenten, Wirbeltiere sind dagegen viel seltener. Viele Insekten werden wahrscheinlich durch freigesetzte flüchtige Öle aus dem Harz angelockt. Ob das dem Baum oder den Insekten nützt, ist bisher nicht bekannt. Einmal vom Harz angelockt oder davon überrascht, bleiben die Insekten kleben. Spinnen und andere Räuber werden ihrerseits von den sterbenden Insekten geködert und sind dann ebenfalls gefangen – ähnlich wie die Raubtiere in den Asphaltsümpfen von Rancho La Brea (Kapitel 14). Am häufigsten werden in Bernstein Tiere überliefert, die in den Furchen der Baumrinde sowie im Moosbewuchs am Stamm oder am Fuße von Bäumen leben, außerdem fliegende Insekten des Waldes und ihre Räuber. Daneben findet man unterschiedliches Pflanzenmaterial wie Sporen, Pollen, Samen, Blätter und Haare. Kleine Harztropfen können normalerweise nur wenige Organismen aufnehmen, doch einige Bäume sondern in Folge von Verletzungen große Mengen Harz ab. Diese als Schlauben (Schlüter, 1990) bezeichneten großen Harzmassen, fließen den Baumstamm hinab und bilden ideale Fallen.

Heute wie in der Vergangenheit erzeugt eine ganze Reihe von Bäumen Harz. Ein ergiebiger Produzent ist die Araukarie *Agathis australis* (**230**), die auf der Nordinsel Neuseelands wächst. Aus Neuseeland kennt man 40 Millionen Jahre alte Bernsteine, die aus dem Harz dieser Bäume entstanden sind. Jüngere, etwa 30 000 bis 40 000 Jahre alte Ablagerungen von Harz, das noch nicht zu Bernstein fossilisiert ist, findet man in Neuseeland ebenfalls. Dort hat man dieses so genannte Kopal im letzten Jahrhundert abgebaut. Kopal schmilzt

230 Die Kaurikiefer, *Agathis australis*, die seit dem Tertiär ein ergiebiger Harzerzeuger ist, Nordinsel, Neuseeland.

bei niedrigen Temperaturen und wurde zur Lackherstellung verwendet oder zu Modeschmuck und Zahnersatz verarbeitet. Während der Bernsteinbildung verliert das frische Harz zuerst seine flüchtigen Öle, dann beginnt die Polymerisation. Ist das Harz fest geworden (Härte 1–2 auf der Mohs-Skala) und nicht mehr formbar, nennt man es Kopal. In diesem Stadium löst es sich jedoch in organischen Lösungsmitteln und schmilzt bei weniger als 150 °C. Auch Kopal, insbesondere afrikanischer, enthält Insekten und andere Einschlüsse, ist jedoch viel jünger als Bernstein und daher für Paläontologen meist weniger interessant. Damit sich echter Bernstein bilden kann, müssen die Polymerisation und Oxidation über längere Zeiträume hinweg andauern, bis das Material eine Härte von 2–3 auf der Mohs-Skala erreicht hat, erst ab 200 °C schmilzt und sich nicht mehr in organischen Lösungsmitteln löst. An diesen physikalischen Eigenschaften kann man echten Bernstein, der im Handel oft hohe Preise erzielt, von Nachahmungen unterscheiden, die oft einfach nur aus Kopal bestehen oder sogar aus geschmolzenem Kopal hergestellt worden sind. Ein ausgezeichnetes Beispiel für eine Fälschung wurde von Andrew Ross vom Natural History Museum in London entdeckt (Grimaldi *et al.*, 1994). Er interessierte sich für eine anscheinend in echtem Bernstein eingeschlossene Fliege, die zu einer zuvor fossil nicht bekannten modernen Familie gehörte. Bei der Untersuchung unter einem Mikroskop mit einer ziemlich heißen Lampe bildete sich ein Spalt. Wie weitere Nachforschungen ergaben, war ein Bernsteinstück in zwei Hälften geschnitten, eine Seite ausgehöhlt, die (rezente) Fliege hinein getan und das Ganze anschließend wieder zusammengeklebt worden!

Entdeckungsgeschichte des baltischen Bernsteins

Bernstein war schon archaischen Gesellschaften bekannt und hatte bei ihnen besondere Bedeutung. So wurde er in Schmuckstücken gefunden, die auf mehr als 10 000 Jahre v. Chr. datiert wurden. Bei den Römern hieß der Bernstein Succinum (Saftstein) und bei den antiken Griechen Elektron. Das Wort „Elektrizität" stammt von dem elektrostatischen Effekt, der entsteht, wenn man Bernstein mit einem weichen Tuch reibt. Plinius beschrieb im 1. Jahrhundert n. Chr. als Erster die Eigenschaften von Bernstein und erkannte seinen Ursprung aus fossilem Baumharz. Andere Vorstellungen bezüglich seiner Entstehung reichten von den Tränen der Götter bis zu den getrockneten Ausscheidungen von Tieren. Plinius war bekannt, dass der gehandelte Bernstein aus dem Norden Europas stammte, womit der baltische Bernstein sowohl die am längsten als auch die am besten bekannte aller Bernsteinlagerstätten ist.

Wegen seiner Schönheit (**231**) und des damit verbundenen Wertes war der Handel mit Bernstein seit jeher eine wesentliche Grundlage baltischer Kulturen, und so wurde er seit dem Altertum an den Küsten der Ostsee gesammelt. Zwischen dem 13. und dem 15. Jahrhundert eroberte der Deutsche Ritterorden die baltische Küste und riss die Kontrolle über den Bernsteinhandel an sich. Nachdem die Ordensritter im Jahre 1410 in der Schlacht von Tannenberg von den Heeren

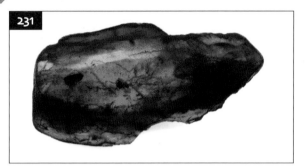

231 Baltischer Bernstein mit Einschlüssen (PS). Länge etwa 70 mm.

Polens und Litauens geschlagen worden waren, zerfiel ihr Monopol über den Bernsteinmarkt, und andere Mächte kämpften um die Vorherrschaft. Mitte des 19. Jahrhunderts tauchte ein Unternehmen auf, das den Bernstein aus dem Meer baggerte und ihn direkt vom Grund der Ostsee abbaute. Von 1875 bis 1914 produzierte eine Fabrik in der Nähe von Palmnicken (heute Jantarny) an der Westküste von Samland (heute zu Russland gehörend, früher ein Teil von Ostpreußen), zwischen 225 000 und 500 000 Tonnen Rohbernstein pro Jahr. Die besten Stücke wurden zu Schmuck und Skulpturen verarbeitet, die schlechteren Qualitäten zur Lackherstellung eingeschmolzen. Das Bernsteinzimmer, 1701 von Friedrich I. von Preußen in Auftrag gegeben, enthielt die großartigsten Bersteinschnitzereien, die jemals angefertigt wurden. In den Intarsien der Wandverkleidungen aus unterschiedlich gefärbten Bernsteinen waren verschiedene Szenen dargestellt. Die Fertigstellung dieses Zimmers dauerte zehn Jahre, dann wurde es im Sommerpalais von Peter dem Großen in St. Petersburg aufgebaut. Während des Zweiten Weltkrieges wurde es in das Schloss im damals noch deutschen Königsberg gebracht. Hier wurden die Paneele vor dem Einmarsch der Russen zerlegt und vermutlich in den Verliesen des Schlosses in Kisten verstaut. Was danach mit dem Bernsteinzimmer geschah, liegt bis heute im Dunkeln.

Auch die biologische Bedeutung der Bernsteineinschlüsse ist seit langem bekannt. Die beste Sammlung befand sich im Geologischen Institut der Universität Königsberg. Sie wurde 1860 angelegt, als der Abbau mit Baggern begann. Ursprünglich nahm man an, die Sammlung sei bei Bombenangriffen im Zweiten Weltkrieg zerstört worden, tatsächlich hatte man sie aber auf andere Museen verteilt. Große Sammlungen von baltischem Bernstein befinden sich heute zum Beispiel im Natural History Museum in London, im Museum der Erde in Warschau, im Zoologischen Institut in St. Petersburg und im Naturkundemuseum in Berlin.

Stratigraphischer Rahmen und Taphonomie des baltischen Bernsteins

Abbildung **232** zeigt die vermutete Lage des baltischen Bernsteinwaldes, die Küstenaufschlüsse von Samland und die Orte, an denen man umgelagerten Bernstein

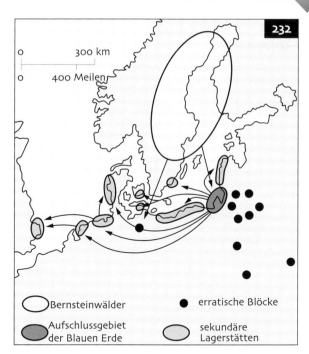

232 Die Karte zeigt das Vorkommen des baltischen Bernsteins: die wahrscheinliche Lage des Bernsteinwaldes, das Aufschlussgebiet der Blauen Erde in Samland und sekundäre Lagerstätten (nach Schlüter, 1990).

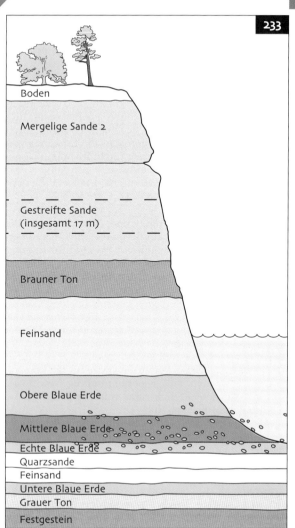

233 Das Profil der Blauen Erde von Samland zeigt die Lage der bernsteinführenden Schichten (nach Poinar, 1992).

entlang der Küstenlinie findet. Von Flüssen aus dem Wald geschwemmte Bernsteinklumpen wurden in einen glaukonitischen Ton eingelagert, den man Blaue Erde nennt. Glaukonit ist ein Eisenmineral mit einer charakteristischen grünen Farbe, in einem dunklen Ton kann er bläulich erscheinen. Mehrere Schichten der Blauen Erde lagern in einer Abfolge aus Sand- und Tonsteinen (**233**), die aufgrund ihrer marinen Fossilien hauptsächlich auf Mitteleozän bis frühes Oligozän (Paläogen) datiert wurden. Genau diese Blaue Erde hat man in der Nähe von Palmnicken auf Bernstein abgebaut. Während des Pleistozäns wurde das Gebiet der heutigen Ostsee durch Inlandeis erodiert. Die Blaue Erde wurde dabei in den glazialen Geschiebemergel (Till) eingearbeitet, der heute weite Teile von Nordpolen, Deutschland und Dänemark bedeckt. Wegen seiner geringen Dichte wird Bernstein durch Strömungen leicht aus den Aufschlüssen der Blauen Erde oder aus dem Geschiebemergel ausgewaschen und an den Strand gespült. Man findet den baltischen Bernstein daher nicht nur entlang der Ostseeküste, sondern auch an der Nordsee.

Lange diskutierte man, von welchem Baum das Harz für den baltischen Bernstein stammt. Erste Untersuchungen aus den 1830er-Jahren deuteten auf eine Art der heute noch existierenden Kieferngattung *Pinus* hin, doch spätere anatomische Untersuchungen wiesen auf die ausgestorbene Art *Pinites succinifera*. Weitere Analysen legten nahe, dass sein Holz der Fichtengattung *Picea* ähnelte. Die moderne Infrarotspektroskopie, die man zur Unterscheidung verschiedener Bernsteinarten einsetzt, zeigt für den baltischen Bernstein einen typischen abgeflachten Bereich in der resultierenden Spektroskopiekurve (als „baltische Schulter" bezeichnet). Ein Vergleich der Spektroskopiekurven von Bernsteinen mit denen von Harzen ist aber nicht ganz einfach, da sich das Spektrum mit dem Grad der Fossilisation verändert. Nichtsdestotrotz ergaben Vergleiche, dass das Infrarotspektrum des baltischen Bernsteins dem der neuseeländischen Araukarie *Agathis australis* am nächsten kommt. Neuere Analysen mithilfe der Pyrolyse-Gaschromatographie haben diese Resultate bestätigt. Das Spektrum des baltischen Bernsteins deutet also auf Araucariaceae hin, die Morphologie auf Pinaceae. Zwar ist *Agathis* heute ein weit ergiebigerer Harzproduzent als *Pinus*, doch finden sich im baltischen Bernstein nur fossile Hinweise auf *Pinus*, aber keine auf Araukarien. Als möglichen Kompromiss schlug Larsson (1978) vor, dass der Baum zu einer ausgestorbenen Gruppe von Nacktsamern (Gymnospermen) mit Merkmalen von beiden Pflanzenfamilien gehörte. Sie kann aber kein Vorläufer dieser Familien gewesen sein, da beide schon in der Kreidezeit vorkamen.

Auf den ersten Blick scheinen die Insekten im Bernstein dreidimensional erhalten zu sein, mit ihrer ursprünglichen Kutikula und Färbung, aber als leere Hüllen ohne innere Organe. Doch schon 1903, als Kornilowitsch gestreifte Muskeln bei Insekten aus dem baltischen Bernstein beschrieb, stellte sich dies als irreführend heraus. Später entdeckte Petrunkewitsch (1950) innere Organe bei Spinnen aus Bernstein, und rasterelektronenmikroskopische Untersuchungen durch Mierzejewski (1976a, b) zeigten, dass die Erhaltung von inneren Strukturen bei Spinnen (inklusive Spinndrüsen, Fächerlungen, Mitteldarmdrüse, Muskeln und Hämolymphzellen) besser war als bei Insekten. Mit dem Transmissionselektronenmikroskop entdeckten Poinar & Hess (1982) Muskelfasern, Zellkerne, Ribosomen, endoplasmatisches Reticulum und Mitochondrien bei einer Mücke aus baltischem Bernstein. Die Organismen werden im Bernstein mumifiziert. Durch Austrocknung schrumpft das Gewebe auf etwa 30 % des ursprünglichen Volumens und gibt dem Fossil den Anschein einer leeren Hülle. Eine Oxidation des organischen Materials wird nicht verhindert, da Bernstein einen langsamen Gasaustausch zulässt. Damit kann man das eingeschlossene Gas nicht für Analysen der Atmosphäre vergangener Zeiten benutzen, wie man gehofft hatte. Wie viele Harze hat Bernstein fixierende und antibakterielle Eigenschaften. Die alten Ägypter etwa benutzten Harze für die Präparation ihrer Mumien, und der eigentümliche Geschmack von griechischem Retsina rührt vom zugesetzten Harz, das ihn haltbar machen soll.

Wegen der vorzüglichen Erhaltung von Strukturen im subzellularen Bereich bestand enormes Interesse daran, eventuell Teile der DNA von Organismen aus Bernstein zu isolieren. In dem Film *Jurassic Park* wird fossiles Dinosaurierblut aus dem Magen einer Stechmücke gewonnen, die in Bernstein eingeschlossen war. Mithilfe der so erlangten DNA-Sequenz werden dann lebende Dinosaurier erschaffen. Wie jede gute Science-Fiction beruhte auch diese Idee auf potenziellen Möglichkeiten. Versuche, DNA aus Bernstein zu extrahieren, waren bisher stets erfolglos. Seitdem bekannt ist, dass Bernstein keineswegs so undurchlässig ist, wie man früher angenommen hatte, ist es eher unwahrscheinlich, dass das DNA-Molekül Millionen von Jahren unversehrt überstanden haben könnte, vor allem wenn man bedenkt, dass DNA sofort nach dem Absterben der Zelle zerfällt.

Auch wenn ein Einschluss gut erhalten ist, können wichtige Merkmale durch Risse, Trübungen oder andere Einschlüsse verdeckt sein. Manchmal liegt der Einschluss am Rand eines Bernsteinstücks, sodass nur ein Teil erhalten ist. Im baltischen Bernstein kommt häufig eine weißliche Trübung vor, die den Einschluss umgibt und an Schimmel erinnert (**234**). Unter dem Mikroskop zeigt sich, dass dieses von Petrunkewitsch (1942) „Emulsion" genannte Material aus winzigen Luftblasen besteht (Mierzejewski, 1978). Man nimmt an, dass die Emulsion durch Feuchtigkeit entsteht, die dem Kadaver entweicht und in frühen Phasen des taphonomischen Prozesses mit dem Harz reagiert. Obwohl sie besonders für baltischen Bernstein typisch ist, fand man sie auch in anderen Bernsteinen wie dem frühkreidezeitlichen Bernstein der Isle of Wight (Selden, 2002). Ob sie vorkommt oder nicht, kann mit der unterschiedlichen Wasserlöslichkeit der Harze verschiedener Bäume zusammenhängen (Poinar, 1992).

Die Organismen des baltischen Bernsteins

Seit den ersten wissenschaftlichen Untersuchungen des baltischen Bernsteins vor etwa 250 Jahren wurde eine große Anzahl von Organismen aus Einschlüssen beschrieben. Poinar (1992) widmet sich den Beschreibungen von Pflanzen und Tieren aus Bernsteineinschlüssen, und der baltische Bernstein spielt in nahezu jedem Abschnitt seines Buches eine Rolle. Für einen ausführlichen Überblick sei der Leser auf dieses Werk verwiesen, außerdem auf die Bücher von Larsson (1978) und von Weitschat & Wichard (2002), die sich ausschließlich mit dem baltischen Bernstein befassen, sowie auf das von Keilbach (1982), das sich auf die Arthropoden beschränkt.

Im Laufe der letzten zweieinhalb Jahrhunderte wurden etwa 750 Pflanzenarten aus dem baltischen Bernstein beschrieben, die meisten zwischen 1830 und 1937. Conwentz (1886), Göppert & Berendt (1845), Göppert & Menge (1883) sowie Caspary & Klebs (1907) haben diese Ergebnisse zusammengefasst. Die wichtigsten Untersuchungen über den baltischen Bernsteinbaum haben Conwentz (1890) und Schubert (1961) durchgeführt. Nach einer Studie von Czeczott (1961) sind nur 216 der

234 Ein Fächerkäfer (Coleoptera: Rhipiphoridae) im baltischen Bernstein (GPMH) ist mit weißer Emulsion bedeckt. Länge etwa 5 mm.

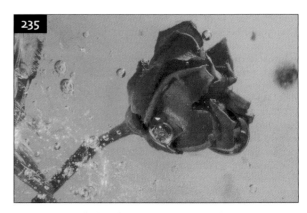

235 Rose im baltischen Bernstein (Angiospermae: Rosaceae) (GPMH). Länge etwa 5 mm.

750 Arten gültig, dazu gehören fünf Bakterienarten, eine Myxomycetenart (ein Schleimpilz), 18 Pilze, zwei Flechten, 18 Lebermoose, 17 Laubmoose, zwei Farne, 52 Gymnospermen (Nacktsamer) und 101 Angiospermen (Bedecktsamer).

Pilze. Bei den meisten Pilzen des baltischen Bernsteins handelt es sich um saprobiontische Aufwüchse auf anderen Organismen. Flechten sind eine symbiontische Lebensgemeinschaft von Algen und Pilzen und finden sich häufig auf Baumstämmen. Bryophyten (Laub- und Lebermoose) sind nur selten fossil überliefert. Einige der besten Beispiele stammen jedoch aus dem baltischen Bernstein und wurden von Czeczott (1961) beschrieben. Pteridophyten (Farne) sind selten im Bernstein, doch Czeczott (1961) berichtet von zwei Arten: *Pecopteris humboldtiana* und *Alethopteris serrata*.

Gymnospermen. Die meisten Gymnospermen des baltischen Bernsteins gehören rezenten (heute noch lebenden) Gattungen an. Interessanterweise kommen ihre nächsten Verwandten heute in Nordamerika, Ostasien und Afrika vor. Unter den Gattungen aus dem baltischen Bernstein sind der Palmfarn *Zamiphyllium*, die Steineibe *Podocarpites*, die Kieferngewächse (Pinaceae) *Pinus*, *Piceites*, *Larix* und *Abies*, die Sumpfzypressengewächse (Taxodiaceae) *Glyptostrobus*, *Sciadopitys* und *Sequoia* sowie die Zypressengewächse (Cupressaceae) *Widdringtonites*, *Thujites*, *Librocedrus*, *Chamaecyparis*, *Cupressites*, *Cupressinanthus* und *Juniperus*.

Angiospermen. Etwa zwei Drittel der Angiospermen des baltischen Bernsteins wurden anhand von Blüten, Früchten oder Samen bestimmt (**235**, **236**), die restlichen anhand der Blätter und Zweige. Die meisten gehören rezenten Gattungen an, und eine Vielzahl von Familien ist durch gemäßigte, mediterrane, subtropische und sogar tropische Gruppen vertreten. Wie bei den Gymnospermen ist die Verbreitung der eng verwandten heute noch lebenden Angiospermenarten interessant. Die fossile Gattung *Drimysophyllum* (Magnoliaceae) ähnelt beispielsweise am ehesten der lebenden *Drimys*, die zu den Winteraceae gehört und heute auf dem Malaiischen Archipel, in Neukaledonien, Neuseeland sowie Mittel- und Südamerika vorkommt. Das nächstgelegene heutige Vorkommen für die im baltischen Bernstein gefundene *Clethra* ist Madeira. Andere tropische oder subtropische Familien aus dem baltischen Bernstein sind: Arecaceae (Palmae), Lauraceae, Dilleniaceae, Myrsinaceae, Ternstroemiaceae, Commelinaceae, Araceae und Connaraceae. Czeczott (1961) zufolge sind 23 % der Familien tropisch und 12 % auf gemäßigte Regionen beschränkt. Die restlichen haben eine weltweite oder eine diskontinuierliche Verbreitung. Sehr häufige Einschlüsse in baltischem Bernstein, an denen man Bernstein aus dieser Quelle erkennen kann, sind Haare (Trichome) von Eichenblättern. Betrachtet man die Unterseite von Eichenblättern mit einer Handlupe, kann man diese Härchen leicht erkennen. Besonders dicht sind die Knospenschuppen von ihnen bedeckt, und im Frühling sind die Eichenwälder übersät von diesen kleinen sternförmigen Gebilden.

Nematoden und Mollusken. Mikroskopisch kleine Fadenwürmer (Nematoden) sind fast überall häufig, und wurden auch aus dem baltischen Bernstein beschrieben. Abbildung **237** zeigt einen parasitischen Nematoden, der aus seinem Wirt, einer Mücke, hervorkommt. Landschnecken (Mollusca: Gastropoda: Prosobranchia und Pulmonata) finden sich – vielleicht überraschend – selten im baltischen Bernstein, auch wenn einige Gattungen beschrieben wurden. Klebs (1886) zeigte in einer Tabelle, wo verwandte rezente Arten vorkommen. Die Gebiete umfassen Mittel- und Osteuropa, Nordamerika, Zentralasien, Südchina und Indien.

Krebse. Arthropoden sind natürlich die häufigsten Einschlüsse im baltischen Bernstein. Erstaunlicherweise kennt man Krebse im baltischen Bernstein nur von wenigen Exemplaren des Amphipoden *Palaeogammarus* und der Isopoden *Ligidium*, *Trichoniscoides*, *Oniscus* und *Porcellio*. Amphipoden (Flohkrebse und Verwandte) kommen heute in feuchtem Laub und im Süßwasser vor, während Isopoden (Asseln) an dunklen, feuchten Orten leben.

Myriapoden. Zu den Myriapoden (Tausendfüßern) gehören die räuberischen Hundertfüßer (Chilopoda) und die hauptsächlich Sediment fressenden Doppelfüßer (Diplopoda). Beide sind in terrestrischen, insbesondere in feuchten Habitaten verbreitet, wie unter verfaulenden Baumstämmen oder in der Laubstreu. Eine Vielzahl von Chilopoden wurden aus dem baltischen Bernstein beschrieben, darunter die rezenten Gattungen *Scutigera*, *Cryptops*, *Geophilus*, *Scolopendra* und *Lithobius*. Unter den Tausendfüßern ist die auf Baumstämmen häufige borstige weichhäutige und ursprüngliche Unterklasse

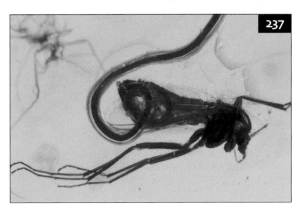

236 Unbestimmte Nuss im baltischen Bernstein (GPMH). Durchmesser etwa 5 mm.

237 Ein mermithider Nematode kriecht aus dem Körper seines Wirtes, einer weiblichen chironomiden Mücke (GPMH). Länge etwa 6 mm.

Penicillata mit drei Gattungen vertreten. Andere Tausendfüßer aus dem baltischen Bernstein sind der Saftkugler *Glomeris* und andere heute noch vorkommende Gattungen wie *Craspedosoma*, *Julus* und *Polyzonium*. Das Exemplar von Abbildung **238** scheint ein Chordeumatide zu sein.

Insekten. Primitive Hexapoden sind im baltischen Bernstein mit zwei Arten von Dipluren (Doppelschwänze) und vielen Collembolen (Springschwänze) vertreten. Letztere bleiben im Bernstein wegen ihrer springenden Fortbewegungsweise recht gut erhalten. Borstenschwänze (Thysanura), heute häufig unter Rinde und Steinen, kommen mit drei Familien und vielen Gattungen vor.

Fortschrittliche geflügelte Insekten bilden die häufigsten Einschlüsse im baltischen Bernstein. So findet sich eine große Zahl von Eintagsfliegen (Ephemeroptera). Die Larven dieser Gruppe leben aquatisch – was zeigt, dass es Süßwasser im Bernsteinwald gab –, während die Erwachsenen nur kurz leben und oft in riesigen Schwärmen auftreten. Wie Eintagsfliegen haben auch Steinfliegen (Plecoptera) aquatische Larven und kommen im baltischen Bernstein mit vier Familien vor. Im Gegensatz zu Eintagsfliegen und Steinfliegen sind Libellen (Odonata) gute Flieger und werden deshalb mit geringerer Wahrscheinlichkeit gegen klebriges Harz geweht. Es überrascht daher nicht, dass sie seltener im Bernstein vorkommen. Schaben (Blattodea) sind dagegen recht häufig und vielfältig. Die vorkommenden Gattungen leben heute meist in subtropischen oder tropischen Regionen. Auch Grillen und andere Heuschrecken sind vertreten, sie waren teilweise wohl auf das Harz gehüpft. Daneben gibt es auch Gottesanbeterinnen und Gespenstoder Stabschrecken. Wenn man irgendein Stückchen Baumrinde umdreht, trifft man höchstwahrscheinlich auf Ohrwürmer (Dermaptera) und so erstaunt es nicht, dass man diese auch im baltischen Bernstein findet.

Isoptera (Termiten) bewohnen verrottendes Holz und kommen mit drei Familien und zahlreichen Gattungen im Bernstein vor. Die häufigste Art ist *Reticulotermes antiquus*. Die Embioptera (Fersenspinner) sind eine kleine Insektengruppe mit einer dünnen Kutikula und geringem Flugvermögen. Sie leben kolonial in röhrenförmigen Seidengespinsten unter Baumrinde und Steinen und sind mit einer Art im baltischen Bernstein vertreten. Zu den weiteren kleinen Ordnungen, die im Bernstein zu finden sind, gehören die Psocoptera (Staub- oder Bücherläuse) (**239**). Diese kleinen Tierchen ernähren sich von toten Tier- und Pflanzenresten und fressen oft den Leim alter Bücher – daher ihr umgangssprachlicher Name. In der Natur leben sie auf Baumstämmen und unter Rinde. Sie sind daher häufig im baltischen Bernstein eingeschlossen, aus dem man acht Familien und zahlreichen Gattungen kennt. Der Großteil ähnelt am ehesten Arten, die heute im tropischen und subtropischen Asien, Amerika und Afrika leben. Thripse oder Blasenfüße (Thysanura) sind winzige Insekten, die mit ihren Mundwerkzeugen den Saft aus lebenden Pflanzen sowie aus anderen Tieren und aus Pflanzengewebe saugen. Viele sind bekannte Schädlinge. Sechs Familien wurden aus dem baltischen Bernstein beschrieben, die meisten gehören zu den Thripidae.

Die Ordnung Hemiptera (Schnabelkerfe) ist durch saugende Mundwerkzeuge charakterisiert und wird in zwei Unterordnungen gegliedert: Homoptera und Heteroptera. Zu den Homoptera (Pflanzensauger) gehören Zikaden, Zwergzikaden, Blattläuse und Schildläuse. Im baltischen Bernstein kommen viele Blattlausarten sowie einige Schildläuse und Zwergzikaden vor. Im Gegensatz zu diesen kleinen Homoptera sind die großen und ausdauernd fliegenden Singzikaden selten. Alle anderen Schnabelkerfe wie Schildwanzen, Rückenschwimmer, Wasserläufer, Weichwanzen, Bettwanzen und Raubwanzen, gehören zu den Heteroptera (Wanzen). Sie alle haben stechende Mundwerkzeuge und ernähren sich von pflanzlichen und tierischen Säften. Im baltischen Bernstein sind nahezu alle Gruppen von Heteroptera vertreten. Es leuchtet ein, dass die pflanzensaugenden Wanzen der großen Familie Miridae häufig im Bernstein sind, während solche Tiere wie *Nepa* (der große, räuberische Wasserskorpion), Rückenschwimmer und Wasserläufer eher Ausnahmen bilden. Doch auch diese Tiere fliegen regelmäßig und könnten durch Insektenbeute, die im Harz gefangen war, angelockt worden sein.

Die Ordnung Neuroptera (Netzflügler) umfasst eine Reihe verwandter Gruppen: Schlammfliegen und Kamelhalsfliegen (Megaloptera), Florfliegen, Ameisenlöwen und Fanghafte (Planipennia). Sie alle sind große, räuberisch lebende Insekten, doch normalerweise langsame Flieger. Einige Arten dieser Gruppen wurden aus dem

238 Tausendfüßer (Diplopoda: Chordeumatida?) im baltischen Bernstein (GPMH). Länge etwa 8 mm.

239 Parasitische Milbe (Arachnida: Acari: Erythraeidae: *Leptus* sp.) auf einer Bücherlaus (Psocoptera: Caecilidae) im baltischen Bernstein (GPMH). Körperlänge etwa 0,5 mm.

baltischen Bernstein beschrieben. Mecoptera (Schnabel- oder Skorpionsfliegen) sind am Ende ihres Hinterleibs charakteristisch gebogen, ähneln ansonsten aber den Neuroptera. Vier Gattungen kommen im baltischen Bernstein vor.

Käfer (Coleoptera) bilden die vielfältigste Insektenordnung und damit die mannigfaltigste terrestrische Tiergruppe. Laufkäfer (Carabidae) finden sich häufig auf Baumstämmen und damit auch im Bernstein. Wie Wasserwanzen kommen auch Wasserkäfer (Dytiscidae, Gyrinidae) vor, sie deuten auf Gewässer in den Waldgebieten hin. Klopfkäfer (Anobiidae) sind häufige holzbohrende Käfer und recht zahlreich im Bernstein. Auch andere in Holz bohrende Käfer sind vertreten: beispielsweise die schönen Prachtkäfer (Buprestidae) und die Bockkäfer der Familie Cerambycidae. Von der großen Familie der oft bunt gefärbten Blattkäfer (Chrysomelidae) gibt es mehr als zwei Dutzend Gattungen im baltischen Bernstein. Auch einige Marienkäfergattungen (Coccinellidae) kennt man. Eine Reihe von Käferfamilien ist durch ihre Lebensweise, etwa das Fressen von Baumpilzen, an Baumrinde gebunden und dementsprechend häufig im Bernstein. Auch die Überfamilie Curculionoidea, die Rüsselkäfer, von denen man etwa 50 Gattungen aus dem baltischen Bernstein kennt, soll nicht unerwähnt bleiben. Die Schnellkäfer (Elateridae) sind mit ca. 40 Gattungen sehr häufig und wurden wahrscheinlich vom Harz angelockt. Blatthornkäfer (Scarabaeidae) werden oft mit tierischen Exkrementen assoziiert, doch einige Gattungen kommen auch im baltischen Bernstein vor. Eine der größten Käferfamilien bilden die Kurzflügler (Staphylinidae), und so verwundert es nicht, dass auch aus dem baltischen Bernstein mehr als 50 Gattungen beschrieben wurden. Abbildung 234 zeigt einen ausgewachsenen Fächerkäfer (Rhipiphoridae). Seine modernen Verwandten leben auf Blütenständen, und seine Larven parasitieren auf Hautflüglern (Hymenoptera), die diese Blüten besuchen.

Die Larven von Köcherfliegen (Trichoptera) leben aquatisch. Ulmer (1912) verfasste eine umfangreiche Monografie über die Köcherfliegen des baltischen Bernsteins, in der er 152 Arten aus 52 Gattungen und zwölf Familien beschrieb. Die große Vielfalt und Individuenzahl spiegelt eine gute Versorgung des Bernsteinwaldes mit Flüssen und Tümpeln wider, in denen ihre Larven

gelebt haben. Während ein Viertel aller heute lebenden Köcherfliegen zur Familie Limnephilidae gehört, kommt im baltischen Bernstein interessanterweise kein einziger Vertreter dieser Familie vor. Der Grund mag darin liegen, dass diese Familie eher gemäßigte als tropische oder subtropische Zonen vorzieht. Köcherfliegen haben haarige Flügel, während die der Schmetterlinge (Lepidoptera) schuppig sind. Die Großschmetterlinge (Macrolepidoptera) sind ausdauernde Flieger, und obwohl sie vielfach von Harzaustritten angelockt werden, werden sie nur selten eingeschlossen. Tatsächlich sind viele der im baltischen Bernstein gefundenen Vertreter der Lepidoptera Kleinschmetterlinge (Microlepidoptera). So wurden Mitglieder der Familien Eriocraniidae, Nepticulidae, Incurvariidae, Psychidae (Sackträger), Tineidae (Kleidermotten), Lyonetiidae, Gracillariidae, Plutellidae, Yponomeutidae (Gespinstmotten), Elachistidae, Oecophoridae, Scythrididae, Tortricidae (Wickler), Pyralidae (Zünsler) und Adelidae nachgewiesen. Von diesen sind die Tineiden und die Oecophoriden am häufigsten, während die große Familie der Tortricidae unterrepräsentiert ist. Anscheinend bleiben sie nicht so leicht im Harz kleben. Zu den im Bernstein eingeschlossenen Macrolepidoptera gehören Sphingidae (Schwärmer), Arctiidae (Bärenspinner), Noctuidae (Eulenfalter), Papilionidae (Ritterfalter) und Lycaenidae (Bläulinge).

Zweiflügler (Diptera) bilden die zweitgrößte Insektenordnung nach den Käfern. Man erkennt sie daran, dass sie nur ein einzelnes Flügelpaar (Vorderflügel) haben, während die Hinterflügel zu Gleichgewichtsorganen, den Schwingkölbchen, umgebildet sind. Man kennt drei Unterordnungen: Nematocera, Brachycera und Cyclorrhapha. Mücken (Nematocera) gehören zu den häufigsten Insekten des baltischen Bernsteins. Unter den vielen vorkommenden Familien sollen die Anisopodidae (Fenstermücken) (240) erwähnt werden, deren Larven auf verfaulendem organischem Material leben; die Bibionidae (Haarmücken oder Märzfliegen), die im Frühjahr als ausgewachsene Tiere in großen Mengen erscheinen; die Cecidomyiidae (Gallmücken), deren Larven Gallen auf Blättern verursachen; die Ceratopogonidae (Gnitzen oder Bartmücken), deren Adulte anderen Tieren (einschließlich Menschen) schmerzhafte Bisse zufügen und deren Larven als Sedimentfresser im Wasser leben (237); die Chironomidae (Zuckmücken), deren Larven aquatisch sind und deren Adulte schwärmen, aber nicht beißen; die Culicidae (Stechmücken), berüchtigte Blutsauger mit aquatischen Larven; die Mycetophilidae (Pilzmücken) und die Sciaridae (Trauermücken), winzige Dipteren, die in Wäldern allgegenwärtig sind und deren Larven sich von Pilzen und verrottendem Holz ernähren (einige Mycetophilidae jagen Insekten, indem sie sie mit ihrem leuchtenden Hinterleib anlocken); die Psychodidae (Schmetterlingsmücken), deren Larven sich von Pflanzenresten ernähren, während die adulten Tiere Blutsauger sind; die Scatopsidae (Dungmücken), deren Larven verrottendes organisches Material und Exkremente fressen; die Simuliidae (Kriebelmücken), weitere Blutsauger; die Tipulidae (Schnaken) mit fast 40 Gattungen im baltischen Bernstein; und die Trichoceridae (Wintermücken), die an dunklen Orten leben und hauptsächlich im Winter angetroffen werden. Zu den Fliegen (Brachycera) des baltischen Bernsteins gehören Vertreter der folgenden

240 Eine adulte Fenstermücke (Diptera: Anisopodidae) ist gerade ihrer Puppe entschlüpft, baltischer Bernstein (GPMH). Puppe 4,6 mm lang.

Familien: Acroceridae (Kugelfliegen), Endoparasiten von Spinnen; Asilidae (Raubfliegen), große räuberische Fliegen; Bombylidae (Wollschweber), die wie Hummeln aussehen und Nektar saugen; Dolichopodidae (Langbeinfliegen), deren Larven und Imagines räuberisch leben, wobei Erstere häufig unter Baumrinde zu finden sind; Empididae (Tanzfliegen), deren Larven unter Rinde leben und deren Adulte typischerweise kleine auf und ab tanzende Schwärme bilden; Rhagionidae (Schnepfliegen), mit räuberischen Larven und Imagines (**241**); Stratiomyidae (Waffenfliegen), große, bunt gefärbte räuberische Fliegen, deren Larven unter Rinde leben; Tabanidae (Bremsen), mit bekannten schmerzhaft Blut saugenden weiblichen Adulten und aquatischen Larven; außerdem Therevidae, Xylomyidae und Xylophygidae. Insgesamt wurden 18 Familien von Cyclorrhapha (Deckelschlüpfer) aus dem baltischen Bernstein beschrieben, deren bekannteste die Drosophilidae (Fruchtfliegen) und Muscidae (Stubenfliegen) sind. Jede Familie ist im baltischen Bernstein mit nur einer Art vertreten.

Flöhe (Siphonaptera) sind fossil selten und auch aus dem baltischen Bernstein bisher nur mit zwei Arten bekannt. Beide gehören zur Gattung *Palaeopsylla*, die als Ektoparasit auf Spitzmäusen und Maulwürfen lebt.

Hautflügler (Hymenoptera) werden in zwei Unterordnungen gegliedert: Symphyta (Pflanzenwespen wie Blatt- und Holzwespen) und Apocrita (Taillenwespen wie Ameisen, Bienen und Wespen). Sieben Symphytafamilien wurden aus dem baltischen Bernstein beschrieben, meist Einzelexemplare von Larven. Es gibt viele verschiedene Gruppen von Apocrita: parasitische, einzeln lebende, koloniebildende, geflügelte und ungeflügelte. Parasiten sind wichtig für die Regulierung der Insektenzahl, und viele sind aus dem baltischen Bernstein bekannt, insbesondere Braconidae (Brackwespen) (**242**) und Ichneumonidae (Echte Schlupfwespen). Die Anwesenheit von Gallwespen wird durch Gallen (Galläpfel) an Pflanzen angezeigt, von denen eine ganze Reihe im baltischen Bernstein erhalten sind. Zu den aculeaten Apocrita gehören die Ameisen, die Bienen und die Wespen. Ameisen sind häufig in Bernsteinen, da sie Baumstämme hinauf- und hinunterkrabbeln; aus dem baltischen Bernstein kennt man mehr als 50 Gat-

tungen. Aufgrund der vorkommenden Ameisengruppen – eine, die in tropischem, und eine andere, die in gemäßigtem Klima vorkommt – nahm Wheeler (1915) an, dass der Bernstein über eine längere Zeitperiode abgelagert wurde, während der sich das Klima abkühlte und der Waldtyp änderte. Zwei Wespenarten (Vespidae) sind aus dem baltischen Bernstein beschrieben worden. Sphecidae (Grabwespen) und Pompilidae (Wegwespen) sind solitär lebende Wespen; sie graben Löcher, in die sie neben ihren Eiern auch betäubte Beute als Nahrung für die Larven legen. Eine Anzahl von Grabwespen und etwas weniger Wegwespen kommen im baltischen Bernstein vor. Bienen (Apoidea) umfassen sowohl solitär als auch sozial lebende Arten. Mehrere Arten beider Formen sind aus dem baltischen Bernstein bekannt.

Eine Orthopteroidenordnung, die erst im Jahre 2002 entdeckt wurde, muss noch erwähnt werden: die Mantophasmatodea (Gladiatoren) (Klass *et al.*, 2002; Zompro *et al.*, 2002 ;**243**). Erstmalig im Jahre 2001 als Angehörige einer unbekannten Insektenordnung aus dem baltischen Bernstein beschrieben (Zompro *et al.*, 2001), hat man später lebende Exemplare in Tansania und Namibia bestimmt. Es handelt sich um nachtaktive, räuberische Insekten, deren heutiger Lebensraum (trocken, steinig, gebirgig) sich deutlich von ihrem Habitat im Bernsteinwald unterscheidet.

Arachniden. Die Fossilbelege von Arachniden (Spinnentiere wie Spinnen, Skorpione, Milben und Verwandte) wäre viel ärmer, gäbe es keine Bernsteineinschlüsse. Die meisten Exemplare aus dem baltischen Bernstein gehören zu modernen Familien und Gattungen und sagen daher nur wenig über die Evolution der Gruppen aus. Skorpione kommen mit sechs Exemplaren von Buthoidae vor, von denen jedes eine eigene Gattung repräsentiert. Sie sind am engsten mit heute lebenden Gattungen aus Afrika und Asien verwandt (Lourenço & Weitschat, 2000). Im baltischen Bernstein sind Skorpione viel seltener als in anderen Bernsteinen. Pseudoskorpione ähneln kleinen, schwanzlosen Skorpionen. Diese winzigen Tiere leben in Moosen, unter Baumrinde und im Laub und kommen mit neun Familien im baltischen Bernstein vor (Schawaller, 1978). Pseudoskorpione haben eine einfallsreiche Methode entwickelt, um von

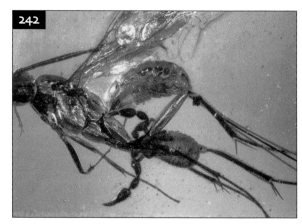

241 Phoresie: Ein Pseudoskorpion klammert sich an das Bein einer rhagioniden Fliege, baltischer Bernstein (GPMH). Länge des Pseudoskorpions etwa 2,5 mm.

242 Phoresie: Ein Pseudoskorpion (*Oligochernes bachofeni*) auf einer braconiden Wespe (Hymenoptera: Braconidae) im baltischen Bernstein (GPMH). Länge des Pseudoskorpions etwa 2,5 mm.

einem Lebensraum in einen anderen zu wechseln. Sie warten, bis ein fliegendes Insekt auf dem Moos, der Borke oder dem Laub landet und klammern sich dann mit ihren Scheren an einem Insektenbein fest (**241**, **242**). Das auffliegende Insekt nimmt den Pseudoskorpion mit, der sich erst wieder ablöst, wenn es in einem geeigneten Habitat landet. Diese Form der Verfrachtung „per Anhalter" nennt man Phoresie. Im baltischen Bernstein gibt es Beispiele von an braconiden Wespen festgeklammerten Pseudoskorpionen (Bachofen-Echt, 1949). Weberknechte (Opiliones) sind langbeinige Spinnentiere, die oft in großer Zahl unter loser Borke leben (**244**). Neun Gattungen sind beschrieben worden, doch die Zahl von Exemplaren ist sehr hoch. Das liegt daran, dass Weberknechte einzelne Beine abstoßen können, wenn sie festgehalten werden, sodass man viele einzelne, nicht identifizierbare Weberknechtbeine im Bernstein findet. Milben und Zecken sind, nach den vier größten Insektenordnungen, die vielfältigsten Landtiere. Viele leben als Parasiten auf Pflanzen und Tieren und haben saugende Mundwerkzeuge. Zahlreiche Formen sind an bestimmte Wirte gebunden, sodass man manchmal von dem fossilen Parasiten auf die Anwesenheit des Wirtes schließen kann (**239**). Eine Zeckenart, *Ixodes succineus*,

und mehr als 60 Milbengattungen wurden aus dem baltischen Bernstein beschrieben. Die meisten Milben gehören zu frei lebenden Formen, die sich heute meist von Sediment und Pilzen ernähren, und unter Borke, im Moos und im Laub leben.

Über 90 % aller fossilen Spinnen (Araneae) kennt man aus Bernsteinen. Vertreter von etwa 33 Familien wurden aus dem baltischen Bernstein beschrieben, die meisten zuerst von Koch & Berendt (1854), später revidiert von Petrunkewitsch (1942, 1950, 1958) und ergänzt von Wunderlich (1986, 1988). Die Familie Archaeidae (**245**, **246**) wurde erstmals aus dem baltischen Bernstein beschrieben und erst später lebend im tropischen Afrika und Australien gefunden. Die meisten Familien würde man in einer Waldumgebung erwarten, und viele Gattungen deuten auf ein subtropisches Klima hin. Abgesehen von kleinen Exemplaren, die unter Baumrinde lebten, hatten viele der im Bernstein konservierten Spinnen wahrscheinlich versucht, Insekten zu jagen, die schon im Harz gefangen waren. Erstaunlicherweise blieben sogar Spinnenseide und Spinnennetze (**247**, **248**) im baltischen Bernstein erhalten, und ein Spinnenpaar wurde während des Paarungsaktes eingeschlossen (Wunderlich, 1982).

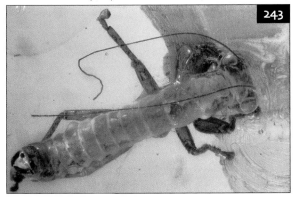

243 *Raptophasma kerneggeri*: Typusexemplar der kürzlich beschriebenen Ordnung Mantophasmatodea, baltischer Bernstein (GPMH). Körperlänge 11,7 mm.

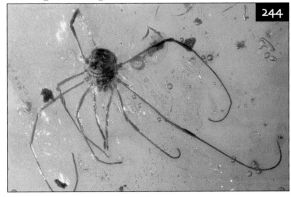

244 Weberknecht (Arachnida: Opiliones: *Dicranopalpus* sp.) im baltischen Bernstein (GPMH). Körperlänge (ohne Beine) etwa 3,25 mm.

245 Männliche archaeide Spinne im baltischen Bernstein (GPMH). Länge (mit Cheliceren) 5,625 mm.

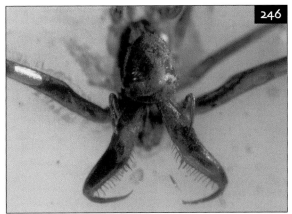

246 Vorderansicht einer weiblichen archaeiden Spinne im baltischen Bernstein (GPMH). Länge vom Hinterkopf bis zum Ende der Cheliceren etwa 3 mm.

Wirbeltiere. Normalerweise sind diese Tiere zu groß, um von Harz eingeschlossen zu werden, dennoch wurden einige Überreste gefunden. Leider haben sich die meisten Berichte von Fröschen und Eidechsen im baltischen Bernstein bei genauerem Hinsehen als Fälschungen erwiesen; oder die Exemplare gingen verloren. Vogelfedern kommen vor (z. B. Weitschat, 1980), sie wurden Sperlingen, Spechten, Kleibern und Meisen zugeordnet. Säugetiere sind nur durch einen Fußabdruck und einige Haare von Siebenschläfern, Eichhörnchen und Fledermäusen repräsentiert.

Paläoökologie des baltischen Bernsteins

Für das gemeinsame Vorkommen von Pflanzen im baltischen Bernstein, die heute in verschiedenen Klimazonen und weit über die Erde verstreut wachsen, wurde eine Reihe von möglichen Erklärungen gegeben. Heer (1885) begründete die Mixtur von Pflanzentypen mit einem riesigen Waldgebiet, das sich vom heutigen Skandinavien bis nach Deutschland und Polen erstreckte. Damit konnten die Bäume sowohl gemäßigte als auch subtropische Klimazonen besetzt und sich im Norden des Gebietes möglicherweise auch über Berghänge ausgedehnt haben. Nach Ansicht von Wheeler (1915) bedeckte der baltische Bernsteinwald dasselbe geografische Gebiet, aber das Klima änderte sich im Verlauf der Bernsteinentstehung. Die Bernsteinbildung dauerte vielleicht über mehrere Millionen Jahre an, sodass sich der Wald allmählich von subtropisch zu gemäßigt geändert haben könnte oder umgekehrt. Ander (1941) nahm an, dass der Wald eine feuchte, gebirgige Region bedeckte, in der tropische Arten an den Südhängen lebten, während solche, die niedrigere Temperaturen bevorzugten, auf die kühleren Täler mit Nordlage beschränkt waren. Abel (1935) und andere Bearbeiter verglichen die Paläoökologie der baltischen Bernsteinwälder mit dem heutigen südlichen Florida, wo es isolierte Inseln tropischer Pflanzen inmitten subtropischer und gemäßigter Vegetation gibt. In dieser Gegend findet man wie im baltischen Bernstein drei Pflanzengruppen vereint: Palmen, Kiefern und Eichen. Alle diese Vorschläge scheinen absolut einleuchtend zu sein, doch sind wohl noch weitere Hinweise aus anderen Quellen nötig, bevor man eine endgültige Entscheidung treffen kann. Zweifellos nahm der baltische Bernstein die Pflanzen und Tiere eines Waldes auf. Klimatische Hinweise zeigen, dass die Temperaturen tropisch bis gemäßigt waren. Die Zahl der Insekten, die durch ihre aquatischen Larven an Wasser gebunden waren, lässt auf das Vorhandensein von Flüssen und Seen schließen.

Vergleich des baltischen Bernsteins mit anderen Bernsteinen

Schlüter (1990) verglich die Bernsteinfauna der Dominikanischen Republik mit der des baltischen Bernsteins. Dies ist der einzige andere Bernstein, der eine ausreichende Menge an Einschlüssen lieferte, um einen quantitativen Vergleich mit aussagekräftigen Ergebnissen zuzulassen. Dipteren (Zweiflügler) machen etwa 50 % der Einschlüsse des baltischen Bernsteins aus, doch weniger als 40 % des dominikanischen. Im dominikanischen Bernstein sind Hymenopteren (meist Ameisen) am zweithäufigsten (ebenfalls fast 40 %), während diese Insekten im baltischen Bernstein nur etwa 5 % stellen. Der Grund hierfür ist, dass Ameisen in den Tropen einen unverhältnismäßig höheren Anteil an der Fauna haben als in gemäßigten Breiten und der Bernstein der Dominikanischen Republik zweifellos einen tropischen Wald repräsentiert (Poinar & Poinar, 1999). Produziert wurde dieser Bernstein von der Leguminose *Hymenaea protera*, deren engste rezente Verwandte die ostafrikanische *Hymenaea verrucosa* ist. Er ist gewöhnlich blasser und klarer als der baltische Bernstein und besitzt nicht die störenden Emulsionen und Eichenhärchen, die im baltischen Bernstein häufig die Einschlüsse verdecken. In der Dominikanischen Republik gibt es eine Reihe von Fundstellen für Bernstein und Kopal, deren Alter zwischen 15 und 45 Millionen Jahren liegt. Heute liefert der Bernstein der Dominikanischen Republik Einschlüsse, die denen des baltischen Bernsteins gleichwertig sind oder diese in einigen Fällen (z. B. Wirbeltiere) wegen ihrer Bedeutung für unsere Kenntnis vom Leben in den Wäldern des Känozoikums sogar übertreffen.

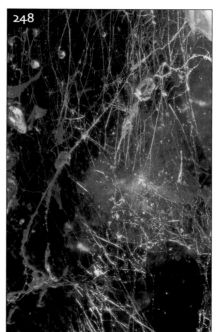

248 Spinnennetz im baltischen Bernstein (GPMH). Das Bild ist etwa 30 mm hoch.

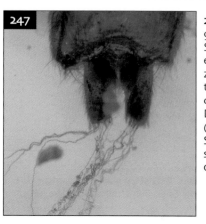

247 Die Vergrößerung der Spinndrüsen einer Spinne zeigt austretende Spinnfäden, baltischer Bernstein (GPMH). Die Spinndrüsen sind etwa 0,2 mm lang.

Weiterführende Literatur

Abel, O. (1935): Vorzeitliche Lebensspuren. Gustav Fischer, Jena, xv + 644 S.

Ander, K. (1941): Die Insektenfauna des Baltischen Bernstein nebst damit verknüpften zoogeographischen Problemen. Lunds Universitets Årsskrift N.F. **38**, 3–82.

Bachofen-Echt, A. (1949): Der Bernstein und seine Einschlüsse. Springer-Verlag, Wien, 204 S.

Caspary, R. & Klebs, R. (1907): Die Flora des Bernsteins und anderer fossiler Harze des ostpreussichen Tertiärs. Abhandlungen der Königlich Preussischen Geologischen Landesanstalt, Berlin N.F. **4**, 1–182.

Conwentz, H. (1886): Die Flora des Bernsteins. 2. Die Angiospermen des Bernsteins. Danzig, 140 S.

Conwentz, H. (1890): Monographie der baltischen Bernsteinbäume. Danzig, 203 S.

Czeczott, H. (1961): The flora of the Baltic amber and its age. Prace Muzeum Ziemi. Warschau **4**, 119–145.

Göppert, H.R. & Berendt, G.C. (1845): Der Bernstein und die in ihm befindlichen Pflanzenreste der Vorwelt. Vol. 1. Berlin.

Göppert, H. R. & Menge, A. (1883): Die Flora des Bernsteins und ihre Beziehungen zur Flora der tertiarformation und der Gegenwart. Volume 1. Danzig.

Grimaldi, D. A. (1996): Amber: window to the past. Harry N. Abrams Inc. and American Museum of Natural History, New York, 216 S.

Grimaldi, D.A., Shedrinsky, A., Ross, A. & Baer, N.S. (1994) Forgeries of fossils in ‚amber‘: history, identification and case studies. Curator **37**, 251–274.

Heer, O. (1859): Flora Tertiaria Helvetiae: die tertiäre Flora der Schweiz. Volume 3. Winterthur, 377 S.

Keilbach, R. (1982): Bibliographie und Liste der Arten tierischer Einschlüsse in fossilen Harzen sowie ihrer Aufbewahrungsorte. Deutsche Entomologische Zeitschrift N.F. **29**, 129–286, 301–491.

Klass, K.-D., Zompro, O., Kristensen, N.P. & Adis, J. (2002): Mantophasmatodea: a new insect order with extant members in the Afrotropics. Science **296**, 1456–9.

Klebs, R. (1886): Gastropoden im Bernstein. Jahrbuch der Königlich Preussischen Geologischen Landesanstalt und Bergakademie zu Berlin **188**, 366–394.

Koch C.L. & Berendt, G.C. (1854): Die im Bernstein befindlichen Crustaceen, Myriapoden, Arachniden und Apteren der Vorwelt. In Berendt, G.C. & Menge, A.: Die im Bernstein befindlichen organischen Reste der Vorwelt. Berlin, 1(2), 1–124, pl. I–XVIII.

Kornilowich, N. (1903): Has the structure of striated muscle of insects in amber been preserved? Protokol Obshchestva Estestvoisptatele pri Imperatorskom Yur'evskom Universitete. Yur'ev. (Dorpat) **13**, 198–206.

Larsson, S.G. (1978): Baltic amber – a palaeobiological study. Entomonograph Volume 1. Scandinavian Science Press Ltd., Klampenborg, Denmark. 192 S.

Lourenço, W.R. & Weitschat, W. (2000): New fossil scorpions from the Baltic amber – implications for Cenozoic biodiversity. Mitteilungen aus dem Geologisch-Paläontologischen Institut der Universität Hamburg **84**, 247–59.

Mierzejewski, P. (1976a): Scanning electron microscope studies on the fossilization of Baltic amber spiders (preliminary note). Annals of the Medical Section of the Polish Academy of Sciences **21**, 81–2.

Mierzejewski, P. (1976b): On application of scanning electron microscope to the study of organic inclusions from Baltic amber. Rocznik Polskiego Towarzystwa Geologicznego (w Krakowie) **46**, 291–5.

Mierzejewski, P. (1978): Electron microscope study on the milky impurities covering arthropod inclusions in Baltic amber. Prace Muzeum Ziemi. Warszawa **28**, 79–84.

Petrunkewich, A. (1942): A study of amber spiders. Transactions of the Connecticut Academy of Arts and Sciences **34**, 119–464.

Petrunkewich, A. (1950): Baltic amber spiders in the collections of the Museum of Comparative Zoology. Bulletin of the Museum of Comparative Zoology, Harvard University **103**, 259–337.

Petrunkewich, A. (1958): Amber spiders in European collections. Transactions of the Connecticut Academy of Arts and Sciences **41**, 97–400.

Poinar, G.O. (1992): Life in amber. Stanford University Press, Stanford, California, xiii + 350 S.

Poinar, G.O. & Hess, R. (1982): Ultrastructure of 40-million-year-old insect tissue. Science **215**, 1241–2.

Poinar, G.O. & Poinar, R. (1999): The amber forest: a reconstruction of a vanished world. Princeton University Press, Princeton, New Jersey, xviii + 239 S.

Rice, P.C. (1993): Amber: the golden gem of the ages. 1993 Revision. The Kosciuszko Foundation Inc., NY, x + 289 S.

Ross, A. (1998): Amber: the natural time capsule. The Natural History Museum, London. 73 S.

Schawaller, W. (1978): Neue Pseudoskorpione aus dem Baltischen Bernstein der Stuttgarter Bernsteinsammlung (Arachnida: Pseudoscorpionidea). Stuttgarter Beiträge zur Naturkunde, Series B **42**, 1–22.

Schlüter, T. (1990): Baltic Amber. 294–297. In Briggs, D.E.G. & Crowther, P.R.: Palaeobiology: a synthesis. Blackwell Scientific Publications, Oxford, xiii + 583 S.

Schubert, K. (1961): Neue Untersuchungen uuber Bau und Leiben der Bernsteinkiefern [*Pinus succunifera* (Conw.) emend.]. Beihefte zum Geologischen Jahrbuch **45**, 1–149.

Selden, P.A. (2002): First British Mesozoic spider, from Cretaceous amber of the Isle of Wight, southern England. Palaeontology **45**, 973–983.

Ulmer, G. (1912): Die Trichopteren des baltischen Bernsteins. Beiträge zur Naturkunde Preussens, Königsberg **10**, 1–380.

Weitschat, W. (1980): Leben im Bernstein. Geologisch-Paläontologisches Institut der Universität Hamburg, Hamburg, 48 S.

Weitschat, W. & Wichard, W. (2002): Atlas of plants and animals in Baltic amber. Verlag Dr. Friedrich Pfeil, München, 256 S.

Wheeler, W.M. (1915): The ants of the Baltic amber. Schriften der (Königlichen) Physikalisch-Ökonomischen Gesellschaft zu Königsberg **55**, 1–11.

Wunderlich, J. (1982): Sex im Bernstein: ein fossiles Spinnenpaar. Neue Entomologische Nachträge **2**, 9–11.

Wunderlich, J. (1986): Spinnen gestern und heute. Fossil Spinnen in Bernstein und ihre heute lebenden Verwandten. Erich Bauer Verlag, Wiesbaden, 283 S.

Wunderlich, J. (1988): Die fossilen Spinnen (Araneae) im Baltischen Bernstein. Beiträge zur Araneologie **3**, 1–280.

Zompro, O. (2001): The Phasmatodea and *Raptophasma* n. gen., Orthoptera incertae sedis, in Baltic amber (Insecta: Orthoptera). Mitteilungen aus dem Geologisch-Paläontologischen Institut der Universität Hamburg **85**, 229–61.

Zompro, O. Adis, J. & Weitschat, W. (2002): A review of the order Mantophasmatodea (Insecta). Zoologischer Anzeiger **241**, 269–79.

Kapitel Vierzehn

RANCHO LA BREA

Das Pleistozän in Nordamerika

Nachdem die Kontinente zu Beginn des Quartärs nahezu ihre heutigen Positionen eingenommen hatten – auch wenn der Mittelatlantische Rücken natürlich weiterhin aktiv ist – kam es zu einer dramatischen Klimaverschlechterung (Bowen, 1999). In Nordamerika, im nördlichen Europa und in Asien herrschten während des Großteils des Quartärs kalte bis glaziale Bedingungen, unterbrochen von kurzen Intervallen mit gemäßigtem bis warmem Klima. In dieser Phase der Erdgeschichte, der Eiszeit, war das Klima die treibende geologische Kraft. In den Ozeanen tauchten Eisberge auf, und riesige Eisschilde bedeckten weite Teile der nördlichen Kontinente. Die nordamerikanische Eiskappe beispielsweise hatte eine Ausdehnung von 13 Millionen Quadratkilometern. Sie zerfurchte die Landschaft Nordkanadas, und ihre Schmelzwässer trugen den Schutt bis zu den Großen Seen im Süden.

Das Quartär dauert seit etwa 2,5 Millionen Jahren an und ist somit kürzer als alle anderen geologischen Perioden. Es ist zu kurz, um es auf die sonst übliche Weise, nämlich auf der Basis von evolutionären Veränderungen in der Tier- und Pflanzenwelt, zu gliedern. Stattdessen wird es aufgrund von deutlichen Klimawechseln eingeteilt. Der Ausdruck Eiszeit ist etwas irreführend, denn das Quartär war keineswegs durch eine einzige durchgehende Vereisung geprägt, sondern durch Klimaschwankungen: Eisvorstöße und Wachstum der Gletscher wechselten sich mit Zeiten ab, in denen das Klima nicht viel anders war als heute.

In Nordamerika gab es während des Quartärs vier große Kälteperioden. Die Nebraskan-, Kansan-, Illinoian- und Wisconsinan-Vereisungen wechselten mit den dazwi-schen liegenden wärmeren Perioden der Pränebraska-, Aftonia-, Yarmouth- und Sangamon-Interglazialen (Zwischeneiszeiten) ab. Die Nebraskan-Eiszeit begann vor ungefähr 1 Million Jahren und dauerte etwa 100 000 Jahre an, doch die kälteste Phase des gesamten Quartärs war die Wisconsinan-Vereisung, die vor ca. 100 000 Jahren begann.

Während der Vereisungen sank der Meeresspiegel um bis zu 120 m, da viele Millionen Kubikmeter Wasser in den Ozeanen zu Eis wurden. Die Beringstraße, heute ein Flachmeer zwischen Alaska und Sibirien, tauchte regelmäßig als Landbrücke auf und verband das nordöstliche Asien mit dem nordwestlichen Amerika. Dadurch wurde der Austausch von Meereslebewesen zwischen dem Pazifischen und dem Arktischen Ozean unterbrochen, andererseits konnten an Land lebende Arten von Nordamerika nach Eurasien wandern oder umgekehrt. Nordamerikanische Arten wie Kamel und Pferd wanderten nach Eurasien ein, während eurasische Säuger wie Mammut, Bison und Mensch umgekehrt nach Nordamerika vordrangen. Anhand des allmählichen Wandels in der nordamerikanischen Säugetierfauna, der sich aus diesen Wanderungen ergab, lässt sich für Nordamerika eine Abfolge von Landsäuger-Zonen festlegen.

Am Ende der Wisconsin-Vereisung, vor 12 000 bis 10 000 Jahren, erfuhren die Säugerfaunen weltweit tief greifende Veränderungen. In Nordamerika starben 33 Gattungen oder 73 % aller Großsäuger aus, darunter Mammuts, Mastodonten, Pferde, Tapire, Kamele, Riesenfaultiere und deren Jäger wie Säbelzahnkatzen. Ob dies nur am Klimawechsel gegen Ende der Eiszeit lag oder an der übermäßigen Bejagung durch den Menschen, wird immer noch vielfach diskutiert.

Mitten in Los Angeles kann man an einem Ort namens Rancho La Brea (**249**, **250**) eine der weltweit reichsten Fundstellen für Eiszeitfossilien besuchen. In den asphaltreichen Sedimenten sind die Überreste so zahlreich, dass man wahrlich von einer Konzentratlagerstätte sprechen kann. Ihre Vielfalt liefert ein nahezu vollständiges Bild vom Leben im Los-Angeles-Becken vor 40 000 bis 10 000 Jahren, dieser entscheidenden Periode gegen Ende der Eiszeit in Nordamerika. Die außergewöhnliche Fauna definiert die Rancholabrea-Landsäuger-Zeit (Savage, 1951) und umfasst fast 60 verschiedene Landsäuger-Arten von riesigen Mammuts bis zur Kalifornischen Taschenmaus. Zu diesem fast komplett erhaltenen Ökosystem gehören auch Reptilien (z. B. Schlangen und Schildkröten), Amphibien (z. B. Frösche und Kröten), Vögel, Fische, Mollusken, Insekten, Spinnen und zahlreiche Pflanzen, darunter mikroskopisch kleine Pollen und Samen.

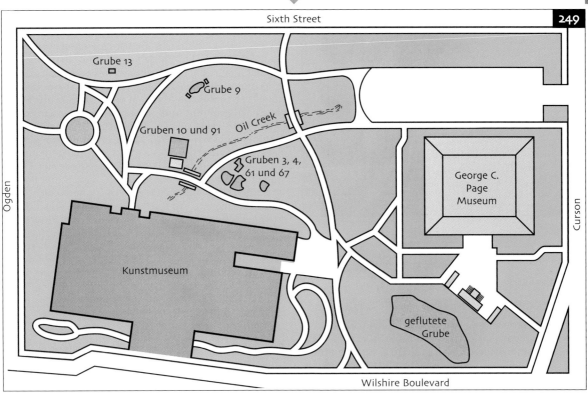

249 Die Karte zeigt die Lage von Rancho La Brea (Hancock Park) in Los Angeles (nach Stock & Harris, 1992).

250 In Rancho La Brea, Hancock Park, Los Angeles, steigen Methanblasen aus dem öligen Wasser einer gefluteten Asphaltgrube auf. Um die Grube herum hat man lebensgroße Modelle eiszeitlicher Mammuts aufgestellt.

251 Natürlicher Asphaltsee im Hancock Park, Los Angeles.

Entdeckungsgeschichte und Abbau von Rancho La Brea

Der Mensch hat die natürlichen Asphaltvorkommen dieser Gegend (**251**) schon in prähistorischer Zeit genutzt. Die örtlichen Chumash- und Gabrielino-Indianer verwendeten den klebrigen „Teer" sowohl als Leim zur Herstellung von Waffen, Gefäßen und Schmuckstücken als auch zum Abdichten von Kanus und Dächern (Harris & Jefferson, 1985). Den ersten Bericht über die Ablagerungen verfasste der spanische Entdecker Gaspar de Portolá, der im Jahre 1769 „muchos pantamos de brea" („ausgedehnte Teersümpfe") erwähnte. Im Jahre 1792 beschrieb José Longinos Martínez „… zwanzig Quellen mit flüssigem Petroleum" und „… einen großen Pechsee … in dem andauernd Blasen aufsteigen und zerplatzen" (Stock & Harris, 1992).

Im Jahre 1828 wurde das Gebiet Teil eines mexikanischen Landgutes mit Namen Rancho La Brea. Wörtlich bedeutet dies „die Teer-Ranch", aber eigentlich ist der Begriff Teer nicht ganz richtig, denn die natürliche bituminöse Substanz, die aus Mineralöl entsteht, ist Asphalt. Im 19. Jahrhundert – besonders in den 1860er- und 1870er-Jahren – wurde der Asphalt für den Straßenbau kommerziell gewonnen. Dabei fanden Arbeiter die ersten Knochen, betrachteten diese jedoch fälschlicherweise als Überreste heutiger Tiere, die in den Sümpfen versunken seien.

Erst als 1875 der Besitzer der Ranch, Major Henry Hancock, William Denton von der Boston Society of Natural History die Zähne einer Säbelzahnkatze zeigte, erkannte man das wahre Alter der Fossilien. Denton besuchte das Gebiet und sammelte weitere Fossilien von Pferden und Vögeln. Danach erlahmte das Interesse, bis im Jahre 1901 der Geologe W. W. Orcutt aus Los Angeles das Gebiet im Hinblick auf eine mögliche Ölgewinnung untersuchte. Bei seinen wissenschaftlichen Grabungen zwischen 1901 und 1905 fand er Exemplare von Säbelzahnkatze, Wolf und Riesenfaultier, die er Dr. John C. Merriam von der Universität von Kalifornien übergab. Merriam erkannte die Bedeutung der Fundstelle und grub zwischen 1906 und 1913 weiter. In diesem Jahr erteilte Captain G. Allan Han-

cock, der Sohn von Henry Hancock, dem Bezirk Los Angeles die exklusiven Grabungsrechte (Harris & Jefferson, 1985). Mehr als 750 000 Knochen wurden in den ersten zwei Jahren geborgen, und 1915 überließ Captain Hancock die Fossilien dem Los Angeles County Museum. Zur gleichen Zeit wurde die später in Hancock Park umbenannte Ranch dem Museum zur Erhaltung, Ausgrabung und Ausstellung übereignet. Im Jahre 1963 erklärte man Hancock Park zur National Natural Landmark (**250**). Sechs Jahre darauf wurden die Ausgrabungen in Grube 91 wieder aufgenommen, um zuvor übersehene kleinere Bestandteile der Fauna und Flora, wie Insekten, Mollusken, Samen und Pollen, zu bergen. Die Grabungen dauern bis heute an.

Am engsten ist der Name Chester Stock (1892–1950) mit der Erforschung der Fundstelle verknüpft. Er war ein Student von John C. Merriam und an einigen frühen Ausgrabungen nach 1913 beteiligt. Von 1918 bis zu seinem Tod war er am Los Angeles County Museum tätig und veröffentlichte die erste umfassende Monografie der Fossilien von La Brea (Stock, 1930), die im Jahre 1992 ihre siebte Auflage erreichte (Stock & Harris, 1992).

Stratigraphischer Rahmen und Taphonomie der Organismen von Rancho La Brea

Die meisten bei Rancho La Brea ausgegrabenen Fossilien wurden mit der C^{14}-Methode auf ein Alter zwischen 11 000 und 38 000 Jahren datiert. Die Sedimente, in denen sie liegen, wurden also während der letzten Phasen der Wisconsin-Vereisung gegen Ende des Pleistozän abgelagert (**252**). Entsprechend der Gliederung der nordamerikanischen Landsäuger-Zeiten gehört die Fauna damit in den jüngeren Abschnitt der Rancholabrea-Landsäuger-Zeit, die vor 500 000 Jahren begann und durch das erste Auftreten des Bisons in Nordamerika definiert ist.

Vor dem Beginn der Wisconsin-Vereisung vor 100 000 Jahren war dieser Teil von Kalifornien vom Pazifischen Ozean überflutet. Durch das Absinken des Meeresspiegels zu Beginn der Vereisung war zwischen dem sich zurückziehenden Pazifischen Ozean und den Santa-Monica-Bergen eine flache Ebene mit zahlreichen untereinander verbundenen Süßwasserseen freigelegt worden. Infolge der Erosion der Berge durch Flüsse wurden 12 bis 58 m dicke Schichten von Flusssanden, Tonen und Kiesen abgelagert und das Niveau der Ebene allmählich angehoben.

Unterhalb dieser Überschwemmungsebene dienten die tertiären marinen Sedimente der Fernando-Gruppe, die aus Ton- und Sandsteinen und eingelagerten Ölsanden bestehen, als Speicher für das Salt-Lake-Ölfeld. Diese Sedimente wurden während des frühen Pleistozäns tektonisch gestört, gefaltet und erodiert und bildeten einen von Nordost nach Südwest verlaufenden Sattel. Vor etwa 40 000 Jahren begann Rohöl in Richtung des Sattelkerns aufzusteigen und in die überlagernden horizontal geschichteten pleistozänen Flussablagerungen einzudringen. Das leichtere Mineralöl verdunstete und hinterließ klebrige Tümpel aus natürlichem Asphalt an der Oberfläche. Viele der

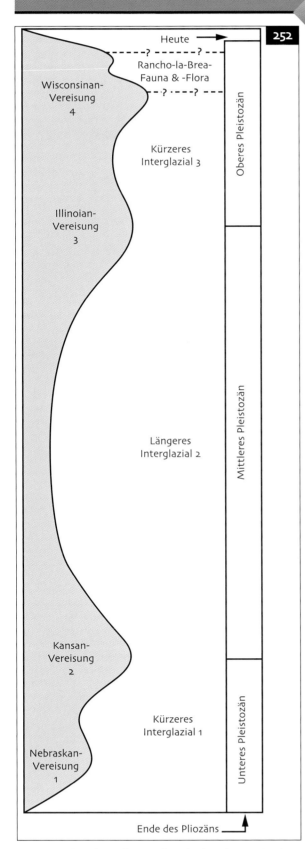

252 Die Glaziale und Interglaziale des Pleistozäns in Nordamerika (nach Stock, 1930). Die Position der Fauna von Rancho La Brea ist eingezeichnet.

(Abbildung 252 zeigt von oben nach unten:)
Heute
? – – – – – ?
Rancho-la-Brea-
Fauna & -Flora
? - - - ?
Wisconsinan-
Vereisung
4
Kürzeres
Interglazial 3
Illinoian-
Vereisung
3
Längeres
Interglazial 2
Kansan-
Vereisung
2
Kürzeres
Interglazial 1
Nebraskan-
Vereisung
1
Ende des Pliozäns

Oberes Pleistozän
Mittleres Pleistozän
Unteres Pleistozän

Asphaltseen im Hancock Park (**251**) sind entlang einer Nordost-Südwest-Achse aufgereiht, was darauf hindeutet, dass das Öl an einer unterirdischen Störung aufsteigt.

Besonders während der warmen Sommer, wenn der Asphalt zähflüssig wurde, bildeten die flachen Asphaltseen natürliche Fallen für Tiere und Pflanzen. In kälteren Wintern verfestigte sich der Asphalt und wurde von Flusssedimenten bedeckt, bevor die Falle im nächsten Sommer wieder reaktiviert wurde. Durch Wiederholungen dieses jährlichen Kreislaufs entstanden kegelförmige Asphaltkörper (Shaw & Quinn, 1986). Kadaver sammelten sich in großer Zahl an, wobei die ersten Opfer wahrscheinlich Aasfresser angelockt haben.

Die vorzügliche Erhaltung der Lebewesen scheint nicht nur auf die rasche Einbettung zurückzuführen zu sein, sondern auch auf die Imprägnierung der Knochen durch den Asphalt, was ziemlich ungewöhnlich ist. Weichteile sind normalerweise nicht erhalten, sodass man nicht von einer Konservatlagerstätte sprechen kann, doch die schiere Menge der erhaltenen Knochen (**253**) macht den Ort zu einer Konzentratlagerstätte. So fand man in nur 4 m^3 mehr als 50 Wolfsschädel und mehr als 30 Schädel von Säbelzahnkatzen.

Abgesehen von der braunen bis schwarzen Färbung durch die Öl-Imprägnierung blieben die Knochen und Zähne nahezu im Originalzustand erhalten. Bis zu 80 % des ursprünglichen Kollagens blieb unverändert (Ho, 1965), und auch die Mikrostrukturen sind gut erhalten (Doberenz & Wyckoff, 1967). Oberflächenmarken auf Knochen zeigen noch immer die Lage von Nerven und Blutgefäßen und die Ansatzstellen von Sehnen und Bändern. In Schädelhöhlen hat sich häufig Öl angesammelt und beispielsweise die kleinen Mittelohr-Knöchelchen konserviert. Selbst Kleinsäuger, Vögel und Insekten sind überliefert. Erstaunlicherweise sind Hautstrukturen selten. Man findet vereinzelt Haare und Federn, doch Nägel und Klauen von Säugern oder Krallen und Schnäbel von Vögeln sind unbekannt. Chitinpanzer von Insekten haben ihre schillernden Farben behalten. Nicht selten finden sich vollständig von Öl durchtränkte fleischige Blätter und Kiefernzapfen.

253 Knochenanreicherung in Asphaltablagerungen.

Die Fossilien von Rancho La Brea

Menschliche Überreste. Man fand den Schädel und das unvollständige Skelett einer Frau, welche mit der C^{14}-Methode auf ein Alter von 9000 Jahren datiert wurden und damit jünger sind als der Großteil der restlichen Fauna. Die „La-Brea-Frau" war zwischen 20 und 25 Jahre alt und etwa 1,50 m groß. Die Verletzungen an ihrem Schädel könnten bedeuten, dass sie ermordet und in einen flachen Asphaltsee geworfen worden ist (Bromage & Shermis, 1981). Eine andere Hypothese erwägt eine rituelle Bestattung (Reynolds, 1985). Daneben wurde eine große Zahl menschlicher Artefakte gefunden, die meist jünger als 10 000 Jahre sind. Darunter befinden sich aus Schalen hergestellter Schmuck, Gegenstände aus Knochen, hölzerne Haarnadeln und Speerspitzen.

Dire-Wolf und andere Hunde. Der Dire-Wolf (*Canis dirus*) ist mit mehr als 1600 bekannten Exemplaren das häufigste Säugetier von La Brea (**254**, **255**). Wahrscheinlich griff er in Rudeln Tiere an, die im Asphalt feststeckten, und wurde so selbst zum Opfer. Sein großer Schädel mit kräftigen Kiefern und enormen Zähnen machte ihn zum wichtigsten Raubtier von La Brea. Andere Hunde waren der Grauwolf (*Canis lupus*) und der Kojote (*Canis latrans*). Dieser ist das dritthäufigste Säugetier von La Brea, er war etwas größer als moderne Vertreter dieser Art (**256**). Auch Haushunde kommen vor, von denen einer zusammen mit dem Skelett der La-Brea-Frau gefunden wurde (Reynolds, 1985).

Säbelzahnkatzen und andere Katzen. Das Staatsfossil von Kalifornien, *Smilodon fatalis*, ist das bekannteste aller La-Brea-Fossilien und das zweithäufigste Säugetier (**257**, **258**). Die genaue Funktion der großen oberen Schneidezähne dieser etwa löwengroßen Katze ist umstritten. Wurde früher angenommen, dass sie zum Reißen und Töten der Beute dienten, zeigen neuere Untersuchungen, dass sie wegen ihrer Fragilität besser dazu geeignet waren, den weichen Unterleib der Beute aufzuschlitzen, nachdem diese bereits getötet war (Akersten, 1985). Andere Großkatzen sind der Amerikanische Löwe, der Puma, der Rotluchs und der Jaguar.

Elefanten. Das Kaisermammut (*Mammuthus imperator*) war mit einer Höhe von fast 4 m und einem Gewicht von beinahe 5000 kg das größte Säugetier von La Brea (**259**, **260**). Das kleinere Amerikanische Mastodon (*Mammut americanum*) erreichte nur eine Höhe von 1,80 m. Im Gegensatz zum Mammut, einem Grasfresser, ernährte es sich von Blättern und Zweigen (**261**).

Riesenfaultier. Das große urtümliche Säugetier *Glossotherium harlani* ist mit den modernen südamerikanischen Baumfaultieren verwandt. Seine flachen Mahlzähne deuten jedoch darauf hin, dass es sich von Gras ernährte. Die Tiere waren 1,80 m hoch und hatten ähnlich wie die Ankylosaurier in der Nacken- und Rückenhaut verknöcherte Platten zum Schutz gegen Raubtiere (**262**, **263**).

Andere Großsäuger. Unter den Raubtieren finden sich drei Bärenarten – Kurznasenbär, Schwarzbär und Grizzly. Pflanzenfresser sind vielfältig vertreten,

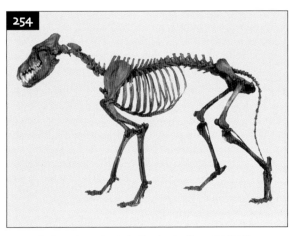

254 Skelett des Dire-Wolfs *Canis dirus* (GCPM). Körperlänge 1–1,4 m.

255 Rekonstruktion des Dire-Wolfs.

256 Rekonstruktion eines Kojoten.

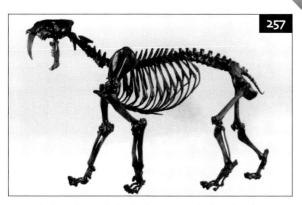

257 Skelett der Säbelzahnkatze *Smilodon fatalis* (GCPM). Körperlänge 1,4–2 m.

258 Rekonstruktion einer Säbelzahnkatze.

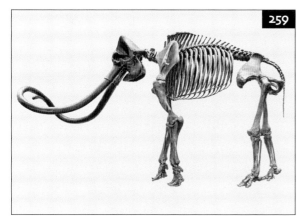

259 Skelett des Mammuts *Mammuthus imperator* (GCPM). Höhe bis zu 4 m.

260 Rekonstruktion eines Mammuts.

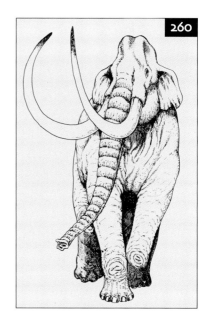

261 Rekonstruktion eines Mastodons.

darunter Bison (**264**), Pferde, Tapire, Pekaris, Kamele, Lamas, Hirsche und Gabelantilopen (**265**).

Kleinsäuger. Zu den Raubtieren gehören Stinktier, Wiesel, Waschbär und Dachs; zu den Insektenfressern Spitzmäuse und Maulwürfe; zu den zahlreichen Nagetieren Mäuse, Ratten, Ziesel und Erdhörnchen; daneben gibt es Hasenartige und Fledermäuse.

Vögel. Durch den schützenden Asphaltüberzug blieben mehr fossile Vögel erhalten als an jeder anderen Fundstelle auf der Erde. Viele waren Fleisch- oder Aasfresser wie Kondor, Geier und Teratorne oder Riesengeier, denen der Asphalt beim Fressen an Kadavern zur Falle wurde. Der ausgestorbene Greifvogel Teratorn (*Teratornis merriami*) war mit einer Höhe von 0,75 m und einer Spannweite von 3,5 m einer der größten bekannten flugfähigen Vögel (**266**). Die große Zahl von Wasservögeln, darunter Reiher, Lappentaucher, Enten, Gänse und Regenpfeifer, könnten auf dem Asphalt gelandet sein, weil sie ihn wegen seiner reflektierenden Oberfläche fälschlicherweise für einen Teich hielten. Es gibt mehr als 20 Arten von Adlern, Habich-

ten und Falken, von denen der Steinadler der häufigste ist. Störche, Truthühner, Eulen und zahlreiche kleinere Singvögel vervollständigen die Vogelfauna.

Reptilien, Amphibien und Fische. Sieben verschiedene Echsen (Brattstrom, 1953), neun Schlangen (La Duke, 1991a), eine Wasserschildkröte, fünf Amphibien (darunter Kröten, Frösche, Baumfrösche und Baumsalamander) (La Duke, 1991b) und drei Fischarten (Regenbogenforelle, Döbel und Stichling) fand man in La Brea. Sie beweisen, dass in diesem Gebiet beständige Gewässer existiert haben.

Wirbellose. Süßwassermollusken (fünf Muscheln und fünfzehn Schnecken) zeigen, dass es zumindest jahreszeitlich Tümpel oder Flüsse gab. Zusätzlich wurden elf Landschneckenarten bestimmt, die in der Laubstreu lebten. Sieben Insektenordnungen umfassen Heuschrecken und Grillen, Termiten, Wanzen, Zikaden, Käfer, Fliegen, Ameisen und Wespen. Man wies außerdem Skorpione, Tausendfüßer und einige Spinnen nach. Viele von ihnen waren terrestrisch und werden daher selten fossil gefunden. Einige Käfer und

262 Skelett des Riesenfaultieres *Glossotherium harlani* (GCPM). Höhe 1,8 m.

263 Rekonstruktion des Riesenfaultieres.

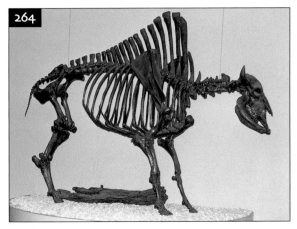

264 Skelett des Bisons *Bison antiquus* (GCPM). Höhe 2,1 m.

265 Rekonstruktion einer Antilope.

Fliegen starben wahrscheinlich, während sie Aas fraßen. Andere wurden auf den klebrigen Asphalt geweht oder blieben hängen, als sie versuchten, darüber zu krabbeln.

Pflanzen. Zu den Pflanzenfossilien von La Brea gehören Holz, Blätter, Kiefernzapfen, Samen und mikroskopisch kleine Pollen und Diatomeen (Kieselalgen).

Die Fauna und Flora von Rancho La Brea wurde von Harris & Jefferson (1985) und von Stock & Harris (1992) ausführlich beschrieben und in Darstellungen festgehalten.

Paläoökologie der Fossilien von Rancho La Brea

Fauna und Flora der „Teergruben" von Rancho La Brea repräsentieren ein terrestrisches Ökosystem. Es lag auf den westlichen Küstenebenen des nordamerikanischen Kontinents, wie heute zwischen 30° und 35° Nord, war aber durch ein kühleres, glaziales Klima gekennzeichnet. Die Flora umfasst viele Pflanzen, die heute nicht mehr in dieser Region vorkommen, und deutet darauf hin, dass die Winter unseren heutigen ähnelten, die Sommer dagegen nicht nur kälter, sondern auch viel feuchter waren (Johnson, 1977a, b). Die jährliche Niederschlagsmenge war wahrscheinlich doppelt so hoch wie heute. Süßwassertümpel und Flüsse bedeckten die Ebenen und boten Lebensraum für Fische, Schildkröten, Frösche, Kröten, Mollusken und aquatischen Insekten. Die Pflanzenwelt lässt sich vier unterschiedlichen Lebensgemeinschaften zuordnen.

Die Hänge der Santa-Monica-Berge waren von Chaparral bedeckt, einer Hartlaubvegetation aus hohen, dicht stehenden verholzten Sträuchern wie Flieder, strauchförmige Eichen, Walnuss und Holunder. Dagegen waren die tiefen, geschützten Canyons die Heimat von Mammutbaum, Hartriegel und Lorbeerbaum. Die Flüsse wurden von Platanen, Weiden, Erlen,

Himbeeren, Eschenahorn und Virginia-Eiche gesäumt. Die Ebenen waren hingegen von nordamerikanischem Beifuß, einem dürrebeständigen verholzten Strauch, und eingestreuten weiten Flächen mit Gräsern und Kräutern bedeckt, in denen gelegentlich Haine mit Kiefern, deren Zapfen über Jahre geschlossen bleiben, nordamerikanischen Eichen, Wacholdern und Zypressen wuchsen (Jefferson, 1985).

Die weiten Ebenen waren der Lebensraum großer Huftierherden, die sich von der reichen Vegetation ernährten – Bisons, Pferde, Riesenfaultiere, Kamele, Gabelantilopen und Mammuts, dazu manchmal Pekaris, Hirsche, Tapire und Mastodonten. Die zahlreichen Pflanzenfresser boten wiederum einer vielfältigen Raubtierpopulation wie verschiedenen Hunde-, Katzen- und Bärenarten Nahrung. Man braucht kein grundlegend von heute abweichendes Klima zu bemühen, um die Vielfalt an pleistozänen Säugetieren in der Region zu erklären. Tatsächlich zeigt die Ähnlichkeit der kleineren Säuger mit der heutigen Fauna (Nagetiere, Kaninchen, Spitzmäuse) und das Fehlen von kälteliebenden Tieren, z. B. Moschusochsen, dass die Temperaturen während des Pleistozän nicht deutlich niedriger waren als heute.

Insgesamt wurden mehr als 600 Arten von La Brea beschrieben, darunter rund 160 Pflanzen und 440 Tiere. Dazu gehören 59 Säugetierarten (über eine Million Fossilien) und 135 verschiedene Vögel (mehr als 100 000 Exemplare). Bemerkenswert ist jedoch der überproportional große Anteil von Fleischfressern gegenüber Pflanzenfressern, der nicht mit der normalen Pyramidenstruktur von Ökosystemen übereinstimmt, in denen Fleischfresser die Spitze einer Pyramide bilden und von den Pflanzenfressern zahlenmäßig deutlich übertroffen werden.

Die Vergesellschaftung von Rancho La Brea bildet eindeutig keinen genauen Querschnitt des Ökosystems ab. Die einleuchtendste Erklärung hierfür ist, dass ein einzelner Pflanzenfresser, der im Asphalt feststeckte, von einem ganzen Rudel Raubtiere angegriffen wurde. Waren diese ebenfalls gefangen, haben ihre Kadaver weitere Aasfresser angelockt. Hunde, Katzen, Bären sowie kleinere Raubtiere, wie Stinktiere, Wiesel und Dachse, machen 90 % der Säugertierfauna aus, während die Pflanzenfresser nur auf 10 % kommen. Analog hierzu umfassen die Raubvögel (Kondor, Geier, Teratorn, Adler, Habichte, Falken und Eulen) fast 70 % der Vogelfauna.

Ein weiteres Ungleichgewicht in der La-Brea-Fauna stellt das zahlenmäßige Übergewicht an jungen, alten und verstümmelten Individuen dar. Des Weiteren ergibt sich ein Stichprobenfehler, dadurch dass frühere Ausgräber mit Vorliebe die großen, beeindruckenden Säuger geborgen haben. Angesichts des hohen Erhaltungspotenzials für Säuger in Asphalt kann man sich leicht vorstellen, dass über eine Zeitspanne von 30 000 Jahren nur einmal pro Jahrzehnt ein Pflanzenfresser im Asphalt versinken musste, dem dann beispielsweise vier Dire-Wölfe, eine Säbelzahnkatze und ein Kojote folgten, um die große Zahl von Säugetieren in den Sammlungen zu erklären (Stock & Harris, 1992).

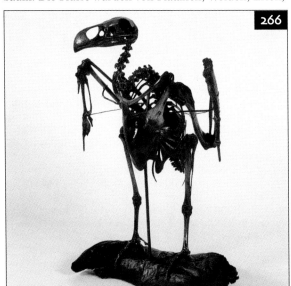

266 Skelett des Teratorn *Teratornis merriami* (GCPM). Höhe 0,75 m; Spannweite 3,5 m.

Vergleich von Rancho La Brea mit anderen pleistozänen Fundstellen
Permafrost von Sibirien und Alaska

In Amerika und in Asien haben viele Tiere und Pflanzen die Vereisungen überlebt, indem sie in wärmere Regionen südlich der Eisschilde auswichen. Die russische Mammutsteppe war eine riesige, grasbewachsene Tundralandschaft, die den nördlichen Eisschild umrahmte. Ihr Klima war zu trocken, um große Eismächtigkeiten zuzulassen. Im Grunde war sie eine tiefgekühlte Version der heutigen heißen Grassteppen Afrikas. Vor 40 000 Jahren bildete sie die Heimat für Wollmammuts, Wollnashörner, Bisons, Riesenhirsche, Pferde und große Raubkatzen. Obwohl Tauwetter im Sommer eine kurze Vegetationsperiode zuließ, war der Untergrund dauerhaft gefroren. Dadurch konnte die perfekte Fossillagerstätte entstehen: die Tiefkühltruhe des sibirischen Permafrosts.

Insbesondere Wollmammuts und Wollnashörner versanken in Sümpfen und wurden im Permafrost eingefroren. Bei der Austrocknung durch Gefrieren wird die Feuchtigkeit nicht an die Atmosphäre abgegeben. Stattdessen bilden sich Eiskristalle um die Mumien, sodass die Kadaver schrumpfen und verschrumpeln. Dies sollte man nicht mit Gefriertrocknung verwechseln, wo die Feuchtigkeit durch Sublimierung entzogen wird und der Kadaver seine ursprüngliche Gestalt behält (Guthrie, 1990). Die Kadaver werden also mumifiziert (vergleiche dazu den baltischen Bernstein, Kapitel 13). Dabei bleiben nicht nur die gröberen Deckhaare und die weiche, flaumige Unterwolle des Fells perfekt erhalten, auch das Fleisch bleibt noch so frisch, dass sich Hunde und anscheinend auch Menschen daran gütlich taten.

Im Jahre 1900 wurde in Beresowka in Sibirien eines der ersten Mammuts geborgen und wissenschaftlich untersucht. Nach Kurtén (1986) probierten die Ausgräber das 40 000 Jahre alte Fleisch, konnten es aber „trotz des reichlichen Gebrauchs von Gewürzen nicht herunterbekommen". Dieses Mammut wurde mit seiner letzten Mahlzeit im Maul überliefert und ist im Zoologischen Museum von St. Petersburg ausgestellt.

Seit den 1970er-Jahren wurden viele Mammuts, Wollnashörner, Bisons, Pferde und Moschusochsen aus dem Permafrostboden ausgegraben. Zu den berühmtesten Funden gehört das vollständig erhaltene Baby eines Wollmammuts (*Mammuthus primigenius*), das 1977 bei Magdan in Sibirien geborgen wurde. Das auf den Namen „Dima" getaufte junge Männchen wurde unter 2 m gefrorenem Silt gefunden und ist fast 40 000 Jahre alt. Ähnliche Überreste konnten aus dem Permafrost von Alaska gesichert werden. Im Jahre 1976 wurde ein unvollständiges Babymammut zusammen mit einem Kaninchen, einem Luchs und einem Lemming (oder einer Wühlmaus) im Distrikt Fairbanks entdeckt (Zimmerman & Tedford, 1976). Mithilfe der C^{14}-Methode wurde es auf ein Alter von 21 300 Jahren datiert. Die Haut, die Haare und die Augen des Mammuts waren gut erhalten, und nach der Wässerung war die Leber des Kaninchens erkennbar, doch die meisten inneren Organe waren von Bakterien zersetzt.

Bedauerlicherweise haben sich die Hoffnungen zerschlagen, Mammuts durch moderne Klonierungsmethoden wieder zum Leben zu erwecken, indem man Mammut-DNA in die Eizellen von Elefanten einpflanzt. Wie bei den Insekten des Bernsteins (Kapitel 13) hat die Austrocknung über Tausende von Jahren die DNA zerstört, sodass nur kurze Teile der Ketten übriggeblieben sind.

Weiterführende Literatur

Akersten, W.A. (1985): Of dragons and sabertooths. Terra **23**, 13–19.

Bowen, D.Q. (1999): A revised correlation of Quaternary deposits in the British Isles. Geological Society Special Report **23**, 1–174.

Brattstrom, B.H. (1953): The amphibians and reptiles from Rancho La Brea. Transactions of the San Diego Society of Natural History **11**, 365–392.

Bromage, T.G. & Shermis, S. (1981): The La Brea Woman (HC 1323): descriptive analysis. Society of California Archaeologists Occasional Papers **3**, 59–75.

Doberenz, A.R. & Wyckoff, R.W.G. (1967): Fine structure in fossil collagen. Proceedings of the National Academy of Sciences **57**, 539–541.

Guthrie, R.D. (1990): Frozen fauna of the mammoth steppe. University of Chicago Press, Chicago.

Harris, J.M. & Jefferson, G.T. (1985): Rancho La Brea: treasures of the tar pits. Natural History Museum of Los Angeles County, Science Series **31**, 1–87.

Ho, T.Y. (1965): The amino acid composition of bone and tooth proteins in late Pleistocene mammals. Proceedings of the National Academy of Sciences **54**, 26–31.

Johnson, D.L. (1977a): The Californian Ice-Age refugium and the Rancholabrean extinction problem. Quaternary Research **8**, 149–153.

Johnson, D.L. (1977b): The late Quaternary climate of coastal California: evidence for an Ice Age refugium. Quaternary Research **8**, 154–179.

Kennedy, G.E. (1989): A note on the ontogenetic age of the Rancho La Brea hominid, Los Angeles, California. Bulletin of the Southern California Academy of Sciences **88**, 123–126.

Kurtén, B. (1986): How to deep-freeze a mammoth. Columbia University Press, New York, vii + 121 S.

La Duke, T.C. (1991a): The fossil snakes of Pit 91, Rancho La Brea, California. Contributions in Science 424, 1–28.

La Duke, T.C. (1991b): First record of salamander remains from Rancho La Brea. Abstract of the Annual Meeting of the California Academy of Science **7**.

Reynolds, R.L. (1985): Domestic dog associated with human remains at Rancho La Brea. Bulletin of the Southern California Academy of Sciences **84**, 76–85.

Savage, D.E. (1951): Late Cenozoic vertebrates of the San Francisco Bay region. University of California Publications in Geological Sciences **28**, 215–314.

Shaw, C.A. & Quinn, J.P. (1986): Rancho La Brea: a look at coastal southern California's past. California Geology **39**, 123–133.

Stock, C. (1930): Rancho La Brea: a record of Pleistocene life in California. Natural History Museum of Los Angeles County, Science Series **1**, 1–84.

Stock, C. & Harris, J.M. (1992): Rancho La Brea: a record of Pleistocene life in California. Natural History Museum of Los Angeles County, Science Series **37**, 1–113.

Swift, C.C. (1979): Freshwater fish of the Rancho La Brea deposit. Abstracts, Annual Meeting Southern California Academy of Science **88**, 44.

Zimmerman, M.R. & Tedford, R.H. (1976): Histologic structures preserved for 21,300 years. Science **194**, 183–184.

MUSEEN UND FUNDSTELLEN

Kapitel 1 Ediacara
Museen
1. South Australian Museum, Adelaide, Australien.
2. Western Australian Museum, Perth, Australien.
3. Sedgwick Museum, University of Cambridge, Cambridge, England.
4. University of California Museum of Paleontology, Berkeley, California, USA (Onlinegalerie: http://www.ucmp.berkeley.edu).
5. Humboldt State University Natural History Museum, Arcata, California, USA.
6. Manchester University Museum, Oxford Road, Manchester, England.

Fundstellen
Die Fundstellen der Ediacara-Fauna liegen in der Flinders Range, etwa 250 km nördlich von Adelaide. Eine Asphaltstraße verläuft westlich entlang der Flinders bis nach Lyndhurts, Wilpena erreicht man dann über eine ausgebaute Straße. Alle anderen Straßen in der Region sind Schotterpisten. Die Gegend um Wilpena ist ein Nationalpark, sodass es Touristenunterkünfte gibt und geführte Touren zu einigen der geologischen Fundstellen angeboten werden.

Kapitel 2 Der Burgess Shale
Museen
1. National Museum of Natural History, Smithsonian Institution, Washington DC, USA.
2. Royal Ontario Museum, Toronto, Kanada.
3. Field Visitor Center, Field, British Columbia, Kanada.
4. Royal Tyrell Museum, Drumheller, Alberta, Kanada.
5. Sedgwick Museum, University of Cambridge, Cambridge, England.
6. Manchester University Museum, Oxford Road, Manchester, England.

Fundstellen
Wallcotts Quarry befindet sich im Yoho-Nationalpark, Besuche werden streng kontrolliert. Geführte Touren können im Voraus bei der Yoho Burgess Shale Research Foundation (Tel. (001) 250 343 6480) gebucht werden. Die Wanderung ist anstrengend, beinhaltet einige steile Anstiege und sollte nur in Angriff genommen werden, wenn man fit und gesund ist. Fossiliensammeln ist strengstens verboten und das Entfernen von Fossilien aus dem Park wird empfindlich bestraft. Der Wanderweg über den Burgess-Pass und den Yoho-Pass führt nah an den Aufschlüssen vorbei, bei gutem Wetter ist die Wanderung ein großartiges Erlebnis in atemberaubender Landschaft. Der Aufschluss ist mit einem guten Fernglas auch von der Emerald Lake Lodge am Eisstausee Emerald Lake zu sehen. Weitere Auskünfte erteilt: Superintendent, Yoho National Park, PO Box 99, Field, British Columbia, Kanada; Tel.: (001) 250 343 6324.

Kapitel 3 Der Soom Shale
Museen
Die spärliche Fauna des Soom Shale befindet sich in der Sammlung des Geologischen Dienstes von Südafrika und wird zurzeit nirgendwo ausgestellt.

Fundstellen
Der Soom-Shale-Aufschluss bei der Keurbos Farm liegt etwa 13 km südlich von Clanwilliam, an der Schotterpiste nach Algeria. Besonders bei Nässe ist Vorsicht geboten, weil die Piste dann ziemlich rutschig ist. Der Aufschluss (**42**) befindet sich unübersehbar an der östlichen Straßenseite etwa 2 km nördlich von Keurbos, wo in einer Kurve ein schmales Tal gequert wird. Eine detaillierte Aufschlusskarte befindet sich in Theron *et al.* (1990). Außer den grauen Schiefertonen selbst gibt es wenig zu sehen. Die Umgebung bietet jedoch eine großartige Sandsteinlandschaft (**40**) und Clanwilliam ist ein guter Ausgangspunkt, um die nördlichen Cedarberge zu erkunden.

Kapitel 4 Der Hunsrückschiefer
Museen

1. Lehr-und Forschungsgebiet für Geologie und Paläontologie der Rheinisch Westfälischen Technischen Hochschule, Aachen.
2. Schlossparkmuseum und Römerhalle, Bad Kreuznach.
3. Hunsrückmuseum, Simmern.
4. Museum für Naturkunde der Humboldt-Universität zu Berlin.
5. Institut für Paläontologie der Universität Bonn, Bonn.
6. Hunsrück-Fossilienmuseum, Bundenbach.
7. Museum für Naturkunde der Stadt, Dortmund.
8. Naturhistorisches Museum Mainz, Mainz.
9. Naturmuseum und Forschungsinstitut Senckenberg, Frankfurt am Main.
10. Bergbaumuseum, Bochum (Sammlung Bartels).

Fundstellen

Die spektakulärsten pyritisierten Fossilien stammen aus der Umgebung von Bundenbach und Gemünden im Hahnenbach- bzw. Simmerbachtal südwestlich von Koblenz. Das Fossilienmuseum in Bundenbach besitzt eine aufgelassene Schiefergrube, die von April bis September für Besucher geöffnet ist. Außerhalb des Bergwerks bieten die großen Abraumhalden gute Möglichkeiten zum Fossiliensammeln. Fossilien sind nicht selten, im Gelände jedoch schwer zu erkennen und bedürfen erfahrener Behandlung. Ein weiterer guter Aufschluss ist die Grube Eschenbach-Bocksberg, südwestlich von Bundenbach. Vor dem Besuch muss der Besitzer Johann Backes (info@johann-backes.de) um Erlaubnis gefragt werden. Exkursionen für Gruppen und Einzelreisende führt der Geologe Wouter Südkamp durch (Gartenstr. 11, 55626 Bundenbach; Fax: 06544/9093; www.hunsrueck.com/suedkamp). Von Gemünden aus führt ein 4 km langer Geologischer Lehrpfad zu einer Aussichtsplattform, die sich über den ausgedehnten Abraumhalden der Grube Kaiser befindet. Der Tagebau ist von April bis September für Besucher geöffnet (Tel.: 06765/1220). Montags ist er, wie die meisten Museen in der Gegend, geschlossen.

Kapitel 5 Der Rhynie Chert
Museen

Wegen ihrer geringen Größe lassen sich die Pflanzen und Tiere des Rhynie Chert schlecht ausstellen. Es gibt jedoch einige gute Onlinegalerien auf den Internetseiten der Geologischen Sammlung von Aberdeen (www.abdn.ac.uk/rhynie) und der Universität Münster (www.uni-muenster.de/geopalaeontologie/Palaeo/Palbot/erhynie.html). Das Schottische Nationalmuseum in Edinburgh besitzt einen Schaukasten über den Rhynie Chert.

Fundstellen

Es gibt keinen Aufschluss im Chert, nur lose Blöcke, die auf dem Feld herumliegen oder in Steinmauern eingebaut und größtenteils bereits abgesammelt sind. Material aus einem Graben, der in den 1970ern ausgehoben wurde, verwahrt das Natural History Museum in London. Eine Reise nach Rhynie und ein Spaziergang über das Feld (**72**) lohnen sich aber trotzdem, denn dies ist ein schöner und wenig besuchter Teil von Schottland.

Kapitel 6 Mazon Creek
Museen

1. Field Museum of Natural History, Chicago, Illinois, USA.
2. National Museum of Natural History, Smithsonian Institution, Washington DC, USA.
3. Illinois State Museum, Springfield, Illinois, USA (Onlinegalerie: http://www.museum.state.il.us/exhibits/mazon_creek).
4. Burpee Museum of Natural History, Rockford, Illinois, USA.

Fundstellen

Das Fossiliensammeln in den Lokalitäten wird am besten vom Mazon Creek Project organisiert. Dies ist eine Gruppe von Amateursammlern und professionellen Paläontologen, die sich für die Erforschung der Mazon-Creek-Fossilien interessieren. Das Projekt veranstaltet Tage der offenen Tür, führt Geländeausflüge durch und vermittelt Informationen zu den Fossilien. Kontakt: The Mazon Creek Project, Northeastern Illinois University, Department of Earth Sciences, 5500 N. St. Louis Ave., Chicago, IL 60625, USA; Tel.: (001) 773 442 5759.

Kapitel 7 Der Voltziensandstein
Museen

Fossilien des Voltziensandsteins befinden sich in der Sammlung der Université Louis Pasteur in Straßburg, sie sind zurzeit nicht ausgestellt.

Fundstellen

Der Voltziensandstein wird in den Nordvogesen (**119**) in vielen Steinbrüchen abgebaut. Bevor man einen Steinbruch betritt, egal ob in Betrieb oder stillgelegt, muss die Erlaubnis des Betreibers eingeholt werden.

Kapitel 8 Holzmaden
Museen

1. Urwelt-Museum Hauff, Holzmaden.
2. Urweltsteinbruch Museum, Holzmaden.
3. Staatliches Museum für Naturkunde, Stuttgart.

Fundstellen

Einige Steinbrüche um Holzmaden und Ohmden sind gegen eine geringe Gebühr für Sammler freigegeben. Diese Ortschaften liegen etwa 40 km südöstlich von Stuttgart und können über die Autobahn A 8 Stuttgart–München erreicht werden. Man verlässt die Autobahn bei Aichelberg und folgt der Ausschilderung (mit dem

Krokodil Steneosaurus!) zum Urweltmuseum Hauff in Holzmaden. Direkt gegenüber des Museums befindet sich der Urweltsteinbruch Fischer. Hammer und Meißel können geliehen werden, doch die Schichten sind hier nicht besonders fossilreich. Aussichtsreicher ist der Schieferbruch Kromer bei Ohmden, der in den Monaten April bis Oktober jeden Montag bis Samstag geöffnet ist (Tel.: 07023/4703). Besuche können auch über das Urweltmuseum Hauff vereinbart werden.

Kapitel 9 Die Morrison-Formation
Museen

1. American Museum of Natural History, New York, USA.
2. Museum of the Rockies, Montana State University, Bozeman, Montana, USA.
3. Field Museum of Natural History, Chicago, Illinois, USA.
4. Carnegie Museum of Natural History, Pittsburgh, Pennsylvania, USA.
5. Geological Museum, University of Wyoming, Laramie, Wyoming, USA.
6. Black Hills Institute of Geological Research, Hill City, South Dakota, USA.
7. Dinosaur National Monument, Vernal, Utah, USA.
8. The Wyoming Dinosaur Center, Thermopolis, Wyoming, USA.
9. Fossil Cabin Museum, Como Bluff, Medicine Bow, Wyoming, USA.
10. The Natural History Museum, London, England.
11. Saurier Museum, Aathal, Schweiz.
12. Museum für Naturkunde der Humboldt-Universität zu Berlin.

Fundstellen

Die Morrison-Formation erstreckt sich über eine sehr große Fläche und ist daher an vielen Orten aufgeschlossen. Am spektakulärsten ist das Dinosaur National Monument in Utah, während sich das Wyoming Dinosaur Center am besten für organisierte Sammeltouren eignet. Das Dinosaur National Monument wurde ursprünglich errichtet, um einen Aufschluss zu schützen, in dem 1 600 Knochen von elf verschiedenen Dinosaurierarten zutage traten. Das Besucherzentrum befindet sich 11 km nördlich des Highway 40 und ist etwa 32 km von Vernal, Utah, entfernt. Das Wyoming Dinosaur Center and Digsites bei Thermopolis, im Big-Horn-Becken, Wyoming, besteht aus einem neuen Museum, in dem viele Exemplare ausgestellt sind, die in der Umgebung gefunden wurden (darunter das vollständige Skelett eines *Camarasaurus* mit dem Spitznamen „Morris"). Aufschlussreiche Grabungstouren führen in zahlreiche in Betrieb befindliche Grabungsstellen auf einer benachbarten 6000 ha großen Ranch. Das „dig-for-a-day"-Programm gestattet es Besuchern, zusammen mit professionellen Paläontologen im Gelände zu arbeiten (www.wyodino.org).

Kapitel 10 Solnhofen
Museen

1. Bayerische Staatssammlung für Paläontologie und historische Geologie, München.
2. Bürgermeister Müller Museum, Solnhofen.
3. Carnegie Museum of Natural History, Pittsburgh, USA.
4. Jura-Museum, Eichstätt.
5. Museum auf dem Maxberg, Solnhofen.
6. Museum Bergér, Harthof.
7. Museum für Geologie und Mineralogie, Dresden.
8. Museum für Naturkunde der Humboldt-Universität zu Berlin.
9. Naturkunde-Museum Bamberg.
10. Naturmuseum und Forschungsinstitut Senckenberg, Frankfurt am Main.
11. Staatliches Museum für Naturkunde, Karlsruhe.
12. Staatliches Museum für Naturkunde, Stuttgart.
13. Teylers Museum, Haarlem, Niederlande.
14. American Museum of Natural History, New York, USA.
15. Manchester University Museum, Oxford Road, Manchester, England.
16. The Natural History Museum, London, England.

Fundstellen

Viele der aktiven Steinbrüche erlauben Fossiliensammlern keinen Zutritt. Doch einige kleinere, wie der bei dem kleinen, privaten Museum Berger bei Harthof, sind zugänglich. Man fährt nordwestlich von Eichstätt auf der B 13 über das Altmühltal in Richtung Weißenburg. Nach einigen Kilometern biegt man links Richtung Schernfeld ab und direkt darauf erneut links nach Harthof. Das Museum zeigt einige hervorragende Solnhofen-Fossilien und gegen eine geringe Gebühr kann man den benachbarten Steinbruch zum Sammeln besuchen. Die planktonische Seelilie *Saccocoma* ist sehr häufig; andere Fossilien sind seltener, man sollte aber bedenken, dass hier im Jahre 1877 der Berliner *Archaeopteryx* gefunden wurde! Schutzhelme werden nicht benötigt, aber der Aufschluss ist oft sehr matschig.

Kapitel 11 Die Santana- und Crato-Formationen
Museen

1. Museu Nacional, Rio de Janeiro, Brasilien.
2. Museu de Paleontologia da Universidade Regional do Cariri, Santana do Cariri, Ceará, Brasilien.
3. Departamento Nacional da Produção Mineral (DNPM), Crato, Ceará, Brasilien.
4. Small private museum in Jardim, Ceará, Brazil.
5. Museum für Naturkunde der Humboldt-Universität zu Berlin.
6. Staaliches Museum für Naturkunde, Karlsruhe.
7. Staaliches Museum für Naturkunde, Stuttgart.
8. American Museum of Natural History, New York, USA.

Fundstellen

Das Buch von David Martill (1993) leistet gute Hilfe bei der Planung und Durchführung des Besuchs von Fundstellen der Santana- und Crato -Formationen im Bundestaat Ceará in Nordost-Brasilien. Es gibt viele Flüge nach Rio de Janeiro, wo man ein Auto mieten oder eine 36-stündige Busfahrt in den Nordosten buchen kann. Fliegt man nach Recife oder Fortaleza spart man gut zwei Tage der Drei-Tage-Reise von Rio. In Crato gibt es Hotels und in Nova Olinda die viel billigere Unterkunft in Pousadas (vergleichbar mit unseren Pensionen), von denen aus man einige kleine Aufschlüsse in der Crato-Formation zu Fuß erreichen kann. Martill (1993) macht auch einige Vorschläge für Geländerouten; die besten Aufschlüsse in der Santana-Formation liegen in der Umgebung von Cancau nahe Santana do Cairi im Norden des Plateaus sowie bei Jardim im Süden.

Es ist wichtig zu wissen, dass es in Brasilien nicht verboten ist Fossilien zu sammeln, aber sie zu kaufen – jeglicher kommerzieller Fossilhandel ist verboten. Trotzdem bekommt man Fossilien sehr billig von kleinen Kindern, die den Crato-Plattenkalk mit ihren bloßen Händen bearbeiten und von „Fischabbauern", von denen viele in Lehmhütten in den ärmlichen Dörfern leben, angeboten. Es ist außerdem verboten, Fossilien auszuführen, es sei denn man hat eine entsprechende Genehmigung der zuständigen Behörde. Man kann diese vom Departamento Nacional da Produção Mineral (DNPM) in Crato bekommen, doch solch eine Erlaubnis wird sehr scharf überwacht und wird nur zum Zweck echter Forschung oder für Museumsausstellungen erteilt.

Kapitel 12 Grube Messel
Museen

1. Naturmuseum und Forschungsinstitut Senckenberg, Frankfurt am Main.
2. Fossilien- und Heimatmuseum, Messel.
3. Hessische Landesmuseum, Darmstadt.
4. Staatliche Museum für Naturkunde, Karlsruhe.

Fundstellen

Die Grube Messel ist ein UNESCO-Weltnaturerbe. Sie kann nur mit einer Führung besucht werden. Informationen erhält man beim Museenverein Messel e.V., Albert-Schweitzer-Straße 4a, 64409 Messel, (Tel.: 06159/5119).

Kapitel 13 Baltischer Bernstein
Museen

1. The Natural History Museum, London, England.
2. Muzeum Ziemi PAN (Museum der Erde der Akademie der Wissenschaften), Warschau, Polen.
3. Zoologiceskij institut Akademii Nauk (Zoologisches Institut der Akademie der Wissenschaften), Sankt Petersburg, Russland.
4. Museum für Naturkunde der Humboldt-Universität zu Berlin.
5. Staaliches Museum für Naturkunde, Stuttgart.
6. Bärnstensmuseet, Höllviken, Schweden.
7. Guitaras Parkas Muziejus (Bernsteinpark-Museum), Palanga, Litauen.
8. Guitaro Galerija Muziejus (Bernsteinmuseum und Galerie), Nida und Vilnius, Litauen.
9. Ravmuseet, Oksbøl, Dänemark.
10. Skagen Ravmuseum, Skagen, Dänemark.
11. Geologisk Museum, Kopenhagen, Dänemark.
12. Kaliningradskij muesej jantarja (Bernsteinmuseum, Kaliningrad), Kaliningrad, Russland.
13. Kaliningradskij Jantarny Kombinat (Museum des Bernstein-Tagebaus Jantarny), Jantarny, Russland.
14. American Museum of Natural History, New York, USA.

Fundstellen

Der Tagebau und das Museum in Yantarny gehören zum Programm der meisten Touristenausflüge in die Gegend von Kaliningrad (Königsberg). Möchte man dies selbstständig tun, gibt es täglich sechs Züge von Kaliningrad nach Yantarny. Die Fahrt dauert etwa eine Stunde. Man kann Stücke der örtlichen Schmuckindustrie direkt ab Fabrik kaufen. Auf der anderen Seite kann Bernstein an vielen Stellen der Ost- und Nordseeküste von Russland bis nach East Anglia gesammelt werden. Leicht wie er ist, sammelt er sich entlang des Spülsaums an. Am besten sucht man nach Stürmen.

Kapitel 14 Rancho La Brea
Museum

George C. Page Museum of La Brea Discoveries, Hancock Park, Los Angeles, USA.

Fundstellen

Der 9 ha große Hancock Park liegt zwischen dem Wilshire Boulevard und der 6th Street, 11 km westlich des Zentrums von Los Angeles. Der Eintritt zum Park ist frei, zahlreiche „Teergruben" – an denen früher nach Asphalt und nach Fossilien gegraben wurde – können besichtigt werden. Ein großer See, umgeben von lebensgroßen Reproduktionen pleistozäner Elefanten, befindet sich an der Stelle eines heute gefluteten ehemaligen Asphaltabbaus. Durch sein öliges Wasser blubbert kontinuierlich Methangas nach oben. Eine besondere Schaugrube am westlichen Ende des Parks zeigt eine teilweise ausgebeutete Asphalt- und Fossillagerstätte. Sammeln ist nicht möglich, doch das George C. Page Museum, 1977 im östlichen teil des Parks eröffnet, beherbergt mehr als zwei Millionen Exemplare, die hier zusammengetragen wurden.

INDEX

Anmerkung: **Fett** gedruckte Seitenzahlen beziehen sich auf Abbildungen und Tabellen auf den angegebenen Seiten.